全国职业技术院校模具制造/模具设计专业教材

模具材料与热处理
（第二版）

人力资源和社会保障部教材办公室组织编写

中国劳动社会保障出版社

简　介

本书主要内容包括金属材料基础知识、铁碳合金、钢的热处理、低合金钢和合金钢、模具材料基础知识、冷作模具材料、热作模具材料、塑料模具材料、其他模具材料、模具表面强化技术等。

本书由赵孔祥主编，尤石、刘道吉、王珂、边芳、颜炳正、黄波参加编写。

图书在版编目(CIP)数据

模具材料与热处理／人力资源和社会保障部教材办公室组织编写. —2 版. —北京：中国劳动社会保障出版社，2016

全国职业技术院校模具制造/模具设计专业教材

ISBN 978-7-5167-2678-5

Ⅰ.①模… Ⅱ.①人… Ⅲ.①模具钢-热处理-职业教育-教材 Ⅳ.①TG162.4

中国版本图书馆 CIP 数据核字(2016)第 195904 号

中国劳动社会保障出版社出版发行

（北京市惠新东街 1 号　邮政编码：100029）

*

北京市白帆印务有限公司印刷装订　　新华书店经销

787 毫米×1092 毫米　16 开本　14.75 印张　299 千字

2016 年 8 月第 2 版　　2021 年 5 月第 5 次印刷

定价：27.00 元

读者服务部电话：(010) 64929211/84209101/64921644

营销中心电话：(010) 64962347

出版社网址：http://www.class.com.cn

http://jg.class.com.cn

为了更好地适应全国职业技术院校模具类专业的教学要求，全面提升教学质量，人力资源和社会保障部教材办公室组织有关学校的骨干教师和行业、企业专家，对全国中等职业技术学校和高等职业技术院校模具类专业教材进行了修订和补充开发。教材的修订和开发以人力资源社会保障部颁布的《技工院校模具制造专业教学计划和教学大纲（2016）》与《技工院校模具设计专业教学计划和教学大纲（2016）》为依据，充分调研了企业生产和学校教学情况，广泛听取了教师对现行教材使用情况的反馈意见，吸收和借鉴了各地职业技术院校教学改革的成功经验。

教材体系

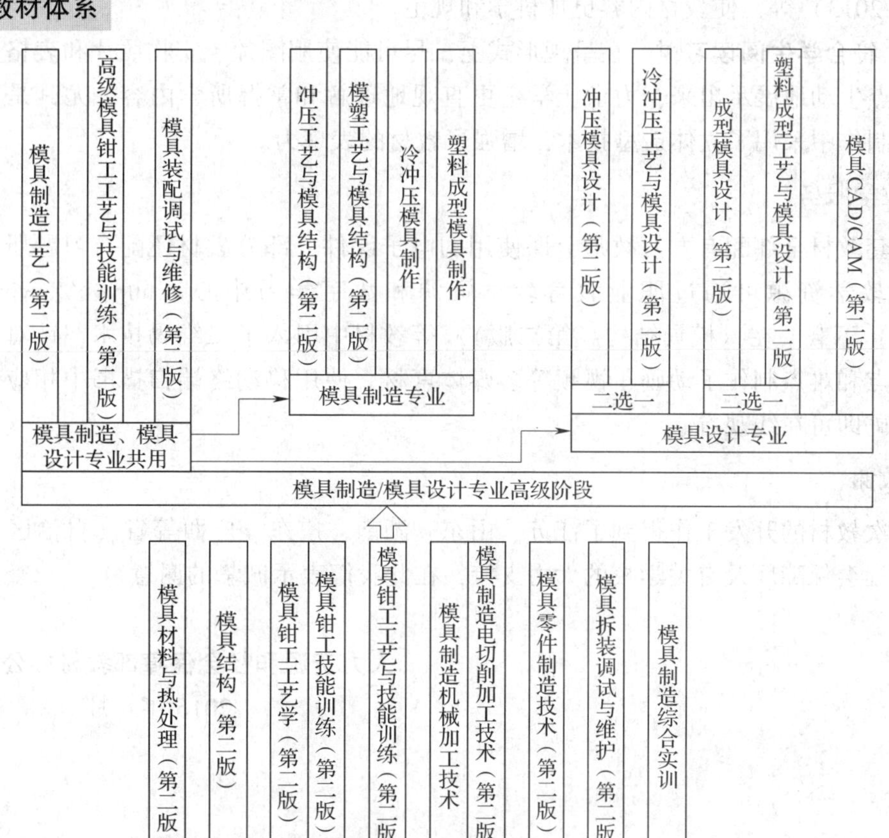

适用对象

模具制造/模具设计专业中级、高级两个层次和以下 3 种学制：

- 初中毕业生 3 年学制培养中级工
- 高中毕业生 3 年学制培养高级工
- 初中毕业生 5 年学制培养高级工

编写特色

◆ **紧贴国家职业标准**　紧密贴合《中华人民共和国职业分类大典（2015 年版）》中对模具工等职业的职业能力要求，同时参照了模具工、工具钳工等国家职业技能标准。

◆ **体现行业技术发展**　根据模具行业的最新发展，在教材中充实模具制造、设计方面的新技术，如模具 CAD/CAM/CAE 技术、快速成型技术、多轴数控加工技术、微细加工技术等，体现教材的先进性。

◆ **更新国家技术标准**　采用最新的国家技术标准，如《工模具钢》（GB/T 1299—2014）、《冲压件尺寸公差》（GB/T 13914—2013）、《冲压件角度公差》（GB/T 13915—2013）等，使教材内容更加科学和规范。

◆ **符合学生阅读习惯**　在呈现形式上，尽可能使用图片、实物照片和表格等形式将知识点生动地展示出来，力求让学生更直观地理解和掌握所学内容。尤其是在教材插图的制作中采用了立体造型技术，增强了教材的表现力。

教学服务

本套教材全部配有方便教师上课使用的电子课件，部分教材还配有习题册，电子课件等教学资源可通过职业教育教学资源和数字学习中心（http：// zyjy. class. com. cn）下载。在《模具结构（第二版）》等教材中引入了二维码技术，针对书中的教学重点和难点制作了动画、视频等多媒体素材，使用移动终端扫描书中相应位置处的二维码即可在线观看。

致谢

本次教材的开发工作得到了江苏、山东、湖南、广东、广西等省（自治区）人力资源和社会保障厅及有关学校的大力支持，在此我们表示诚挚的谢意。

人力资源和社会保障部教材办公室

2016 年 6 月

目 录
Contents

第一章 金属材料基础知识

金属材料是现代工农业生产及科学技术发展的重要基础。在机械制造中，大多数零件都是由各种金属材料制成的。零件的工作条件和加工方法不同，必然会对金属材料提出各种不同的性能要求。例如，弹簧需要弹性；刀具要求硬而耐磨；飞机零件要求强度高、质量轻；制造容器的材料要求有良好的焊接性能和压延性能等。因此，对于从事机械制造、工程建设等方面的人员来说，了解金属材料的分类、性能、加工方法和应用范围等知识具有十分重要的意义。

研究表明，金属材料的性能与其化学成分和内部组织结构有着密切的联系，金属材料的性能是其内部组织结构的宏观表现。即使同一种金属材料，由于加工工艺不同也将使其具有不同的内部结构，从而使金属材料具有不同的性能。因此，研究金属材料的内部结构及其变化规律，是了解金属材料性能、正确选用材料、合理确定金属加工方法的基础。

第一节 金属材料的分类

金属是指在常温、常压下，在游离状态下呈不透明的固体状态，具有良好的导电性和导热性，有一定强度和韧性，并具有特殊光泽的物质，如金、银、铜、铁、锰、锌、铝等。金属材料是由金属元素或以金属元素为主，其他金属元素或非金属元素为辅构成的，并具有金属特性的工程材料。金属材料包括纯金属、合金、金属化合物和特种金属材料等。

纯金属的强度与硬度一般都较低，塑性与韧性较好，在工业生产中有一定的用途，但由于纯金属的冶炼技术复杂，成本较高，因此，纯金属在使用上受到较大限制。

合金是指由两种或两种以上的金属元素或金属与非金属元素组成的金属材料。如碳素钢是由铁和碳组成的合金，普通黄铜是由铜和锌两种金属元素组成的合金等。合金与纯金属相比，除具有更好的力学性能外，还可以通过调整组成元素之间的比例获得一系列性能不同的合金，以满足使用性能要求。

金属化合物是指合金中各种元素之间发生相互作用而形成的一种具有金属特性的物质。例如，铁碳合金中的渗碳体 Fe_3C 就是铁和碳组成的金属化合物。金属化合物具有熔点高、硬度高、脆性大的特性。当合金中出现金属化合物时，通常能提高合金的硬度和耐磨性，但塑性和韧性会降低。

特种金属材料包括不同用途的结构金属材料和功能金属材料。其中，有通过快速冷凝工艺获得的非晶态金属材料，以及准晶、微晶、纳米晶金属材料等；还有隐身、抗氢、超导、形状记忆、耐磨、减振阻尼等特殊功能合金，以及金属基复合材料等。

在金属材料中使用最多的是钢铁材料，这是由于它具有比其他材料更优越的性能，如物理性能、化学性能、力学性能和工艺性能等，更能适应生产和科学技术发展的需要。所以，金属材料通常可分为黑色金属（也称钢铁材料，即以铁或以铁为主而形成的金属材料）和有色金属（也称非铁金属，即除钢铁材料以外的其他金属材料）两大类，如图 1—1—1 所示。

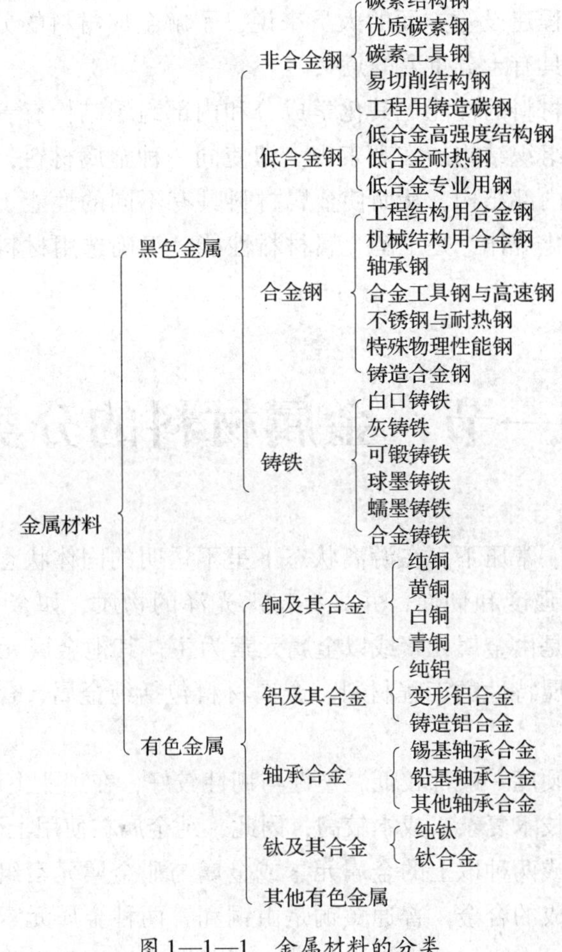

图 1—1—1　金属材料的分类

此外，在机械制造工业中还出现了许多新型的具有特殊性能的金属材料，如粉末冶金材料、非晶态金属材料、纳米金属材料、单晶合金、超导合金和新型金属功能材料（永磁合金、高温合金、超细金属隐身材料、超塑性金属材料）等。

第二节　金属晶体结构

一、晶体与非晶体

一切物质都是由原子组成的，根据原子排列的特征，固态物质可分为晶体与非晶体两类。晶体是指其组成微粒（原子、离子或分子）呈规则排列的物质，如图 1—2—1a 所示。晶体具有固定的熔点和凝固点、规则的几何外形和各向异性等特点，如金刚石、石墨及一般固态金属材料等都是晶体；非晶体是指其组成微粒无规则地散乱堆积在一起的物质，如玻璃、沥青、石蜡、松香等都是非晶体。非晶体没有固定的熔点，而且性能具有各向同性。

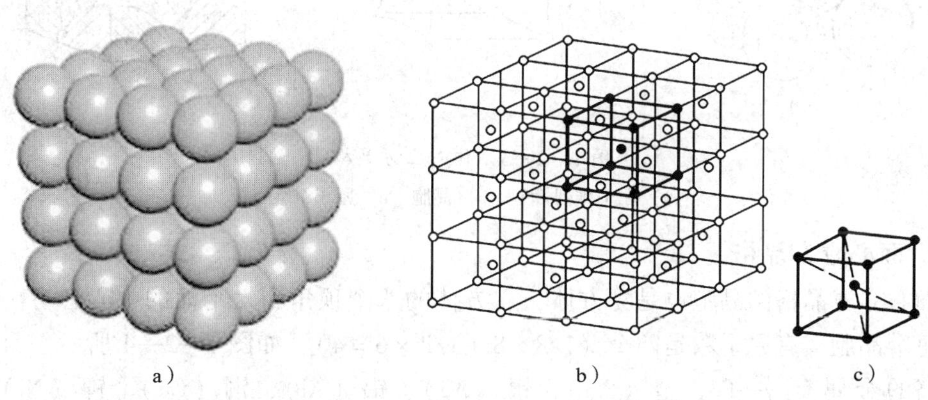

a）　b）　c）

图 1—2—1　简单立方晶格和晶胞

a）晶体中原子的排列情况　b）晶格　c）晶胞

1. 晶格

为了便于描述和理解晶体中原子在三维空间排列的规律性，人们把晶体内部的原子近似看成刚性的质点，用假想的直线将各质点中心连接起来，形成一个空间格子，如图 1—2—1b 所示。这种抽象的、用于描述原子在晶体中排列形式的空间几何格子称为晶格。

2. 晶胞

根据晶体中原子排列规律性和周期性的特点，通常从晶格中选取一个能充分反映原子排列特点的最小几何单元进行分析，这个反映晶格特征、具有代表性的最小几何单元称为晶胞，如图 1—2—1c 所示。

二、常见金属晶格的类型

自然界中的晶体有成千上万种，它们的晶体结构各不相同，通常根据单位晶胞的几何特征可以用晶胞三条棱边的边长（晶格常数）a、b、c 和三条棱边之间的夹角 α、β、γ 六个参数来分类，如图 1—2—2 所示。在已知的 80 多种金属元素中，90% 以上的金属属于以下三种简单晶格。

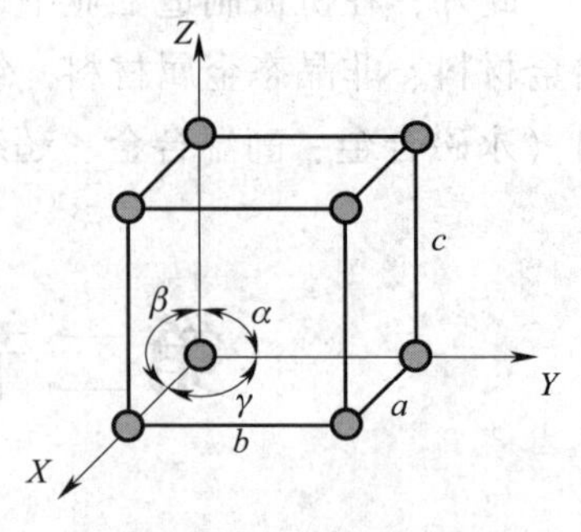

图 1—2—2　晶胞参数

1. 体心立方晶格

体心立方晶格的晶胞是立方体，立方体的八个顶角和中心各有一个原子，每个晶胞实有原子数是两个（$1/8 \times 8 + 1 = 2$），如图 1—2—3 所示。具有这种晶格的金属有 α—Fe、钨（W）、钼（Mo）、铬（Cr）、钒（V）、铌（Nb）等约 30 种。

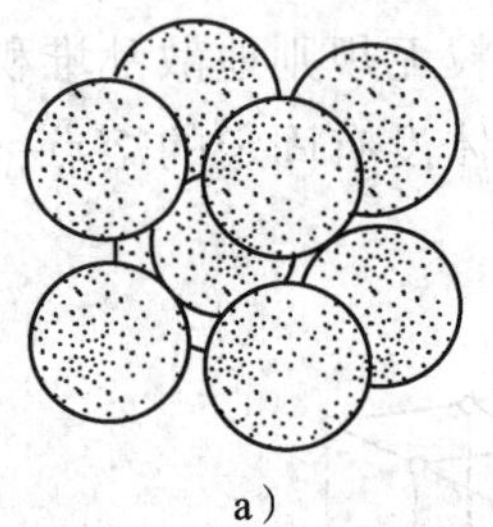
a）

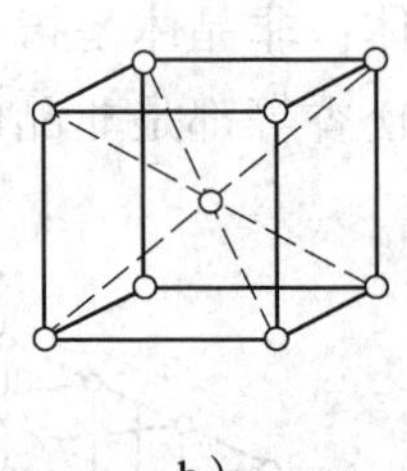
b）

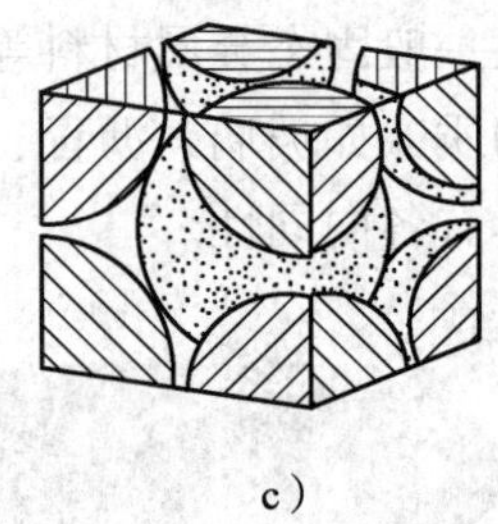
c）

图 1—2—3　体心立方晶格

a）原子排列模型　b）晶胞　c）原子个数

2. 面心立方晶格

面心立方晶格的晶胞也是立方体，立方体的八个顶角和六个面的中心各有一个原子，每个晶胞实有原子数是四个（$1/8 \times 8 + 1/2 \times 6 = 4$），如图 1—2—4 所示。具有这种晶格的金属有 γ—Fe、金（Au）、银（Ag）、铝（Al）、铜（Cu）、镍（Ni）、铅（Pb）等。

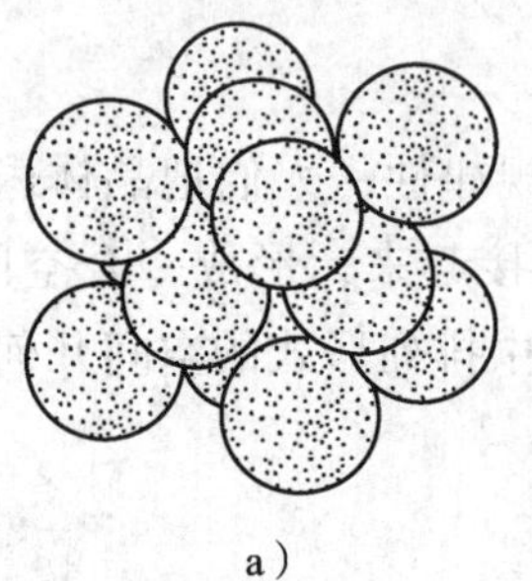
a）

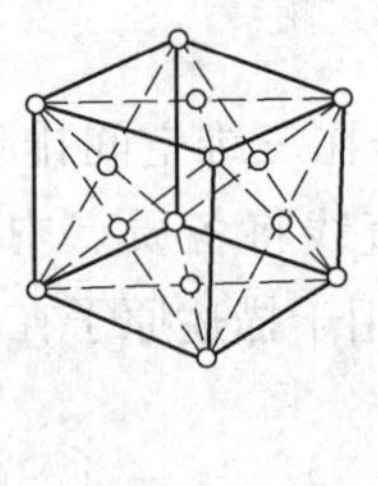
b）

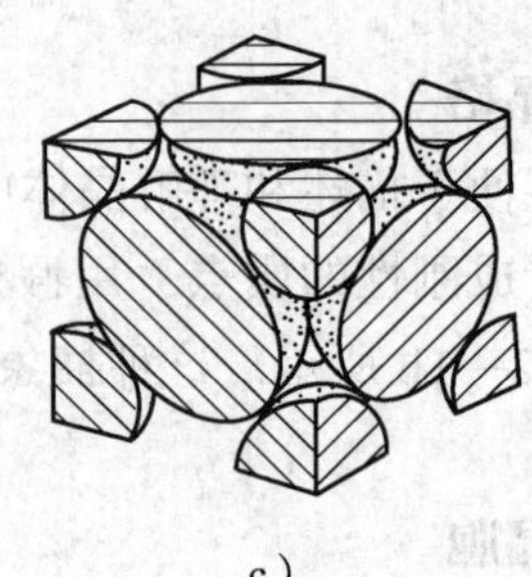
c）

图 1—2—4　面心立方晶格

a）原子排列模型　b）晶胞　c）原子个数

3. 密排六方晶格

密排六方晶格的晶胞是正六棱柱体，在正六棱柱体的 12 个顶角和上、下底面中心各有一个原子，另外在上、下面之间还有三个原子，因此，每个晶胞实有原子数是六个（$1/6\times12+1/2\times2+3=6$），如图 1—2—5 所示。具有这种晶格的金属有 α—Ti、镁（Mg）、锌（Zn）、铍（Be）、镉（Cd）等。

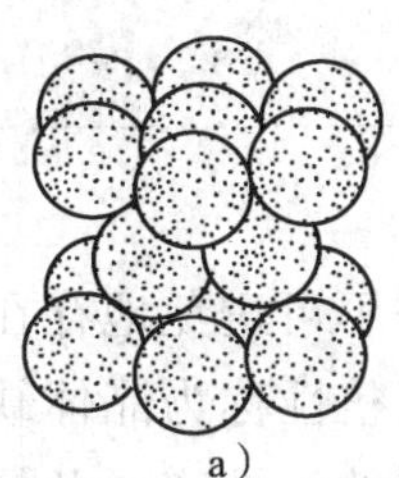
a）

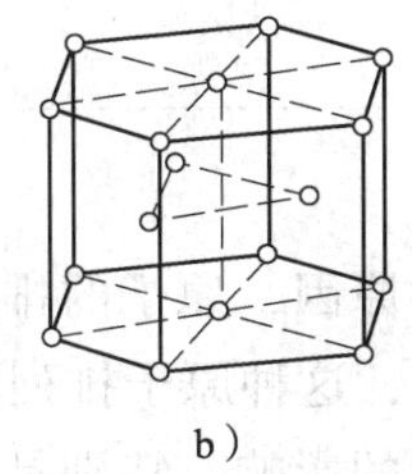
b）

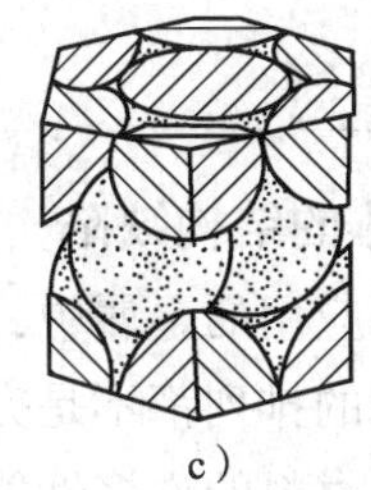
c）

图 1—2—5 密排六方晶格
a）原子排列模型 b）晶胞 c）原子个数

三、金属的实际晶体结构

1. 单晶体与多晶体

原子从一个核心（或晶核）按同一方向进行排列生长而形成的晶体称为单晶体。其晶格排列方位完全一致，如图 1—2—6a 所示。自然界存在的单晶体有水晶、金刚石等，采用特殊方法也可获得单晶体，如单晶硅、单晶锗等。单晶体具有显著的各向异性。

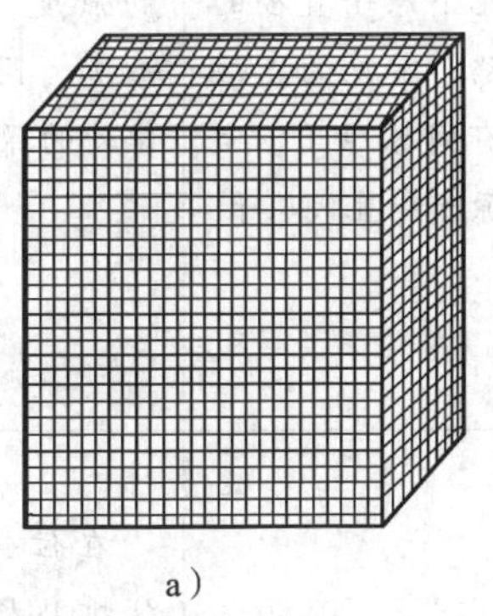
a）

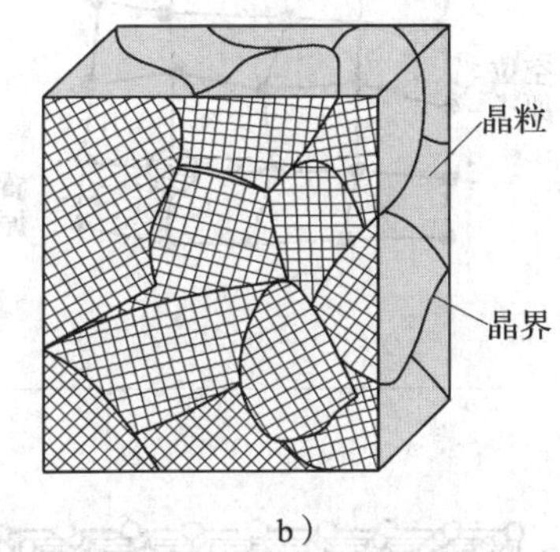

b）

图 1—2—6 晶体的结构
a）单晶体 b）多晶体

实际使用的金属材料通常是由许多不同位向的小晶体组成的，称为多晶体，如图 1—2—6b 所示。这些小晶体往往呈颗粒状，不具有规则的外形，故称为晶粒。晶粒与晶粒之间的界面称为晶界。多晶体材料一般不显示出各向异性，这是因为它包含大量的彼此位向不同的晶粒，虽然每个晶粒有异向性，但整块金属的性能则是它们性能的平均值，故表现为各向同性。

提示

晶体的各向异性

晶体具有各向异性，即沿着一个晶体的不同方向所测得的性能是不同的（如导电性、导热性、热膨胀性、弹性、强度、光学数据和外表面的化学性质等），表现出或大或小的差异。各向异性也称为异向性。晶体的异向性是因其原子的规律排列而造成的。

2. 晶体的结构缺陷

在实际应用的金属中，由于各种原因，原子的排列总是不可避免地存在着不完整性，即原子的排列都不是完美无缺的，这种原子排列的不完整性称为晶体缺陷。晶体缺陷对金属材料的许多性能都有很大的影响，特别是在金属的塑性变形及热处理过程中起着重要作用。按照晶体缺陷的几何形态特征分类，常见的晶体缺陷可分为点缺陷、线缺陷和面缺陷三种，其对性能的影响见表1—2—1。

表1—2—1 常见的晶体缺陷及影响

类型	名称	缺陷示意图	说明	对性能的影响
点缺陷	间隙原子 空位原子 置代原子	间隙原子 空位原子 置代原子	晶体在三维方向上尺寸很小，不超过几个原子直径的缺陷。常见的点缺陷有间隙原子、空位原子和置代原子	在宏观上，使材料的强度、硬度和电阻增加，同时使处于缺陷处的原子易于移动
线缺陷	刃位错	刃位错	晶体某一平面中呈线状分布的缺陷，它的具体形式为位错。最常见的位错为刃位错	在位错周围，由于错排晶格产生较严重的畸变，所以内应力较大。位错很容易在晶体中移动，位错的存在在宏观上表现为使金属材料的塑性变形更加容易

续表

类型	名称	缺陷示意图	说明	对性能的影响
面缺陷	晶界		面缺陷是指在晶体的空间中分布着的较大的缺陷。常见的面缺陷有金属晶体中的晶界和亚晶界	晶界处的原子排列极不规则，使晶格畸变处于不稳定状态，高温下晶界处的原子极易扩散。而在常温下，晶界使金属的塑性变形阻力增大 在宏观上表现为晶界比晶粒内部具有更高的强度和硬度。因此，晶界越多，金属材料的力学性能越好
	亚晶界			

第三节　纯金属的结晶

大多数金属都是经过熔化、冶炼和浇注获得的。金属由液态转变为固态的过程称为凝固。通过凝固形成晶体的过程称为结晶，也就是金属从高温液体状态冷却凝固为原子有序排列的固体状态的过程。这一过程实际上是原子由一个高能量级向一个较低能量级转变的过程，所以在结晶过程中会放出一定的热量，称为结晶潜热。

一、冷却曲线与过冷度

纯金属的结晶是在一定温度下进行的，人们把金属结晶时温度与时间的关系曲线称为冷却曲线，如图 1—3—1 所示。

从冷却曲线上可以看出，液体金属随着时间的推移，温度逐渐下降，当冷却到某一温度时，在冷却曲线上出现一水平线段（这是由于金属在结晶时产生的结晶潜热与向外界散失的热量相等的原因），这个水平线段所对应的温度就是金属的理论结晶温度 T_0。但金属在实际结晶过程中，液态金属冷却到理论结晶温度 T_0 以下的某一温度 T_1 时才开始结晶，这种现象称为过冷。理论结晶温度 T_0 与实际结晶温度 T_1 之差 ΔT 称为过冷度。

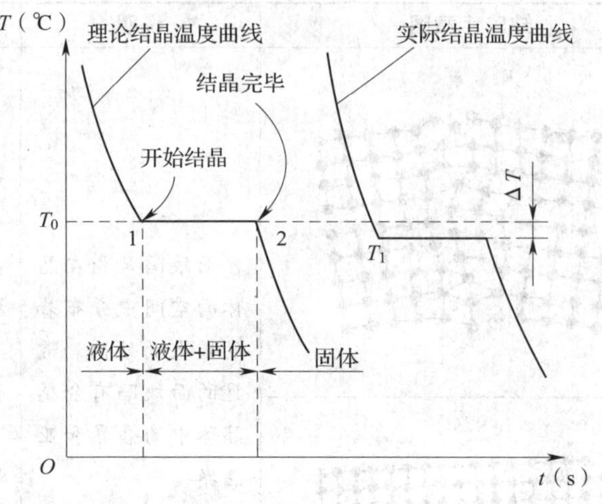

图 1—3—1　纯金属结晶时的冷却曲线

研究指出，实际上金属总是在过冷的情况下结晶的，而且同一金属结晶时的过冷度并不是一个恒定值，过冷度的大小与冷却速度有关，冷却速度越快，过冷度 ΔT 就越大，金属的实际结晶温度也就越低。

二、金属的结晶过程

液态金属的结晶过程是一个形核及晶核长大的过程。当液态金属缓慢地冷却到结晶温度以后，经过一定时间，首先形成一些极细小的微小晶体，称为晶核。随着时间的推移，已形成的晶核不断长大，同时，在液态中又会不断形成新的晶核并逐渐长大，直到液体金属全部凝固，由各个晶核长成的晶粒彼此相互接触，如图 1—3—2 所示。

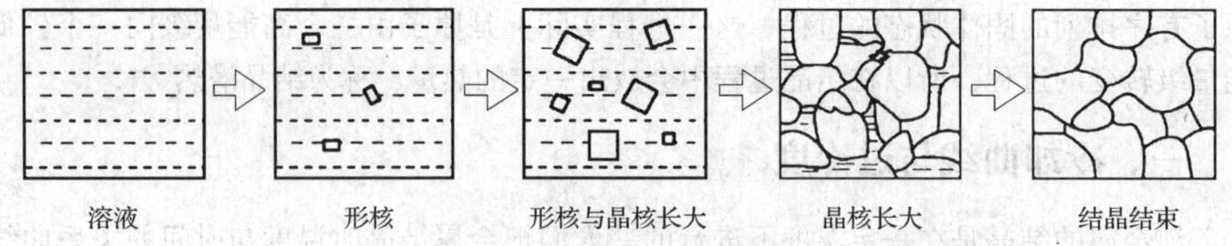

图 1—3—2　纯金属结晶过程

晶核长大的实质是原子由液体向固体表面转移的过程。纯金属结晶时，晶核长大方式主要有平面长大方式和枝晶长大方式两种。晶体长大方式取决于冷却条件，同时也受晶体结构、杂质含量的影响。

当过冷度较小时，晶核主要以平面长大方式进行，即结晶表面以向前平移的方式长大；当过冷度较大时，晶核主要以枝晶的方式长大，如图 1—3—3 所示。晶核长大初期，其外形为规则的形状，但随着晶核的成长，晶体棱角形成，在棱角继续长大过

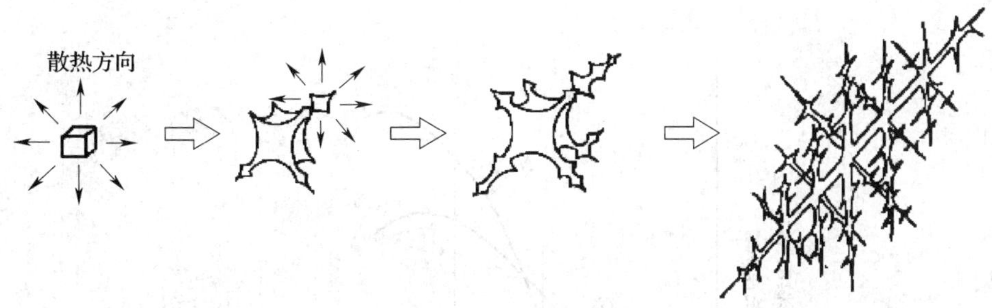

图 1—3—3 枝晶状晶体成长

程中，棱角处的散热条件优于其他部位，于是棱角处优先生长，沿一定部位生长出空间骨架，这种骨架好似树干，称为一次晶轴。在一次晶轴增长的同时，在其侧面又会生长出分枝，称为二次晶轴，如此不断生长和分枝下去，直到液体全部凝固，最后形成树枝状晶体。若最后凝固的树枝之间不能及时填满，树枝状的晶体就很容易显露出来（在很多金属铸锭表面就可看到树枝状的浮雕组织），如图1—3—4 所示。

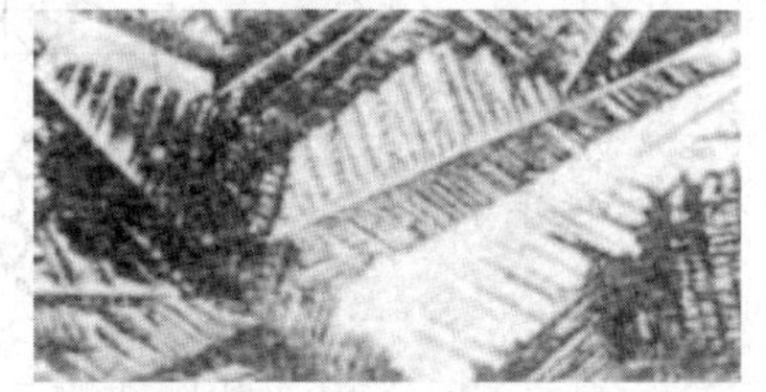

图 1—3—4 金属铸锭中的树枝状晶体（放大）

三、晶粒度的控制

晶粒度是表示晶粒大小的尺度，晶粒度可用晶粒的平均面积或平均直径表示。晶粒大小对金属的力学性能有很大影响，在常温下，金属的晶粒越细小，强度和硬度则越高，同时塑性和韧性也越好，称为细晶强化。除了钢铁外，其他大多数金属不能通过热处理改变其晶粒大小，因此，通过控制铸造和焊接时的结晶条件来控制晶粒大小，便成为改善力学性能的重要手段。

1. 决定晶粒度的因素

金属结晶时，每个晶粒都是由晶核长大而成的，晶粒的大小与形核率 N（单位时间内单位体积液体中晶核的生成数量）及生长速率 G（单位时间内晶体某线性尺寸的增加量）有关，如图 1—3—5 所示。形核率 N 越大，则单位体积中晶核数目越多，每个晶核的长大余地越小，因而长成的晶粒越细小；反之，形核率 N 越小而生长速率越大，则会得到较粗大的晶粒。因此，晶粒度取决于形核率 N 和生长速率 G 之比，N 与 G 比值越大，晶粒越细小。

2. 控制晶粒度的方法

（1）增加过冷度

随着过冷度的增加，形核率和生长速率都会增加，但形核率增加比生长速率增加要快，所以产生的晶核数目增加。因此，通过加快冷却速度，即增加过冷度，可使晶粒细化。

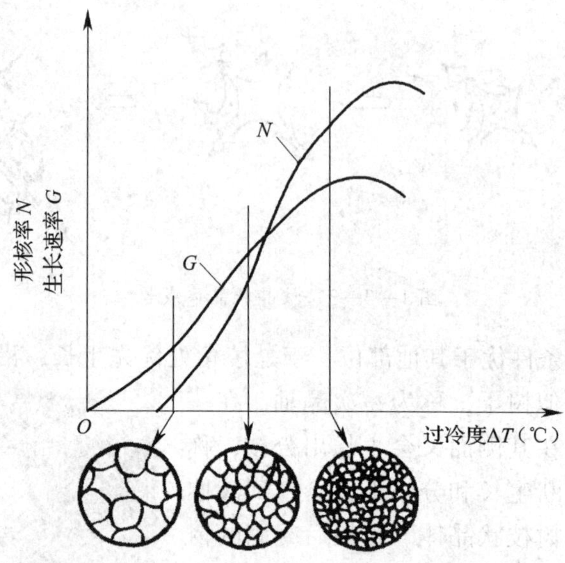

图 1—3—5　形核率、生长速率和过冷度的关系

（2）变质处理

在液态金属中加入变质剂（高熔点的固体微粒），以增加晶核的数目，从而细化晶粒，这种方法称为变质处理。变质处理在生产中应用广泛，特别对体积大的金属很难获得大的过冷度时，采用变质处理可有效地细化晶粒。

（3）附加振动

在金属结晶时施以机械振动、电磁振动、超声波振动等方法，可使金属在结晶初期形成的晶粒破碎，以增加晶核数目，起到细化晶粒的目的。

四、同素异构转变

大多数金属结晶完成后晶格类型就不会再发生变化，但也有少量金属（如铁、钴、钛、锡、锰等）在结晶为固态后，再继续冷却时其晶格类型还会发生变化。金属在固态下随着温度的改变，由一种晶格转变成另一种晶格的现象称为同素异构转变或同素异晶转变。如图 1—3—6 所示，液态纯铁在 1 538℃进行结晶，得到具有体心立方晶格的 δ—Fe；继续冷却到 1 394℃时，发生同素异构转变，由体心立方晶格的 δ—Fe 转变为面心立方晶格的 γ—Fe；再冷却到 912℃时，由面心立方晶格的 γ—Fe 转变为体心立方晶格的 α—Fe。上述转变过程可由下式表示：

$$L \xrightarrow{1\,538^\circ C} \delta\text{—Fe} \xrightarrow{1\,394^\circ C} \gamma\text{—Fe} \xrightarrow{912^\circ C} \alpha\text{—Fe}$$

同素异构转变是钢铁材料的一个重要特性，也是钢铁材料能够进行热处理的理论依据。同素异构转变是通过原子的重新排列来完成的，这一过程类似队列变换，具有以下特点：

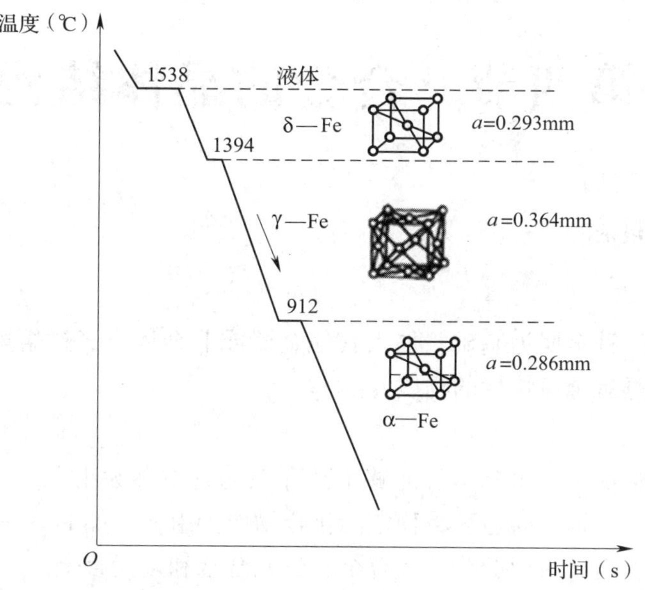

图 1—3—6 纯铁的同素异构转变冷却曲线图

1. 同素异构转变是由晶核形成和晶核长大两个基本过程完成的，新晶核优先在原晶界处生成。

2. 同素异构转变也有过冷现象，而且转变过程中具有较大的过冷度。

3. 在同素异构转变过程中有相变潜热产生，在冷却曲线上也出现了水平线段，但这种转变是在固态下进行的。

4. 同素异构转变时常伴有金属的体积变化，并产生较大的内应力，这是钢热处理时导致工件变形和开裂的重要原因。

提示

同素异构转变与金属结晶过程的异同

相同点：

（1）有一定的转变温度，转变时有过冷现象。

（2）放出和吸收潜热。

（3）转变过程也是一个形核和晶核长大的过程。

不同点：

（1）同素异构转变时，新的晶核优先在原来晶粒的晶界处形核。

（2）同素异构转变时，晶格的变化伴随着金属体积的变化，转变时会产生较大的内应力。

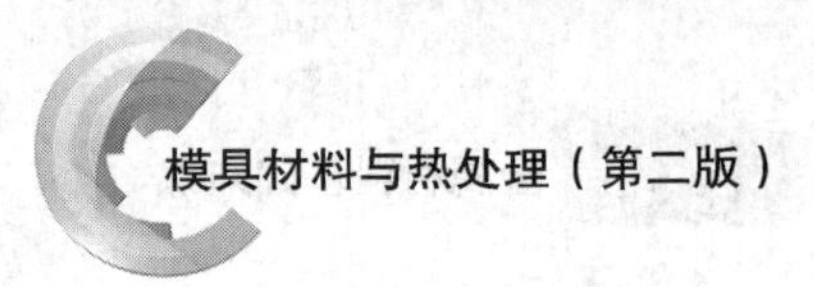

第四节　合金的晶体结构

一、基本概念

1. 合金

合金是指以一种金属为基础，加入其他金属或非金属，经过熔炼、烧结或用其他方法组合而成的具有金属特性的物质。

2. 组元

组成合金的最简单、最基本且能够单独存在的物质称为组元。一般来说，组元就是组成合金的元素，但有时也可将稳定的化合物作为组元，如 Fe_3C 等。根据组成合金组元数目的多少，合金可以分为二元合金、三元合金和多元合金。

3. 合金系

组元相同、按不同比例配制而成的一系列不同化学成分的所有合金称为合金系，如黄铜是铜与锌组成的二元合金系。

4. 相

在金属或合金中，凡化学成分相同、晶体结构相同并与其他部分有界面分开的均匀组成部分称为相。合金中相与相之间有明显的界面。液态合金通常都为单相液体。固态下，由一个固相组成时称为单相合金，由两个以上固相组成时称为多相合金。

5. 组织

合金的组织是指用肉眼或借助于显微镜所观察到的合金的相组成及相的数量、形态、大小、分布特征。组织可以由一种相组成，也可以由多种相组成。

由于合金的性能取决于组织，而组织又首先取决于合金中的相，所以，为了了解合金的组织和性能，首先必须了解合金的晶体结构。

二、合金晶体结构

根据合金中各组元之间结合方式的不同，合金的组织可分为固溶体、金属化合物和机械混合物三类。

1. 固溶体

合金结晶时，若组元相互溶解所形成的固相晶体结构与组成合金的某一组元相同，则这类固相称为固溶体。固溶体中含量较多的组元称为溶剂。固溶体用δ、γ、β、α等符号表示。根据溶质原子在溶剂晶格中所占位置的不同，可将固溶体分为置换固溶体和间隙固溶体。

（1）置换固溶体

溶质原子占据了溶剂原子晶格中的某些节点位置而形成的固溶体称为置换固溶体，如图 1—4—1a 所示。溶质与溶剂原子半径相当时，易形成置换固溶体。置换固溶体既可以是有限固溶体也可以是无限固溶体。

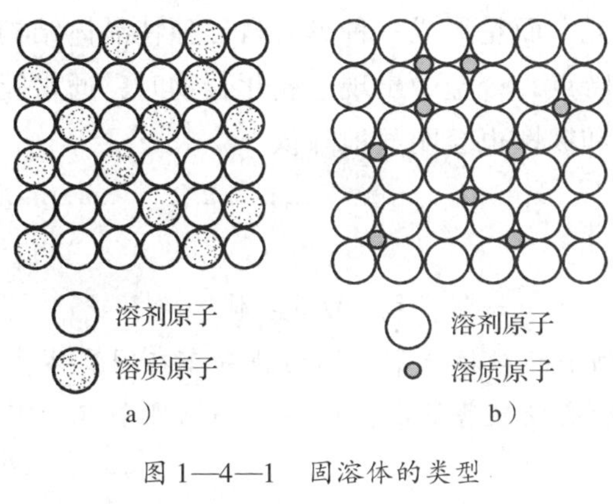

图 1—4—1 固溶体的类型

a）置换固溶体 b）间隙固溶体

（2）间隙固溶体

溶质原子溶入溶剂晶格间隙所形成的固溶体称为间隙固溶体，如图 1—4—1b 所示。溶质原子是半径很小的非金属元素。当溶质与溶剂原子半径之比小于 0.59 时，容易形成间隙固溶体。由于溶剂晶格中间隙的尺寸和数量是一定的，因此间隙固溶体只能是有限固溶体。

无论是置换固溶体还是间隙固溶体，在其形成过程中都会导致固溶体的晶格发生畸变。如图 1—4—2 所示，对于置换固溶体，溶质原子较大时造成正畸变，较小时引起负畸变。形成间隙固溶体时总是产生正畸变。显然，原子尺寸差别越大，溶剂中溶入的溶质原子数越多，所形成的固溶体的晶格畸变越严重。晶格畸变增大位错运动的阻力，使金属的滑移变形变得更加困难，从而提高合金的强度和硬度，这种现象称为固溶强化。固溶体的综合力学性能很好，常作为合金材料的基体相。所以，固溶强化是强化金属材料的重要途径之一。

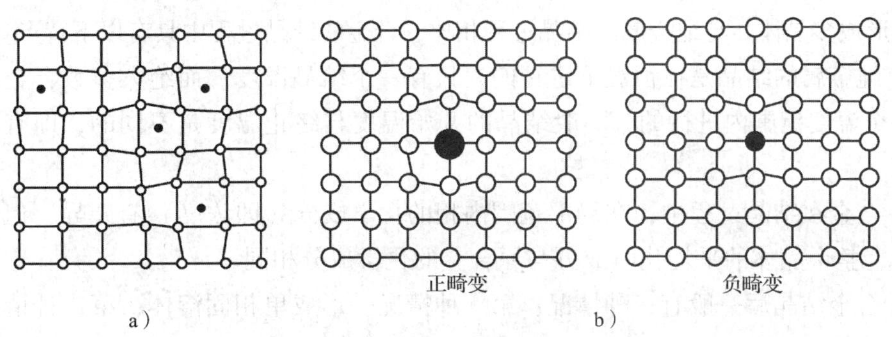

图 1—4—2 形成固溶体时的晶格畸变

a）间隙固溶体 b）置换固溶体

实践证明，只要适当控制固溶体中溶质的含量，就能在显著提高金属材料强度和硬度的同时，仍能保持较好的塑性和韧性。

2. 金属化合物

金属化合物是指金属组元间相互作用而生成的具有金属特性的一种新相。其晶格类型不同于它的任一组元，而是形成一种具有自己独特晶体结构的新相，也称中间相，具有熔点高、硬而脆的特点。合金中出现金属化合物时，通常能显著提高合金的强度、硬度和耐磨性，但塑性和韧性也会明显地降低。

提示

弥散强化

当金属化合物以细小的颗粒状形式均匀地分布在固溶体基体上时，将导致合金材料的强度、硬度和耐磨性显著提高，但塑性和韧性会有所下降的现象，称为弥散强化。

在实际生产中，通过调整合金中金属化合物的数量、大小、形态和分布状况，可使合金的力学性能发生变化，以满足不同使用要求。

3. 机械混合物

固溶体和金属化合物均是组成合金的基本相。由两相或两相以上组成的多相组织称为机械混合物。在机械混合物中，各组成相仍保持着其原有晶格的类型和性能，而整个机械混合物的性能则介于各组成相的性能之间，并与各组成相的性能及相的数量、形状、大小和分布状况等密切相关。绝大多数金属材料中存在机械混合物这种组织状态。

三、合金结晶过程

合金结晶后可形成不同类型的固溶体、金属化合物或机械混合物。合金的结晶过程与纯金属一样，也包括晶核形成和晶核长大两个过程，同时结晶时也需要一定的过冷度，结晶后形成多晶体。与纯金属的结晶过程相比，合金的结晶过程中具有以下特点：

1. 纯金属的结晶是在恒温下进行的，只有一个结晶温度。而绝大多数合金的结晶是在一个温度范围内进行的，一般结晶的开始温度与终止温度是不同的，即有两个结晶温度。

2. 合金在结晶过程中，在局部范围内相的化学成分（即浓度）有差异，但当结晶终止后，整个晶体的平均化学成分与原合金的化学成分相同。

3. 合金结晶后一般有三种情况：第一种情况是形成单相固溶体；第二种情况是形成单相金属化合物或同时结晶出两相机械混合物；第三种情况是结晶开始时形成单相固溶体，剩余液体又同时结晶出两相机械混合物。

提示

共晶转变与共析转变

从一定化学成分的液体合金中同时结晶出两种不同成分和不同晶体结构的固相过程称为共晶转变，其结晶产物称为共晶体。实践证明，共晶转变是在恒温下进行的。

在固态下由一种单相固溶体同时析出两种化学成分和晶格结构完全不同的新固相的转变过程称为共析转变。共析转变与共晶转变一样，也是在恒温条件下进行的。

第五节　金属材料的力学性能

在机械制造行业中，为了使产品在设计、选材和制造工艺等方面达到最优化，就必须了解和掌握金属的各种性能。通常把金属材料的性能分为使用性能和工艺性能。所谓使用性能，是指金属材料在使用条件下表现出来的性能，它包括力学性能、物理性能、化学性能等。金属材料使用性能的好坏决定了它的使用范围与使用寿命。工艺性能是指金属材料在加工制造过程中适应各种冷加工和热加工的性能。金属材料工艺性能的好坏决定了它在制造过程中加工成形的适应能力。

金属材料的力学性能是指金属材料在载荷作用下所显示的与弹性和非弹性反应相关或涉及应力应变关系的性能。金属材料的力学性能是金属构件设计和选材的主要依据。金属材料的力学性能指标主要有强度、塑性、硬度、冲击韧性和疲劳强度等。

一、强度与塑性

金属材料在静载荷作用下抵抗永久变形和断裂的能力称为强度。塑性是指金属材料在断裂前发生不可逆永久变形的能力。永久变形是指构件在力的作用下产生形状、尺寸的改变，外力去除后不能恢复到原来形状和尺寸的变形。

根据载荷的作用方式不同，强度可分为抗拉强度、抗压强度、抗弯强度、抗剪强度等。通常以抗拉强度作为最基本的强度指标。金属材料的强度和塑性指标可通过拉伸试验测得。

1. 拉伸试验

拉伸试验是指利用拉伸试验机（见图 1—5—1）在静拉力的作用下对标准试样进行轴向拉伸，同时连续测量变化的载荷及对应的试样伸长量，直至断裂，并根据测得的数据计算出有关的力学性能指标。

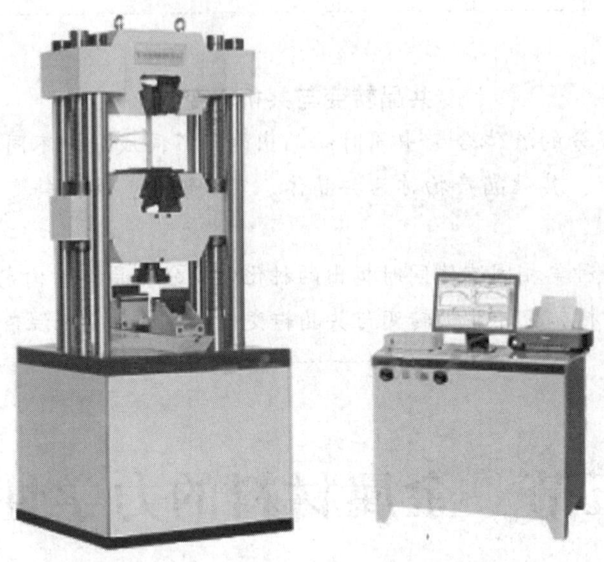

图 1—5—1　拉伸试验机

（1）拉伸试样

在国家标准《金属材料　拉伸试验　第 1 部分：室温试验方法》（GB/T 228.1—2010）中规定了拉伸试样的形状、尺寸及加工要求等。拉伸试样必须按此规定进行制作，拉伸试样分为短拉伸试样（$L_o=5d_o$）和长拉伸试样（$L_o=10d_o$）两种，一般工程上采用短拉伸试样。如图 1—5—2 所示为圆柱形比例拉伸试样，其中 d_o为标准拉伸试样的原始直径，L_o为标准拉伸试样的原始标距长度，d_u为标准拉伸试样断口处的直径，L_u为拉断标准拉伸试样对接后测出的标距长度。

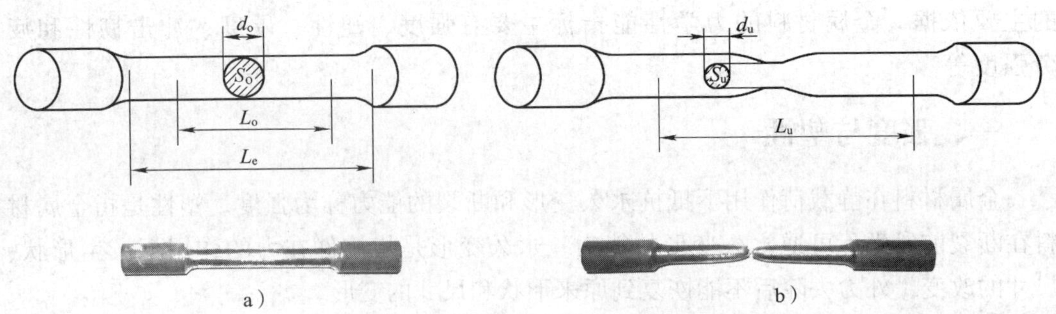

图 1—5—2　圆柱形比例拉伸试样

a）拉伸前　b）拉伸后

（2）力—伸长曲线

在拉伸试验中，依据拉伸力 F 与伸长量 ΔL 之间的关系在直角坐标系中绘出的曲线称为力—伸长曲线。如图 1—5—3 所示为低碳钢的力—伸长曲线，图中纵坐标表示拉伸力 F，横坐标表示伸长量 ΔL。从图中可以看出，试样从开始拉伸到断裂要经过弹性变形、屈服、强化、缩颈与断裂四个阶段。

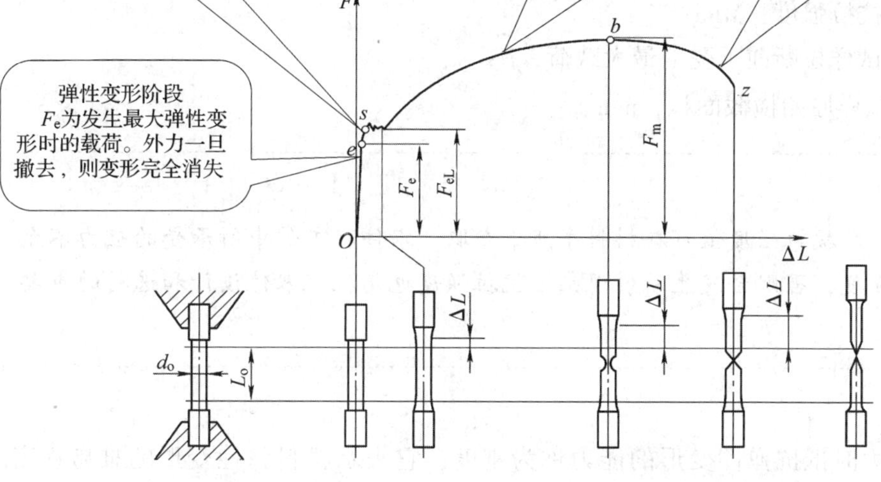

图 1—5—3　低碳钢的力—伸长曲线

2. 强度指标

（1）屈服强度

屈服强度是指试样在拉伸试验过程中力不增加（保持恒定）而仍能继续伸长（变形）时的应力。屈服强度分为上屈服强度 R_{eH} 和下屈服强度 R_{eL}。在金属材料中，一般用下屈服强度代表其屈服强度，计算公式如下：

$$R_{eL}=\frac{F_{eL}}{S_o}$$

式中　R_{eL}——试样的下屈服强度，MPa；

F_{eL}——试样屈服时的最小载荷，N；

S_o——试样原始横截面积，mm^2。

除低碳钢、中碳钢及少数合金钢有屈服现象外，大多数金属材料在拉伸试验中没有明显的屈服现象，有些脆性材料也不会产生缩颈现象，如高碳钢、铸铁等。对于这些材料，规定产生 0.2% 残余伸长时的应力作为屈服强度，用符号 $R_{P0.2}$ 表示，称为条件（名义）屈服强度。

提示

金属零件及其构件在工作过程中一般不允许产生塑性变形，而屈服强度是衡量金属材料塑性变形抗力的指标，因此，设计零件和构件时，屈服强度是工程技术中最重要的力学性能指标之一，常作为选用金属材料的依据。

（2）抗拉强度

抗拉强度是指拉伸试样断裂前所能承受的最大拉应力，用符号 R_m 表示，其计算公式如下：

$$R_m = \frac{F_m}{S_o}$$

式中 R_m——抗拉强度，MPa；

F_m——试样拉断前承受的最大载荷，N；

S_o——试样原始横截面积，mm^2。

提示

金属材料的抗拉强度值可在材料手册中查取。零件在工作中所承受的应力不允许超过抗拉强度，否则会发生断裂现象。抗拉强度也是机械零件设计和选材的重要依据。

（3）刚度

材料在受力时抵抗弹性变形的能力称为刚度，它表示材料弹性变形的难易程度。材料刚度的大小一般用弹性模量 E 和切变模量 G 来评价。

弹性模量是拉伸曲线的斜率，即拉伸曲线斜率越大，弹性模量 E 也越大，说明弹性变形越不容易进行。因此，E 和 G 是表示材料抵抗弹性变形能力及衡量材料“刚度”的指标。弹性模量越大，材料的刚度越大，即具有特定外形尺寸的零件或构件保持其原有形状与尺寸的能力越大。

3. 塑性指标

金属材料的塑性可以用拉伸试样断裂时的最大相对变形量来表示，常用的指标有断后伸长率和断面收缩率，它们是工程上广泛使用的表征材料塑性大小的主要力学性能指标。

（1）断后伸长率

进行拉伸试验时，拉伸试样在力的作用下产生塑性变形，原始拉伸试样中的标距会不断伸长。拉伸试样拉断后的标距伸长量与原始标距的百分比称为断后伸长率，用符号 A 表示，其计算公式如下：

$$A = \frac{L_u - L_o}{L_o} \times 100\%$$

式中 L_o——试样原始标距长度，mm；

L_u——试样拉断后的标距长度，mm。

对于圆柱形比例拉伸试样，由于拉伸试样分为短拉伸试样和长拉伸试样，使用长拉伸试样测定的断后伸长率用符号 $A_{11.3}$ 表示。同一种金属材料的断后伸长率 A 和 $A_{11.3}$ 的数值是不同的，因此不能直接用 A 和 $A_{11.3}$ 进行比较，一般短拉伸试样的 A 值大于长

拉伸试样的 $A_{11.3}$ 值。

（2）断面收缩率

断面收缩率是指拉伸试样拉断后缩颈处横截面积的最大缩减量与原始横截面积的百分比，用符号 Z 表示，其计算公式如下：

$$Z = \frac{S_o - S_u}{S_o} \times 100\%$$

式中 S_o——试样原始横截面积，mm^2；

S_u——试样拉断后缩颈处的横截面积，mm^2。

金属材料的断后伸长率 A 和断面收缩率 Z 数值越大，表示材料的塑性越好。塑性好的材料不仅能顺利地进行锻压、轧制等成形工艺，而且若在使用时发生超载，首先产生塑性变形，就能避免突然断裂。所以，大多数机械零件除要求具有较高的强度外，还必须有一定的塑性。

4. 强度与塑性计算

例 1 有一根 $d_o = 10$ mm，$L_o = 100$ mm 的低碳钢试样，进行拉伸试验时测得 $F_{eL} = 21$ kN，$F_m = 29$ kN，$d_u = 5.65$ mm，$L_u = 138$ mm。求此试样的 R_{eL}、R_m、$A_{11.3}$ 和 Z。

解：（1）计算 S_o 和 S_u：

$$S_o = \frac{\pi d_o^2}{4} = \frac{3.14 \times 10^2}{4} = 78.5\ mm^2$$

$$S_u = \frac{\pi d_u^2}{4} = \frac{3.14 \times 5.65^2}{4} \approx 25.1\ mm^2$$

（2）计算 R_{eL} 和 R_m：

$$R_{eL} = \frac{F_{eL}}{S_o} = \frac{21\ 000}{78.5} \approx 267.5\ MPa$$

$$R_m = \frac{F_m}{S_o} = \frac{29\ 000}{78.5} \approx 369.4\ MPa$$

（3）计算 $A_{11.3}$ 和 Z：

$$A_{11.3} = \frac{L_u - L_o}{L_o} \times 100\% = \frac{138 - 100}{100} \times 100\% = 38\%$$

$$Z = \frac{S_o - S_u}{S_o} \times 100\% = \frac{78.5 - 25.1}{78.5} \times 100\% \approx 68\%$$

二、硬度

硬度是指金属材料抵抗局部变形，特别是塑性变形、压痕或划痕形成的永久变形的能力。它是衡量金属材料软硬程度的一种性能指标。硬度越高，材料的耐磨性越好。机械制造业中所用的刀具、量具、模具和大多数机械零件都应具备足够的硬度，以保证使用性能和使用寿命，否则很容易因磨损而失效。因此，硬度是金属材料一项非常重要的力学性能指标。

硬度测定方法有压入法、划痕法、回弹高度法等，目前生产中最常用的是压入法，即在规定的静态试验力作用下，将一定几何形状的压头压入被测试的金属材料表面，根据压痕的面积或深度来测定其硬度值。在压入法中，根据载荷、压头和表示方法的不同，常用的方法有布氏硬度（HB）试验法、洛氏硬度（HRA、HRB、HRC）试验法和维氏硬度（HV）试验法。如图 1—5—4 所示为测试硬度时常用的三种硬度试验机。

a）

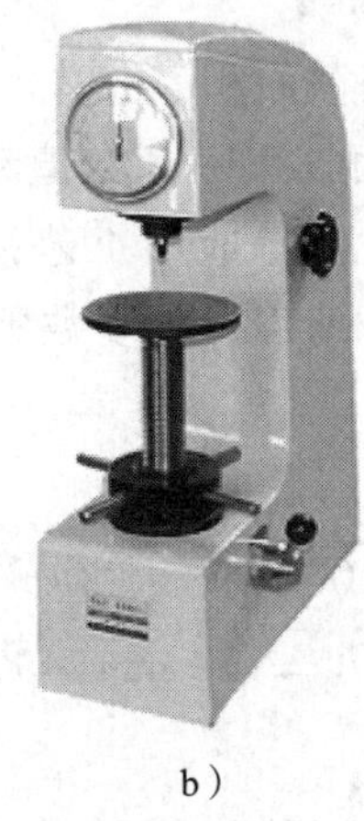

b）

c）

图 1—5—4　硬度试验机

a）布氏硬度试验机　b）洛氏硬度试验机　c）维氏硬度试验机

1. 布氏硬度

（1）试验原理

对一定直径的硬质合金球施加试验力压入试样表面，经规定保持时间后，卸除试验力，测量试样表面压痕的直径 d 来计算其硬度值，如图 1—5—5 所示。

目前，布氏硬度试验执行的国家标准是《金属材料　布氏硬度试验　第 1 部分：试验方法》（GB/T 231.1—2009）。布氏硬度值是用球面压痕单位面积上所承受的平均压力来表示的，用符号 HBW 表示，单位为 MPa（一般不标出），其计算公式为：

$$\mathrm{HBW} = \frac{F}{S} = 0.102 \times \frac{2F}{\pi D(D - \sqrt{D^2 - d^2})}$$

式中　F——试验力，N；

S——球面压痕表面积，mm^2；

D——压头直径，mm；

d——压痕平均直径，mm。

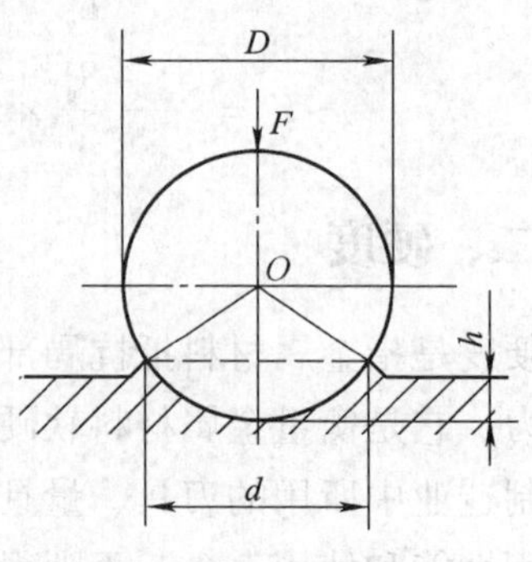

图 1—5—5　布氏硬度试验原理图

从上式可以看出，当试验力 F 和压头直径 D 一定时，布氏硬度值仅与压痕直径 d 的大小有关。d 越小，布氏硬度值越大，也就是硬度越高。在实际应用中，布氏硬度值一般不用计算，而是用专用的刻度放大镜量出压痕直径，再从相应的压痕直径与布氏硬度对照表中查出相应的布氏硬度值，详见国家标准《金属材料　布氏硬度试验　第 4 部分：硬度值表》（GB/T 231. 4—2009）或附录。

（2）表示方法

布氏硬度用硬度值、硬度符号、压头直径、试验力和试验力保持时间（保持时间为 10 ~ 15 s 时可不标注）表示。例如，530HBW5/750 表示用直径为 5 mm 的硬质合金球压头，在 7 335 N（750 kgf）的试验力作用下，保持 10 ~ 15 s 时测得的布氏硬度值为 530；又如，170HBW10/1000/30 表示用直径为 10 mm 的硬质合金球压头，在 9 807 N（1 000 kgf）的试验力作用下，保持 30 s 时测定的布氏硬度值为 170。

在进行布氏硬度试验时，压头直径、试验力和保持时间应根据被测金属材料的种类、厚度和硬度范围正确地进行选择。

（3）特点及应用范围

国家标准 GB/T 231. 1—2009 规定的布氏硬度试验范围上限为 650HBW。布氏硬度主要用于测定铸铁、有色金属和退火、正火、调质处理后的各种软钢等硬度较低的材料。

采用布氏硬度试验时，压痕直径较大，能较准确地反映材料的平均性能，测得的硬度值比较准确。由于强度和硬度间有一定的近似比例关系，因此在生产中较为常用。但测压痕直径较费时，对不同材料需要不同压头和试验力，操作时间较长，且不适于测定高硬度材料。由于压痕较大，对金属表面的损伤也较大，不宜测定太小或太薄的试样，只适用于毛坯和半成品的测试。

2. 洛氏硬度

（1）试验原理

国家标准《金属材料　洛氏硬度试验　第 1 部分：试验方法（A、B、C、D、E、F、G、H、K、N、T 标尺）》（GB/T 230. 1—2009）规定，洛氏硬度试验是将锥角为 120°的金刚石圆锥压头或直径为 1. 587 5 mm（或 3. 175 mm）的硬质合金球分两个步骤压入试样表面，经规定保持时间后，卸除主试验力，测量在初试验力下的残余压痕深度来确定洛氏硬度值，用符号 HR 表示。

其试验方法如图 1—5—6 所示，先施加初试验力 F_0，压入深度为 h_1，压头处于 1—1 的位置。然后再施加主试验力 F_1，在总试验力 F_0+F_1 的作用下，压头压入深度为 h_2，压头处于 2—2 的位置。保持规定时间后卸除主试验力 F_1，保持初试验力 F_0，由于金属弹性变形的恢复，使压头回升到 3—3 的位置，此时压头压入深度为 h_3。将 h_3 与 h_1 之差称为残余压痕深度 h。

残余压痕深度越大，被测试样的硬度越低。通常可根据 h 值及常数 N 和 S 来计算洛氏硬度，其计算公式为：

$$\mathrm{HR} = N - \frac{h}{S}$$

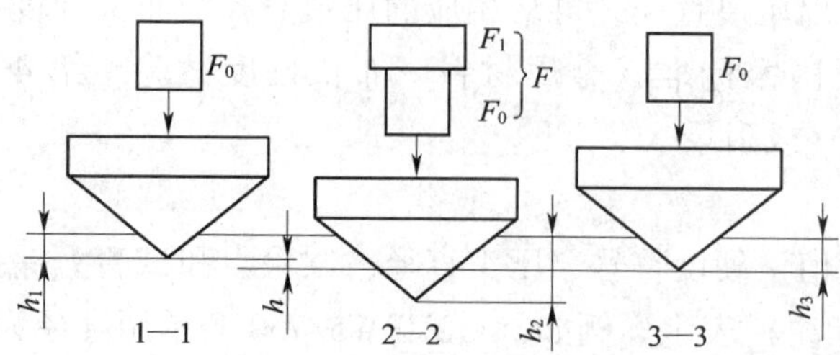

图 1—5—6　洛氏硬度试验原理图

式中　N——给定标尺的硬度数（洛氏硬度 A、C、D 标尺为 100）；

h——残余压痕深度，mm；

S——给定标尺的单位，mm（洛氏硬度 A、C、D 标尺为 0.002 mm）。

洛氏硬度无单位。试验时，硬度值可直接从如图 1—5—7 所示的洛氏硬度试验机的表盘上读出。

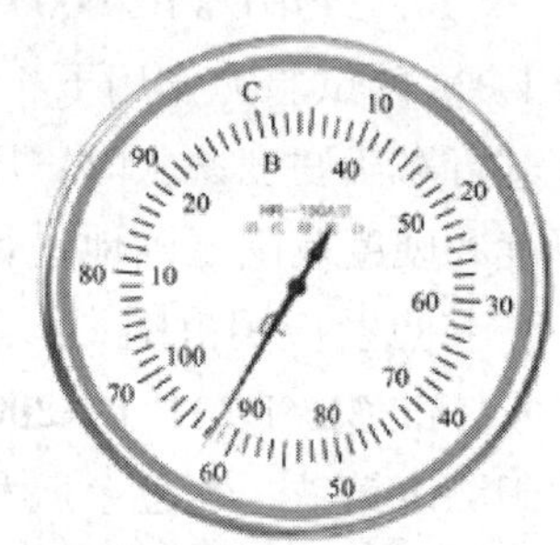
图 1—5—7　洛氏硬度试验机的表盘

（2）表示方法

为了适应不同材料的硬度测定需要，洛氏硬度试验机采用不同的压头和载荷来对应不同的硬度标尺。国家标准 GB/T 230.1—2009 规定了 A、B、C、D、E、F、G、H、K、N、T 标尺，不同标尺的洛氏硬度值彼此之间没有直接的换算关系。标注时，将测定的硬度值写在洛氏硬度符号的前面；洛氏标尺符号写在洛氏硬度符号的后面；当使用硬质合金球压头时，在最后面加 W；若使用淬火钢球，在最后面加 S。如 60HRC 表示用“C”标尺测定的洛氏硬度值为 60。

洛氏硬度试验是生产中广泛应用的一种硬度试验方法，常用的洛氏硬度标尺有 A、B、C 三种，其中 C 标尺应用最广泛。常用的三种洛氏硬度标尺的试验条件和适用范围见表 1—5—1。

表 1—5—1　常用的三种洛氏硬度标尺的试验条件和适用范围

洛氏硬度标尺	硬度符号	压头类型	初试验力 F_0(N)	主试验力 F_1(N)	总试验力 F(N)	适用范围	应用举例
A	HRA	金刚石圆锥	98.07	490.1	588.1	20～88HRA	硬质合金、碳化物、浅层表面硬化钢等
B	HRB	直径为 1.587 5 mm 的钢球	98.07	882.6	980.7	20～100HRB	非铁合金、铸铁、经退火或正火的钢等
C	HRC	金刚石圆锥	98.07	1 373	1 471	20～70HRC	淬火钢、调质钢、深层表面硬化钢等

（3）特点和应用范围

洛氏硬度试验操作简单、迅速，可直接从表盘上读出硬度值；试验压痕小，对试样表面损伤小，可以测定成品和较薄工件的硬度；测试的硬度值范围大，应用广泛，尤其是经过淬火处理的零件，常用洛氏硬度机进行测试。但由于压痕小，当材料内部组织不均匀时，测量值的代表性差。通常需在不同的部位测试多次，取读数的平均值作为被测材料的硬度值。

3. 维氏硬度

（1）试验原理

国家标准《金属材料　维氏硬度试验　第1部分：试验方法》（GB/T 4340.1—2009）规定，维氏硬度试验是将顶部两相对面具有规定角度（136°）的正四棱锥体金刚石压头用一定试验力压入试样表面，保持规定时间后卸除试验力，测量试样表面压痕对角线长度来计算其硬度值，如图1—5—8所示。

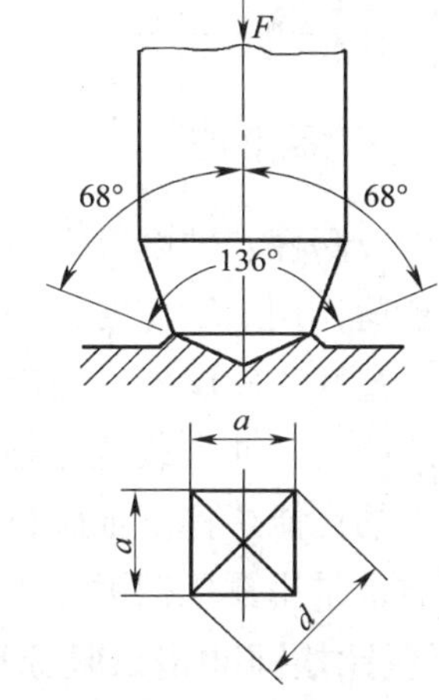

图1—5—8　维氏硬度试验原理图

维氏硬度值是用正四棱锥形压痕单位面积上所承受的平均压力来表示的，用符号HV表示，其计算公式为：

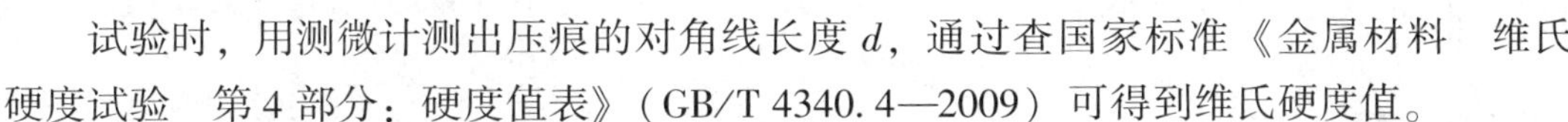

$$HV = 0.1891\frac{F}{d^2}$$

式中　F——试验力，N；

d——压痕两条对角线长度的算术平均值，mm。

试验时，用测微计测出压痕的对角线长度 d，通过查国家标准《金属材料　维氏硬度试验　第4部分：硬度值表》（GB/T 4340.4—2009）可得到维氏硬度值。

（2）表示方法

维氏硬度的表示方法与布氏硬度相同。在维氏硬度符号HV前面的数值为硬度值，后面为试验力值。标准的试验保持时间为10～15 s，如果选用的时间超出这一范围，在试验力值后面还要注上保持时间。例如，600HV30表示采用294.2 N（30 kgf）的试验力，保持时间10～15 s时测定的硬度值为600。

（3）特点和应用范围

维氏硬度试验的压痕是正方形，轮廓清晰，对角线测量准确。因此，维氏硬度试验是常用硬度试验方法中精度最高的，同时它的重复性也很好。维氏硬度试验最大的优点在于其硬度值与试验力的大小无关，只要是硬度均匀的材料，可以任意选择试验力，其硬度值不变，这就相当于在一个很宽的硬度范围内具有一个统一的标尺。维氏硬度试验的试验力可以小到10 gf，压痕非常小，特别适合测试小型精密零件、极薄零件和表面硬化层的硬度。但是维氏硬度试验效率低，要求较高的试验技术，对于试样的表面质量要求较高，通常需要制作专门的试样，操作麻烦费时，通常只在实验室中使用。

提示

强度、刚度、硬度的区别

强度是抵抗破坏的能力，强调的是可靠性，即零件本身的承载能力，它是机械零件首先应满足的基本要求；刚度是抵抗弹性变形的能力，即弹性变形的难易程度，如机床主轴在受力时不能产生变形等；硬度是衡量材料软硬程度的一种指标，强调的是侵入和反侵入的能力，即抵抗塑性变形的能力，硬度越高，材料的耐磨性越好，如机械制造业中所用的刀具、量具、模具都应具备足够的硬度。

三、冲击韧性

强度、塑性、硬度等力学性能指标是在静载荷作用下测定的。但有一部分零件是在冲击载荷作用下工作的，如锻锤的锤杆、冲模和锻模等，这些零件除要求具备足够的强度、塑性、硬度外，还应有足够的韧性。冲击韧性是指金属材料在断裂时吸收变形能量的能力。冲击载荷比静载荷的破坏性要大得多。因此，需要对金属材料制定冲击载荷下的性能指标。金属材料的韧性大小常用吸收能量 K 来衡量，而金属材料的吸收能量通常采用夏比摆锤冲击试验方法来测定。

1. 夏比摆锤冲击试验原理

如图 1—5—9 所示，将规定几何形状的缺口试样置于试验机两支座之间，缺口背向打击面放置，用摆锤一次打击试样，通过测定试样的吸收能量来确定材料韧性指标。

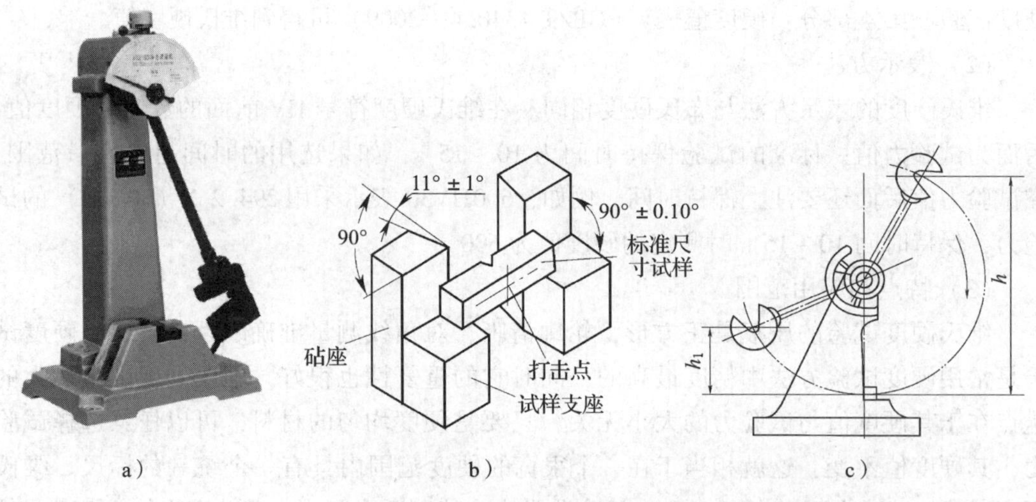

图 1—5—9　夏比摆锤冲击试验原理

a）冲击试验机　b）试样　c）试验原理

2. 夏比摆锤冲击试验方法

国家标准《金属材料 夏比摆锤冲击试验方法》（GB/T 229—2007）中规定，夏比摆锤冲击试样有 V 型缺口和 U 型缺口两种，标准冲击试样是长度为 55 mm、横截面为 10 mm×10 mm 的方形，如图 1—5—10 所示。

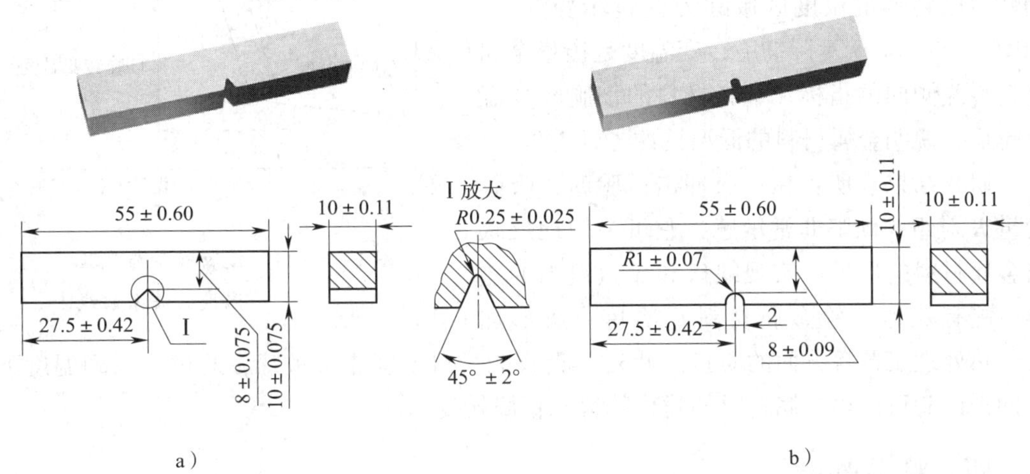

图 1—5—10 夏比摆锤冲击试验标准试样

a）V 型标准试样 b）U 型标准试样

夏比摆锤冲击试验是在摆锤式冲击试验机上进行的，试验时，将冲击试样放在夏比摆锤冲击试验机的支座上，使试样缺口位于两砧座中间，并背向摆锤的冲击方向，如图 1—5—9b 所示。再将具有一定质量的摆锤升至规定初始高度 h，使其获得一定的初始势能 K_P，当摆锤落下将试样冲断后，摆锤利用剩余势能继续向前升高到 h_1，如图 1—5—9c 所示。此时，摆锤在冲断试样过程中所失去的势能就等于冲击试样的吸收能量。吸收能量用符号 K 表示，单位为 J。标注吸收能量时应在符号 K 的后面注明试验条件，具体如下：

KV_2——表示 V 型缺口试样在 2 mm 摆锤刀刃下的冲击吸收能量；

KV_8——表示 V 型缺口试样在 8 mm 摆锤刀刃下的冲击吸收能量；

KU_2——表示 U 型缺口试样在 2 mm 摆锤刀刃下的冲击吸收能量；

KU_8——表示 U 型缺口试样在 8 mm 摆锤刀刃下的冲击吸收能量。

试验时，吸收能量 KV_2 或 KV_8（KU_2 或 KU_8）可以从试验机的刻度盘上直接读出。它是表征金属材料韧性的重要指标。显然，吸收能量越大，表示金属材料抵抗冲击试验力而不破坏的能力越强。

3. 吸收能量与试验温度的关系

在进行不同温度的一系列冲击试验时，随温度的降低，吸收能量总的变化趋势是降低的。这说明金属材料的吸收能量 K 与试验温度 T 有着密切的关系，如图 1—5—11 所示，曲线一般包括高吸收能区、过渡区和低吸收能区三部分。

金属材料在一系列不同温度的冲击试验中，当温度降至某一数值时，吸收能量急剧下降，金属材料由韧性断裂变为脆性断裂，这种现象称为冷脆转变。吸收能量急剧变化或断口韧性急剧转变的温度区域称为韧脆转变温度，如图 1—5—11 所示。韧脆转变温度是衡量金属材料冷脆倾向的指标。金属材料的韧脆转变温度越低，说明金属材料的低温抗冲击性越好。

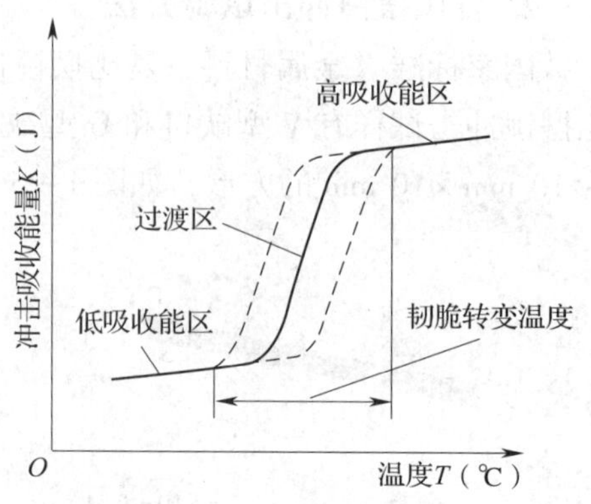

图 1—5—11　吸收能量与试验温度的关系曲线

研究结果表明：在一次冲击试验时，吸收能量 K 对组织缺陷非常敏感，它可灵敏地反映出金属材料的质量、宏观缺口和显微组织的差异，能有效地检验金属材料在冶炼、成形加工、热处理工艺等方面的质量。此外，吸收能量对温度非常敏感，通过一系列温度下的冲击试验可测出金属材料的脆化趋势和韧脆转变温度。

四、疲劳强度

1. 疲劳现象

许多机械零件，如曲轴、齿轮、叶片、弹簧等是在循环应力和循环应变作用下工作的。循环应力和循环应变是指应力或应变的大小、方向都随时间发生周期性的变化。常见的循环应力是对称循环应力，即最大值 S_{max} 和最小值 S_{min} 的绝对值相等，如图 1—5—12 所示。在日常生产中，大多数零件工作时所承受的实际应力虽然低于所选材料的屈服强度，但零件在这种循环应力的作用下，经过一定时间的工作后会产生裂纹或突然发生断裂，金属的这种断裂现象称为疲劳断裂。

金属的疲劳断裂与静载荷作用下的断裂情况不同。金属疲劳断裂时不产生明显的塑性变形，断裂前没有预兆，断裂是突然发生的。因此，疲劳断裂具有很大的危险性，常常造成严重事故。据统计，在失效的机械零件中有 80% 以上是因疲劳造成的。

研究表明，疲劳断裂首先在零件应力集中的局部区域产生，先形成微小的裂纹核心（微裂源）。随后在循环应力作用下，微裂源不断扩展，使零件的有效承力面积逐渐减小，而所受应力不断增大，当应力超过金属材料的断裂强度时，则突然发生疲劳断裂，形成最后断裂区。因此，金属材料疲劳断裂的断口一般由微裂源、扩展区和瞬断区组成，如图 1—5—13 所示。

2. 疲劳强度

金属材料的疲劳强度是在疲劳试验机上测定的。实践证明，金属材料所受交变应力 S 与其断裂前所能经受的应力循环次数 N 之间有如图 1—5—14 所示的曲线关系，这条 S—N 曲线称为应力寿命曲线。曲线表明，金属材料承受的交变应力越小，则断裂前应力循环次数越大。当应力降到一定值时，应力寿命曲线变成与横坐标平行的直线。

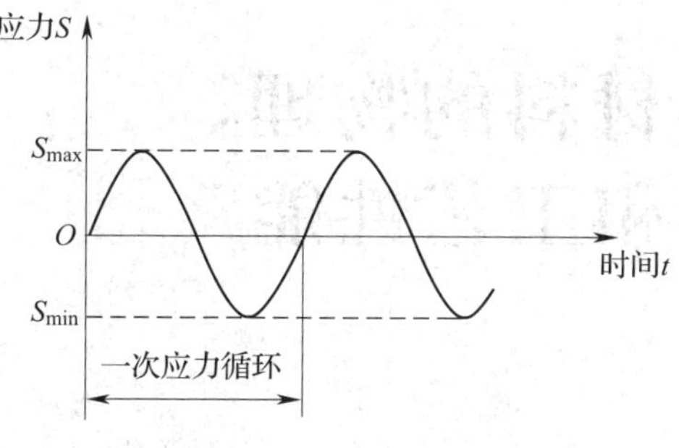

图 1—5—12 对称循环应力

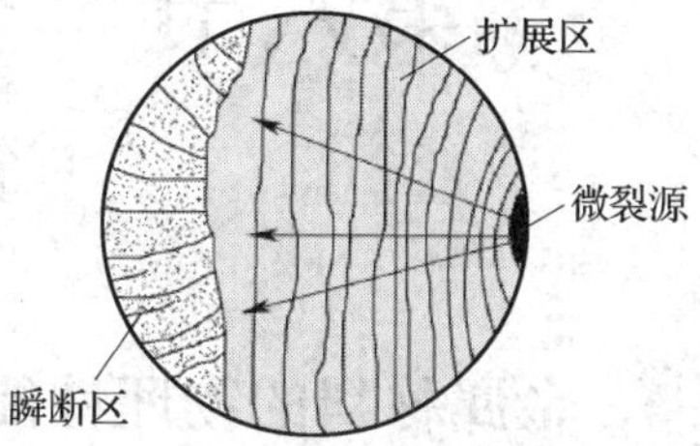

图 1—5—13 疲劳断裂的断口

这一现象表明当应力低于此值时，试样可经受无限次周期循环而不被破坏，此应力值称为材料的疲劳强度。即疲劳强度是指金属材料在无限多次交变应力作用下而不破坏的最大应力，用 S 表示。显然，疲劳强度的数值越大，材料抵抗疲劳破坏的能力越强。

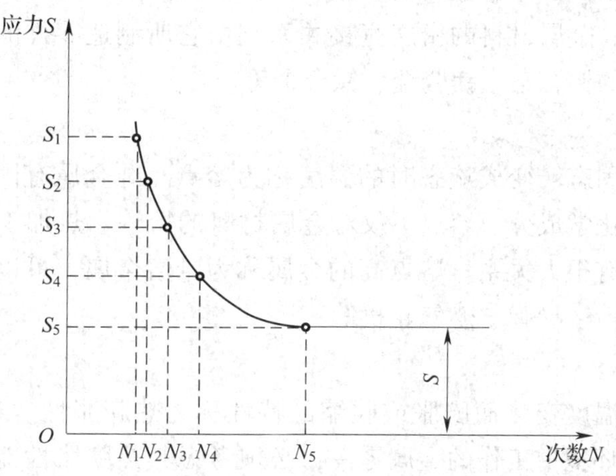

图 1—5—14 S—N 曲线（应力寿命曲线）

实际上，金属材料不可能做无数次交变应力试验。对于黑色金属，一般规定应力循环 10^7 周次而不断裂的最大应力为此种材料的疲劳强度；对于有色金属材料取 10^8 周次而不断裂的最大应力为此种材料的疲劳强度。

提示

提高零件疲劳强度的措施

影响零件疲劳强度的因素很多，如工作条件、零件的结构、表面质量、材料成分、组织和残余内应力等，都能引起零件的疲劳破坏。为此，可通过细化晶粒，均匀组织，减少材料内部缺陷，改善零件的结构形式，降低零件表面粗糙度值以及采取各种表面强化等方法来提高零件的疲劳强度。

第六节　金属材料的物理、化学和工艺性能

一、金属材料的物理性能

金属材料的物理性能是指金属在重力、电磁场、热力（温度）等物理因素作用下所表现出的性能或固有的属性。主要包括密度、熔点、热膨胀性、导热性、导电性和磁性等。由于机器零件的用途不同，对其物理性能要求也有所不同。

1. 密度

金属的密度是指单位体积金属的质量。在体积相同的情况下，金属材料的密度越大，其质量也越大。金属材料的密度直接关系到由它所制造零件的自重。例如，飞机零件常选用密度小的铝合金、镁合金、钛合金等。

2. 熔点

金属和合金由固态转变成液态时的温度称为熔点。纯金属有固定的熔点，而合金的熔点取决于它的化学成分。熔点不仅对金属材料的熔炼、热加工有直接影响，而且与材料的高温性能有很大关系。熔点高的金属称为难熔金属，可以用来制造耐高温零件，如热锻模、火箭、导弹、燃气轮机等。

3. 热膨胀性

金属材料随着温度变化而膨胀或收缩的特性称为热膨胀性。对于在高温环境下，或者在冷、热交替环境中工作的金属零件，必须考虑其热膨胀性能的影响；在制定焊接、热处理、铸造等工艺时也必须考虑材料的热膨胀影响，以减少工件的变形与开裂。

4. 导热性

金属传导热量的能力称为导热性。常用热导率表示，金属材料的热导率越大，其导热性越好。一般来说，纯金属的导热能力比合金好。金属材料的导热性有时对加工工艺有一定的影响。例如，高速钢的导热性较差，锻造时应采用低的速度来加热升温，否则容易产生裂纹，而且材料的导热性对切削刀具的温升有重大影响。

5. 导电性

金属能够传导电流的性能称为导电性。导电性与导热性一样，是随合金化学成分的复杂化而降低的，因而纯金属的导电性比合金好。导电性差的材料通常可用来制作电热元件等。

6. 磁性

金属材料在磁场中被磁化而呈现磁性强弱的性能称为磁性。根据磁化程度，金属材料分为铁磁性材料和非铁磁性材料。铁及合金是常见的铁磁性材料，可用于制造变

压器、电动机等，而非铁磁性材料则可用于制作要求避免电磁场干扰的零件。

二、金属材料的化学性能

金属材料的化学性能是指金属在室温或高温时抵抗各种化学介质作用所表现出来的性能。它包括耐腐蚀性、抗氧化性和化学稳定性等。

1. 耐腐蚀性

金属材料在常温下抵抗周围介质腐蚀破坏作用的能力称为耐腐蚀性。金属材料的耐腐蚀性是一个非常重要的性能指标，尤其对于在腐蚀介质（如酸、碱、盐、有毒气体等）中工作的零件，比在空气中的腐蚀疲劳损伤更为严重。因此，制造这类零件时应合理选用耐腐蚀性能好的金属材料。

2. 抗氧化性

金属材料抵抗氧化作用的能力称为抗氧化性。金属材料的氧化随温度升高而加剧。例如，金属材料在铸造、锻造、热处理、焊接等热加工时氧化比较严重。氧化不仅造成材料过量损耗，也会形成各种缺陷。因此，应采取措施避免金属材料发生氧化。

3. 化学稳定性

化学稳定性是金属材料的耐腐蚀性和抗氧化性的总称。它主要由材料的成分、化学性能、组织形态等决定。金属材料在高温下的化学稳定性称为热稳定性。特别是对于在腐蚀介质中或在高温下工作的机器零件，应采用化学稳定性良好的金属材料制造。例如，化工设备、医疗用具等常采用不锈钢来制造，而内燃机排气管和电站设备的一些零件则常选用耐热钢来制造。

三、金属材料的工艺性能

金属材料的工艺性能是反映金属材料在各种加工过程中适应加工工艺要求的能力。它直接体现金属材料采用某种加工方法制成成品的难易程度，也是金属材料物理性能、化学性能和力学性能的综合表现。工艺性能主要包括铸造性能、锻压性能、焊接性能、切削加工性能和热处理性能等。工艺性能直接影响零件的制造工艺、加工质量和生产成本等，也是选择材料和工艺方法时必须考虑的重要因素。

1. 铸造性能

铸造性能是指金属材料能用铸造方法获得合格铸件的能力，又称可铸性。金属材料的铸造性能主要表现在金属的流动性、收缩性和产生偏析的倾向等方面。流动性是液态金属充满铸型的能力。流动性好能铸出细薄精致的复杂铸件，并减少缺陷。收缩性是指金属材料在冷却凝固时体积和尺寸收缩的程度。收缩是使铸件产生缩孔、缩松、内应力、变形、开裂的基本原因。偏析是指金属材料在凝固过程中，因结晶先后差异而造成金属内部化学成分和组织的不均匀性。它使零件各部分力学性能不一致，影响零件使用的可靠性。

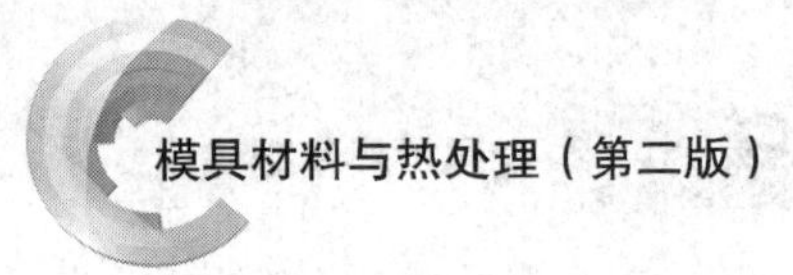

2. 锻压性能

锻压性能是指金属材料利用锻压加工方法成形的难易程度，又称可锻性。它包括在热态或冷态下能够进行锤锻、轧制、拉伸、挤压等加工。锻压性能的好坏主要与金属材料的化学成分有关，常用金属的塑性和变形抗力来综合衡量。可锻性好的金属材料，不但塑性好，可锻温度范围大，再结晶温度低，变形时不易产生加工硬化，而且变形抗力小。例如，中碳钢、低碳钢、低合金钢等都有良好的可锻性，高碳钢、高合金钢的可锻性较差，而铸铁则根本不能锻造。

3. 焊接性能

焊接性能是指金属材料对焊接加工的适应能力，即金属材料在一定条件下获得优质焊接接头的难易程度，又称可焊性。它也与金属材料的化学成分有关。易氧化、吸气性强、膨胀系数大、塑性低的材料一般可焊性差。可焊性好的金属材料在焊缝内不易产生裂纹、气孔、夹渣等缺陷，同时焊接接头强度高。例如，低碳钢具有良好的可焊性，而铸铁、高碳钢、高合金钢、铝合金等材料的可焊性则较差。

4. 切削加工性能

切削加工性能是指金属材料被切削加工的难易程度。常用工件切削时允许的切削速度、切削抗力的大小、断屑能力、刀具的耐用度和加工后的表面粗糙度值来衡量。切削加工性能与工件的化学成分、组织状态、硬度、韧性、导热性和形变强化等诸多因素有关。切削加工性能好的材料，切削时消耗的能量少，刀具使用寿命长，易于保证加工表面的质量，切屑易于折断和脱落。金属材料的硬度越高，越难切削；硬度虽不高，但韧性大，切削也较困难。一般认为金属材料具有适当硬度（170～230HBW）和一定脆性时，其切削加工性能较好。如灰铸铁、铜合金、铝合金等均有较好的切削加工性能，而高碳钢的切削加工性能则较差。

5. 热处理性能

金属材料在进行热处理时反映出来的性能称为热处理性。它包括淬透性、淬硬性、过热敏感性、淬火变形和开裂倾向、回火脆性倾向、氧化脱碳倾向等。热处理是改善金属材料切削加工性能和力学性能的重要途径。相关知识将在本书有关章节中讨论。

提示

金属材料的加工硬化

金属材料在再结晶温度以下塑性变形时强度和硬度升高、塑性和韧性降低的现象称为加工硬化（又称冷作硬化）。

产生原因如下：金属在塑性变形时，晶粒发生滑移，出现位错的缠结，使晶粒拉长、破碎和纤维化，金属内部产生了残余应力等。加工硬化的程度通常用加工后与加工前表面层显微硬度的比值和硬化层深度来表示。加工硬化给金属材料的进一步加工带来困难。例如，在冷轧钢板的过程中会越轧越硬，以致轧不动，因而需在加工过程中安排中间退火，通过加热消除其加工硬化。又如，在切削加工中使工件表层脆而硬，从而加速刀具磨损，增大切削力等。但有利的一面是，它可提高金属的强度、硬度和耐磨性，特别是对于那些不能以热处理方法提高强度的纯金属和某些合金尤为重要。例如，冷拉高强度钢丝和冷卷弹簧等就是利用冷加工变形来提高其强度和弹性极限的。

第二章 铁碳合金

纯金属的强度和硬度一般较低，冶炼困难，价格较高，在使用上受到很大的限制。因此，在工业生产中广泛使用的是合金材料，这是因为生产中可以通过改变合金的化学成分（或组织结构）来进一步提高金属材料的力学性能，并可获得某些特殊的物理性能和化学性能，以满足金属材料的使用要求。所谓铁碳合金，是指由铁和碳两种元素为主组成的合金，即以铁和碳为组元的二元合金，如钢和铸铁都是铁碳合金。

第一节 铁碳合金的基本组织

钢铁是现代工业中应用最广泛的合金，它们均是以铁和碳为基本组元的合金。由于钢铁材料的成分（含碳量①）不同，因而其组织、性能和应用场合也不同。铁碳合金在固态下的基本组织有铁素体、奥氏体、渗碳体、珠光体和莱氏体。

一、铁素体

在 α—Fe 中溶入一种或多种溶质元素构成的固溶体称为铁素体，用符号“F”表示。铁素体仍保持 α—Fe 的体心立方晶格，碳原子在铁素体中的位置如图 2—1—1 所示。由于 α—Fe 是体心立方晶格，其晶格间隙较小，所以铁素体中碳的溶解度很小。在 727℃时溶解度最大（$w_C = 0.021\ 8\%$），随着温度的下降其溶解度逐渐减小，室温时几乎为零。所以，在室温状态下铁素体的性能接近于纯铁，即强度和硬度较低（$R_m = 180 \sim 280$ MPa；50 ~ 80HBW），而塑性和韧性较好（$A = 30\% \sim 50\%$；$KU \approx 128 \sim 160$ J）。在显微镜下观察，铁素体呈明亮的多边形晶粒，如图 2—1—2 所示。

① 本书中金属材料中的含碳量和各种合金元素的含量均为质量分数。

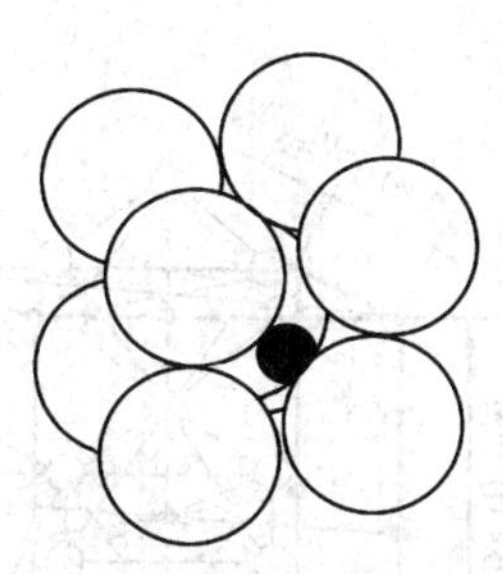

图 2—1—1 铁素体晶胞

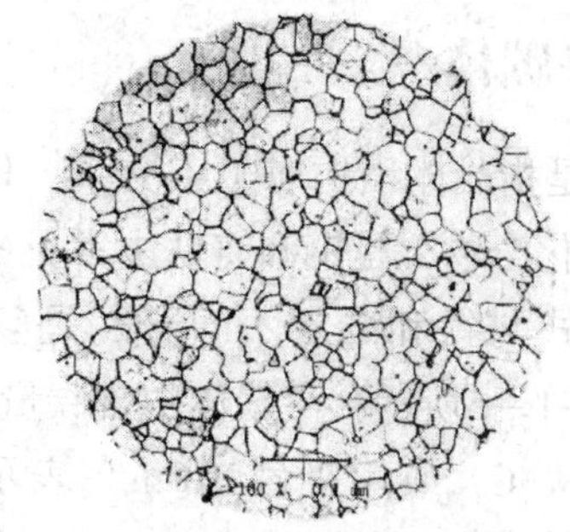

图 2—1—2 铁素体的显微组织

提示

铁素体在 770℃（居里点）时有磁性转变，即在 770℃以下具有铁磁性，在 770℃以上则失去铁磁性。

二、奥氏体

在 γ—Fe 中溶入碳和（或）其他元素构成的固溶体称为奥氏体，用符号“A”表示。奥氏体仍保持 γ—Fe 的面心立方晶格，碳原子在奥氏体中的位置如图 2—1—3 所示。由于 γ—Fe 是在高温状态下存在的面心立方晶格结构，晶格间隙较大，故奥氏体的溶碳能力较大，在 1 148℃时溶解度最大（$w_C=2.11\%$），随着温度的下降，其溶解度逐渐减小，在 727℃时的溶解度 $w_C=0.77\%$。

奥氏体是非铁磁性相，其强度和硬度不高（$R_m\approx400$ MPa；160 ~ 220HBW），但具有良好的塑性（$A=40\%\sim50\%$），尤其是具有良好的锻压性能。奥氏体的显微组织呈多边形晶粒状态，但晶界比铁素体的晶界平直，如图 2—1—4 所示。

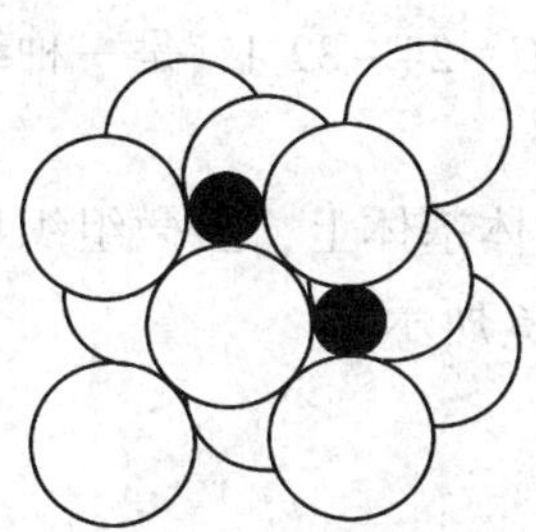

图 2—1—3 奥氏体晶胞

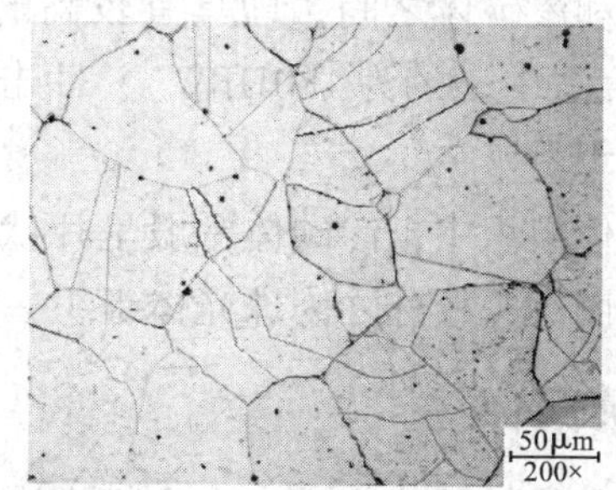

图 2—1—4 奥氏体的显微组织

提示

由于奥氏体具有良好的塑性，便于进行压力加工成形，所以在机械制造中，大多数钢材要加热至高温奥氏体状态后再锻压成形。

三、渗碳体

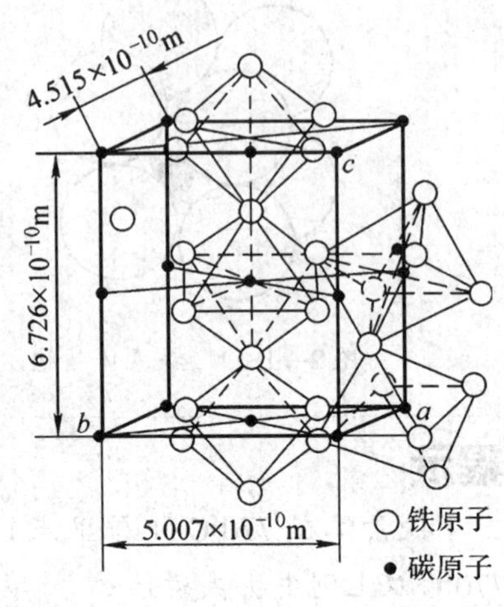

图 2—1—5　渗碳体晶胞

渗碳体是指晶体结构属于正交系，化学式为近似 Fe_3C 的间隙化合物，是钢和铸铁中常见的固相。渗碳体的晶格形式与铁和碳都不一样，是复杂的晶格类型，如图 2—1—5所示。渗碳体中含碳量 $w_C=6.69\%$，其分子式为Fe_3C，或用符号“Cm”表示。渗碳体具有高熔点（1 227℃）、高硬度（950 ~ 1 050HV），而塑性和韧性几乎为零，脆性极大。渗碳体在钢和铸铁中与其他相共存时呈片状、球状、网状或板条状，并且当渗碳体以适量、细小、均匀状态分布时，可作为钢铁的强化相。相反，当渗碳体数量过多或呈粗大、不均匀状态分布时，将使钢铁的韧性降低，脆性增大。

渗碳体不发生同素异构转变，有磁性转变，在230℃以下具有弱铁磁性，而在230℃以上则失去铁磁性。渗碳体是亚稳定的金属化合物，在一定条件下渗碳体可分解成铁和石墨，这一过程对于铸铁的生产具有重要意义。

四、珠光体

珠光体是指由铁素体薄层（片）与碳化物（包括渗碳体）薄层（片）交替重叠组成的共析组织。珠光体是奥氏体从高温缓慢冷却时发生共析转变所形成的组织，常见的珠光体是铁素体薄层和渗碳体薄层交替重叠的层状复相组织，也是铁素体（软相）和渗碳体（硬相）组成的机械混合物，常用符号“P”表示。在珠光体中，铁素体和渗碳体仍保持各自原有的晶格类型。珠光体的平均含碳量 $w_C=0.77\%$，珠光体的性能介于铁素体和渗碳体之间，即具有较高的强度（$R_m\approx770$ MPa）和塑性（$A=20\%$ ~ 35%），硬度适中（约为180HBW），冲击吸收能量 $KU\approx24$ ~ 32 J，是一种综合力学性能较好的组织。

在珠光体组织中，渗碳体一般呈片状分布在铁素体基体上，显微组织形态酷似珍珠贝母外壳图纹，故称之为珠光体组织，如图 2—1—6 所示。

五、莱氏体

莱氏体是指铸铁或高碳高合金钢中由奥氏体（或其转变的产物）与碳化物（包括渗碳体）组成的共晶组织。莱氏体的含碳量 $w_C=4.3\%$，常用符号“Ld”表示。它是由 $w_C>2.11\%$ 的液态铁碳合金从液态缓冷至 1 148℃时，同时从液体中结晶出奥氏体和渗碳体的机械混合物（即莱氏体）。当温度降到727℃时，由于莱氏体中的奥氏体转变为珠光体，所以，室温下的莱氏体由珠光体和渗碳体组成，这种混合物称为低温莱氏体或变态莱氏体，用符号“L′d”表示。

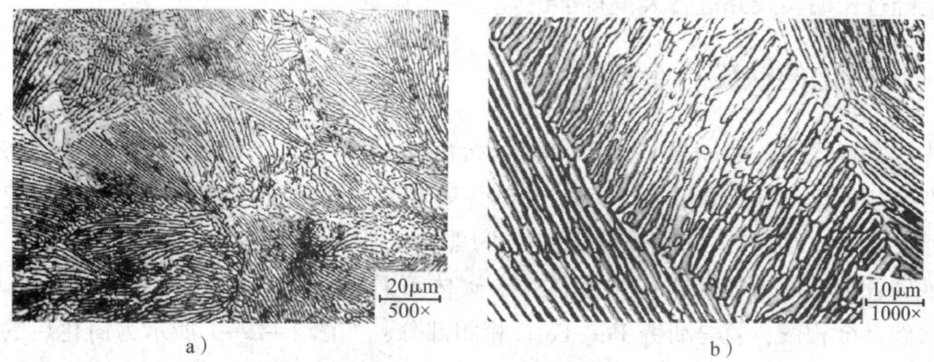

图 2—1—6　珠光体的显微组织

a）光学显微镜观察组织　b）电子显微镜观察组织

莱氏体的性能与渗碳体相似，硬度很高（在 700HBW 以上），塑性很差。莱氏体的显微组织可以看成是在渗碳体的基体上分布着颗粒状的奥氏体或珠光体，如图 2—1—7 所示为低温莱氏体显微组织。

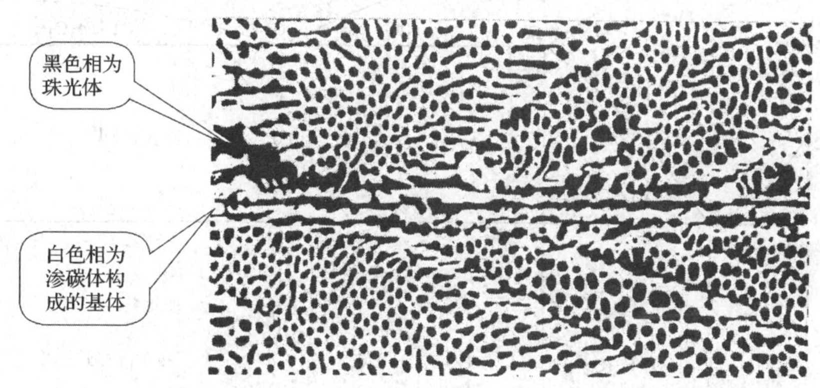

图 2—1—7　低温莱氏体的显微组织

提示

在铁碳合金基本组织中，铁素体、奥氏体和渗碳体都是单相组织，称为铁碳合金的基本相；珠光体和莱氏体则是由基本相组成的多相组织。

第二节　铁碳合金相图

铁碳合金相图是表示铁碳合金在极缓慢冷却（或缓慢加热）条件下，不同化学成分的铁碳合金在不同温度下所具有的组织状态的一种图形。它是研究铁碳合金的基础，

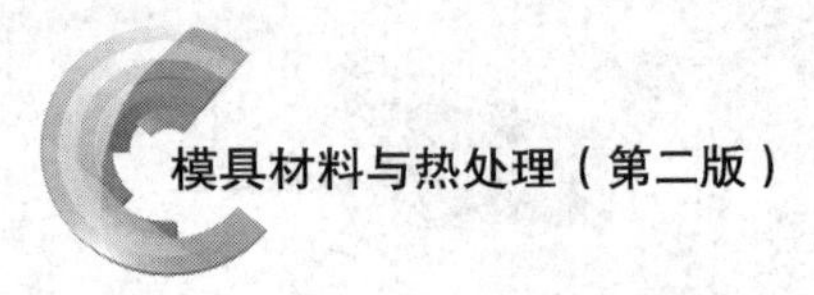

是人类经过长期实践并进行大量科学试验总结出来的。

一、简化的铁碳合金相图

生产实践表明，含碳量 $w_C > 5\%$ 的铁碳合金，尤其当含碳量增加到 $w_C = 6.69\%$ 时，铁碳合金几乎全部变为渗碳体 Fe_3C。渗碳体硬而脆，机械加工困难，在机械工程上很少应用。所以，在研究铁碳合金相图时，只需研究 $w_C \leqslant 6.69\%$ 的部分。而 $w_C = 6.69\%$ 时，铁碳合金全部为亚稳定的渗碳体，渗碳体可看成是铁碳合金的一个组元。因此，研究铁碳合金相图，就是研究 Fe—Fe_3C 相图部分，如图 2—2—1 所示为简化后的铁碳合金相图。相图中的横坐标表示铁碳合金的含碳量（%），纵坐标表示铁碳合金的温度（℃）。

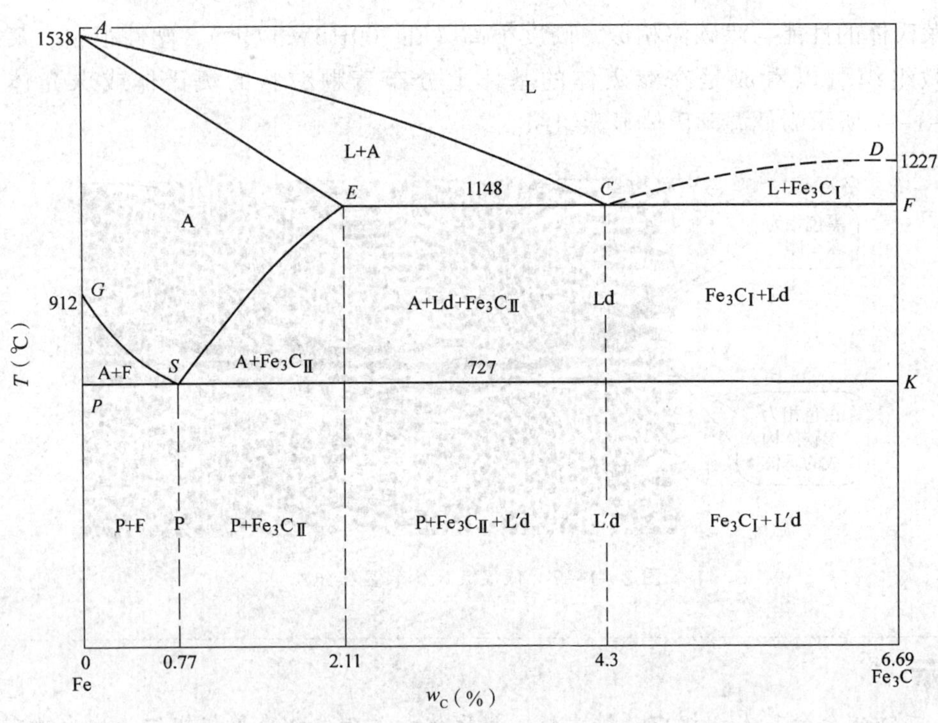

图 2—2—1　简化的铁碳合金相图

二、Fe—Fe_3C 相图的分析

Fe—Fe_3C 相图中有九个特性点和六条特性线，这些特性点和特性线把相图分割成不同的区域（相区），当含碳量和温度发生变化时，按一定规律可分析出各区域产生的组织。

1. 主要特性点

Fe—Fe_3C 相图中主要特性点的温度、含碳量及其含义见表 2—2—1。

表 2—2—1　　Fe—Fe_3C 相图中主要特性点的温度、含碳量及其含义

点的符号	温度(℃)	w_C(%)	含　义
A	1 538	0	纯铁的熔点或结晶温度
C	1 148	4.3	共晶点，L ⇌ Ld（A + Fe_3C）
D	1 227	6.69	渗碳体的熔点
E	1 148	2.11	碳在奥氏体（γ—Fe）中的最大溶解度点
F	1 148	6.69	共晶渗碳体的成分点
G	912	0	纯铁的同素异构转变点，α—Fe ⇌ γ—Fe
S	727	0.77	共析点，A ⇌ P（F + Fe_3C）
K	727	6.69	共析渗碳体的成分点
P	727	0.021 8	碳在铁素体（α—Fe）中的最大溶解度点

2. 主要特性线

Fe—Fe_3C 相图中有若干条表示合金状态的分界线，它们是不同成分合金具有相同含义的临界点的连线。主要特性线的含义见表 2—2—2。

表 2—2—2　　Fe—Fe_3C 相图中主要特性线的含义

特性线	含　义
ACD	液相线，此线以上为液相区域，不同成分的合金与该线的交点为结晶的开始温度
AECF	固相线，该线以下为固相区，不同成分的合金与该线的交点为结晶的终了温度
GS	常称 A_3 线，冷却时从奥氏体组织中析出铁素体的开始线
ES	常称 A_{cm} 线，碳在奥氏体（γ—Fe）中的溶解度曲线
ECF	共晶线，L ⇌ Ld（A + Fe_3C）
PSK	共析线，常称 A_1 线，A ⇌ P（F + Fe_3C）

（1）*ACD* 线

铁碳合金在液相线 *ACD* 以上是液态，称为液相区，用 L 表示。当含碳量 w_C <4.3%的铁碳合金冷却到 *AC* 线时，开始从液态合金中结晶出奥氏体 A；当含碳量 w_C >4.3%的铁碳合金冷却到 *CD* 线时，开始从液态合金中结晶出渗碳体（称为一次渗碳体），用 $Fe_3C_Ⅰ$表示。

（2）*AECF* 线

对应成分的液态合金冷却到此线上的对应点时完成结晶过程，变为固态，此线以下为固相区。在液相线与固相线之间，是液态合金从开始结晶到结晶终了的过渡区，所以，此区域液相与固相并存。*AEC* 相区内为液相合金与固相奥氏体；*CDF* 相区内为液相合金与固相渗碳体。

（3）*ECF* 线

ECF 线是一条水平（恒温）线，称为共晶线。当含碳量 w_C =2.11% ~6.69%的铁

碳合金冷却到此线（1 148℃）时，将发生共晶转变，同时结晶出奥氏体与渗碳体的机械混合物，即莱氏体（Ld）。

（4）*PSK* 线

PSK 线也是一条水平（恒温）线，称为共析线，又称 A_1 线。当合金冷却到此线（727℃）时，将发生共析转变，从合金的奥氏体中同时析出铁素体和渗碳体的机械混合物，即珠光体（P）。含碳量 $w_C>0.021\,8\%$ 的铁碳合金均发生共析转变。

（5）*GS* 线

GS 线是奥氏体冷却时析出铁素体的开始线（或加热时铁素体转变成奥氏体的终止线），又称 A_3 线。奥氏体向铁素体的转变是铁发生同素异构转变的结果。

（6）*ES* 线

ES 线是碳在奥氏体中的溶解度变化曲线，通常称为 A_{cm} 线。它表示随着温度的降低，奥氏体中的含碳量沿着 *ES* 线逐渐减小，而多余的碳会以渗碳体的形式析出，可称为二次渗碳体，用 Fe_3C_{II} 表示。

3. 主要相区及组织

Fe—Fe_3C 相图中主要相区和组织见表 2—2—3。

表 2—2—3　　Fe—Fe_3C 相图中主要相区和组织

范围	*ACD* 线以上	*AESGA*	*AECA*	*DFCD*	*GSPG*	*ESKFE*	*PSK* 线以下
组织	L	A	L + A	L + Fe_3C_I	A + F	A + Fe_3C	F + Fe_3C
相区	单相区	单相区	两相区	两相区	两相区	两相区	两相区

提示

铁碳合金相图记忆口诀

温度成分建坐标，铁碳二元要记牢。
两平三垂标特点，九星闪耀五弧交。
共晶共析液固线，十二面里组织标。
基本组织先标好，相间组织共逍遥。
分析成分断组织，铸锻处理离不了。

说明：铁碳二元——铁（Fe）和渗碳体（Fe_3C）。

两平——共晶线 *ECF* 和共析线 *PSK*。

三垂——含碳量 w_C 分别为 0.77%、2.11% 和 4.3% 的三条垂直的特性成分线。

九星——*A*、*C*、*D*、*G*、*S*、*E*、*P*、*F*、*K* 九个特性点。

三、铁碳合金的分类

铁碳合金相图上各种合金，按其含碳量和室温平衡组织的不同，可分为工业纯铁、钢和白口铸铁三类，具体见表2—2—4。

表2—2—4　　　　铁碳合金的分类和室温平衡组织

合金类别	工业纯铁	钢			白口铸铁		
		亚共析钢	共析钢	过共析钢	亚共晶白口铸铁	共晶白口铸铁	过共晶白口铸铁
w_C(%)	≤0.021 8	0.021 8～2.11			2.11～6.69		
		0.021 8～0.77	0.77	0.77～2.11	2.11～4.3	4.3	4.3～6.69
室温组织	F	F+P	P	$P+Fe_3C_{II}$	$P+Fe_3C_{II}+L'd$	L'd	$L'd+Fe_3C_I$

四、含碳量对铁碳合金的影响

碳是决定铁碳合金组织和性能最主要的元素。不同含碳量的铁碳合金在缓冷条件下，其结晶过程和最终得到的室温平衡组织是不相同的。随着含碳量的增加，渗碳体含量增加，铁素体含量减小，而且渗碳体的形态和分布情况也发生变化。具体含碳量与室温平衡组织的关系见表2—2—4。

铁碳合金的室温平衡组织是由铁素体和渗碳体两相组成的。其中，铁素体是含碳极少的固溶体，是钢中的软韧性相；渗碳体是硬而脆的金属化合物，是钢中的强化相。当钢的含碳量 $w_C<0.9\%$ 时，随着含碳量不断增加，钢的强度和硬度逐渐提高，而塑性和韧性不断下降；当钢的含碳量 $w_C>0.9\%$ 时，因网状渗碳体的存在，不仅使钢的塑性和韧性进一步降低，而且强度也明显下降，如图2—2—2所示为含碳量对钢力学性能的影响。这就是高碳钢和白口铸铁脆性高的主要原因。

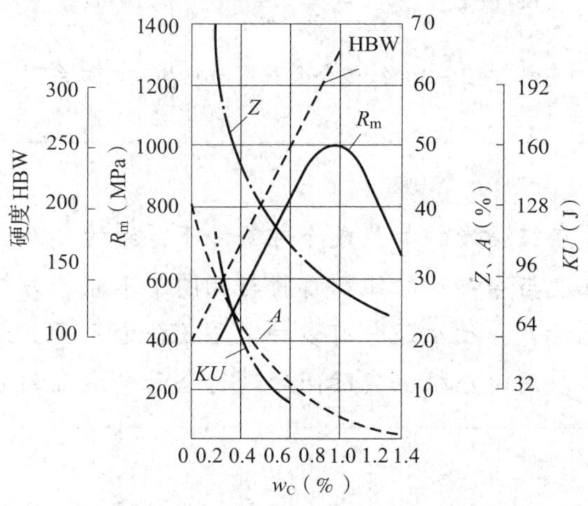

图2—2—2　含碳量对钢力学性能的影响

五、Fe—Fe_3C 相图的应用

Fe—Fe_3C 相图揭示了铁碳合金的组织随成分变化的规律，根据组织可以大致判断出力学性能，以便于合理地选择材料。例如，建筑结构和型钢需要塑性、韧性好的材料，应选用低碳钢（$w_C \leq 0.25\%$）；机械零件需要强度、塑性和韧性都较好的材料，应选用中碳钢；工具需要硬度高、耐磨性好的材料，应选用高碳钢。而白口铸铁可用于需要耐磨、不受冲击、形状复杂的铸件，如拔丝模、冷轧辊等。

Fe—Fe_3C 相图不仅可作为选材的重要依据，还可作为制定铸造、锻造、焊接、热处理等热加工工艺的重要依据。如确定浇注温度、锻造温度范围和热处理的加热温度等，如图 2—2—3 所示。

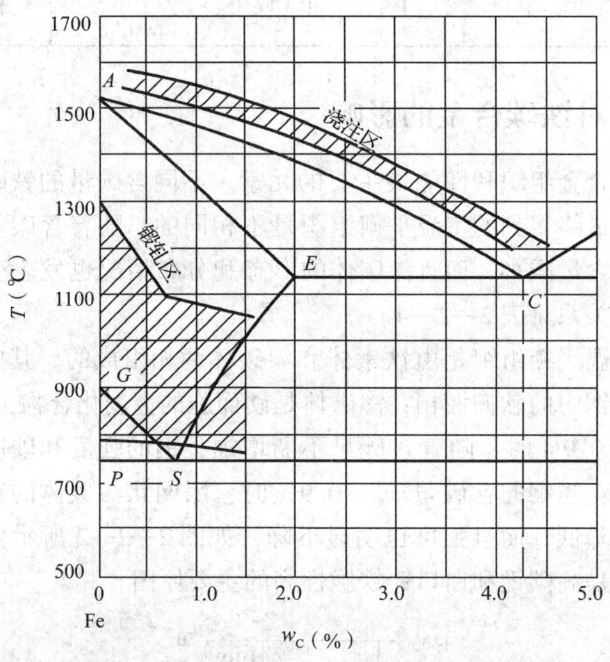

图 2—2—3　铁碳合金相图与热加工的关系

提示

铁碳合金相图是在极缓慢的加热或冷却条件下得到的，而实际生产中冷却速度较快，合金的相变温度与冷却后的组织都将与相图中不同。另外，通常使用的铁碳合金，除铁、碳两元素外，往往还含有多种杂质或合金元素，这些元素对相图将有影响。所以，在具体应用时应根据实际问题进行全面和准确的分析。

第三节 碳 素 钢

以铁为主要元素，0.021 8% < w_C ≤ 2.11%，且在冶炼时没有特意加入其他合金元素的铁碳合金称为碳素钢，简称碳钢，又称非合金钢。碳素钢容易冶炼，价格低廉，易于加工，性能上能满足一般机械零件的使用要求，因此，它是工业中用量最大的金属材料。

一、常存杂质元素对钢性能的影响

在实际生产中，碳素钢除铁和碳两种元素外，还不可避免地含有少量的硅、锰、硫、磷等元素。其中，硅和锰是钢在冶炼过程中由于加入脱氧剂而残留下来的，而硫、磷、氢等则是从炼钢原料或空气中带入的。这些元素的存在对钢的组织和性能会产生一定的影响，它们通称为杂质元素。

1. 锰的影响

锰是炼钢时用锰铁脱氧后残留在钢中的杂质元素。锰具有很好的脱氧能力，能把钢中的 FeO 还原成铁，改善钢的质量；锰还可以与硫形成 MnS，以减轻硫在钢中的有害作用，降低钢的脆性，改善钢的热加工性能；同时，锰能大部分溶解于铁素体中形成置换固溶体，产生固溶强化，提高钢的强度和硬度；少部分的锰则溶于 Fe_3C，形成合金渗碳体；锰能增加组织中珠光体的相对量，并使其变细。因此，总的来说，锰是钢中的有益元素，但其含量一般应在 0.8% 以下。

2. 硅的影响

硅是作为脱氧剂带入钢中的。硅的脱氧能力比锰还强，可防止钢中形成 FeO，有利于改善钢的质量；同时，硅能溶入铁素体中，产生固溶强化，使钢的强度和硬度提高，但塑性和韧性降低。当含硅量不多，在碳钢中仅作为少量杂质存在时，对钢的性能影响也不显著。因此，硅在钢中也是一种有益的元素，其含量一般应在 0.4% 以下。

3. 硫的影响

硫是在炼钢时由矿石和燃料带入的杂质元素，硫在钢中是一种有害的元素。在固态下硫不溶于铁，以 FeS 的形式存在于钢中。FeS 与 Fe 能形成低熔点的共晶体，熔点仅为 985℃，且分布在显微组织的晶界上。当钢材在 1 000 ~ 1 200℃ 进行压力加工时，共晶体已经熔化，并使晶粒脱开，钢材变脆，这种现象称为热脆性。此外，硫对钢的焊接性能也有不良影响，容易导致焊缝产生热裂、气孔和疏松等缺陷。为此，钢中的含硫量必须严格控制，一般应在 0.05% 以下。

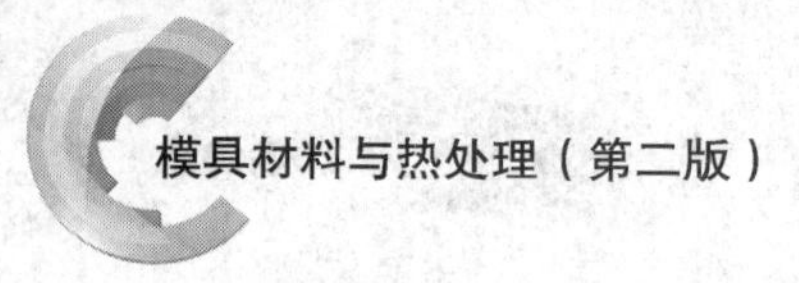

4. 磷的影响

磷是在炼钢时由矿石带入的杂质元素，在钢中是一种有害的元素。磷在钢中能全部溶入铁素体中，使钢的强度和硬度有所提高，但在室温下使钢的塑性和韧性急剧降低，使钢变脆（特别是在低温时更为显著），这种现象称为冷脆性。所以，钢中的含磷量应严格控制，通常应小于0.045%。

此外，钢在整个冶炼过程中，由于与空气接触，钢液会吸收一些气体，如氮、氧、氢等。这些气体对钢的质量也会产生不良影响，尤其氢对钢的危害很大，它能使钢变脆（称为氢脆），也可使钢产生微裂纹（称为白点），严重影响钢的力学性能，使钢容易产生脆断。

总之，钢中锰、硅是有益的元素，允许一定的含量，而硫、磷、氢等是有害的元素，应严格控制其含量。但是，在易切钢中适当提高硫、磷的含量，使切屑易断，可改善切削加工性能。

二、碳素钢的分类

1. 按钢中含碳量分

（1）低碳钢：$w_C \leqslant 0.25\%$。

（2）中碳钢：$0.25\% < w_C \leqslant 0.6\%$。

（3）高碳钢：$w_C > 0.6\%$。

2. 按钢的质量分

（1）普通质量钢

普通质量钢是指生产过程中不规定需要特别控制质量要求的钢。

（2）优质钢

优质钢是指生产过程中需要特别控制质量（例如，控制晶粒度，降低硫、磷含量，改善表面质量或增加工艺控制等），以达到比普通质量钢特殊的质量要求（如良好的抗脆断性能、良好的冷成形性等），但这种钢的生产控制不如特殊质量钢严格（如不控制淬透性等）。

（3）特殊质量钢

特殊质量钢是指生产过程中需要特别严格控制质量和性能的钢（如控制淬透性和纯洁度等）。

3. 按钢的用途分

（1）碳素结构钢

碳素结构钢包括普通质量碳素结构钢（简称碳素结构钢）和优质碳素结构钢，主要用于制造各种机械零件和工程结构件，其含碳量一般都小于0.70%。

（2）碳素工具钢

碳素工具钢主要用于制造各种刃具、量具和模具等，其含碳量一般均大于0.70%。

4. 按钢的脱氧方法分

（1）沸腾钢

沸腾钢是指脱氧程度不完全的钢。

（2）镇静钢

镇静钢是指脱氧程度完全的钢。

（3）特殊镇静钢

特殊镇静钢是指比镇静钢脱氧程度更充分、彻底的钢。

5. 其他分类方法

碳素钢还可以从其他角度进行分类。例如，按专业用途分为锅炉用钢、桥梁钢、矿用钢等；按冶炼方法可分为氧气转炉钢、电弧炉钢等。

三、碳素结构钢的牌号、性能和用途

现行国家标准《碳素结构钢》（GB/T 700—2006）规定，碳素结构钢的牌号由代表屈服强度的字母Q、屈服强度数值、质量等级符号、脱氧方法符号四个部分按顺序组成。其中，质量等级分为4个等级，分别用“A、B、C、D”表示，质量依次提高；脱氧方法用“F”表示沸腾钢，用“Z”表示镇静钢，用“TZ”表示特殊镇静钢。在牌号组成表示方法中，符号“Z”与“TZ”可以省略。例如，Q235AF表示屈服强度为235 MPa的A级沸腾碳素结构钢，如图2—3—1所示。

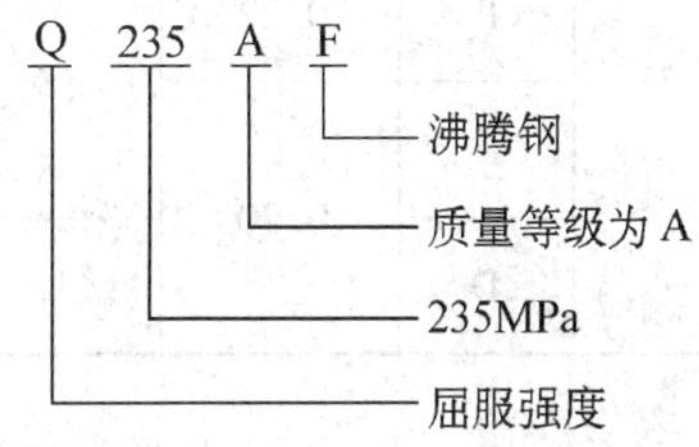

图2—3—1 碳素结构钢牌号表示方法

碳素结构钢是工程中应用最多的钢种，其产量占钢总产量的70%～80%。碳素结构钢中有害杂质含量相对较多，但冶炼容易，价格低廉，在性能上能满足一般工程结构及普通零件的要求，因而应用普遍。碳素结构钢通常轧制成各种型材、板材和焊接钢管等，多用于制作要求不高的机械零件和一般结构件，如螺钉、螺母、垫圈、地脚螺钉、法兰和不太重要的轴、拉杆等。碳素结构钢的牌号、化学成分和力学性能见表2—3—1。

表2—3—1 碳素结构钢的牌号、化学成分和力学性能（摘自GB/T 700—2006）

牌号	等级	w_C(%)	脱氧方法	R_{eH}(MPa) 厚度或直径（mm） ≤16	R_{eH}(MPa) 厚度或直径（mm） >16～40	R_m(MPa)	A(%) 厚度或直径(mm) ≤40
Q195	—	0.12	F、Z	≥195	≥185	315～430	≥33
Q215	A	0.15	F、Z	≥215	≥205	335～450	≥31
	B						

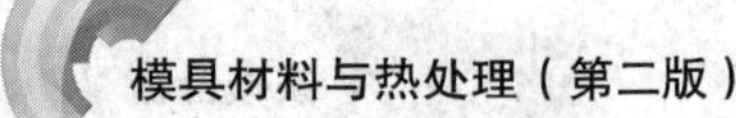

续表

<table>
<tr><th rowspan="3">牌号</th><th rowspan="3">等级</th><th rowspan="3">w_C（%）</th><th rowspan="3">脱氧
方法</th><th colspan="2">R_{eH}（MPa）</th><th rowspan="3">R_m（MPa）</th><th>A（%）</th></tr>
<tr><th colspan="2">厚度或直径（mm）</th><th>厚度或直径（mm）</th></tr>
<tr><th>≤16</th><th>>16～40</th><th>≤40</th></tr>
<tr><td rowspan="4">Q235</td><td>A</td><td>0. 22</td><td rowspan="2">F、Z</td><td rowspan="4">≥235</td><td rowspan="4">≥225</td><td rowspan="4">370～500</td><td rowspan="4">≥26</td></tr>
<tr><td>B</td><td>0. 20</td></tr>
<tr><td>C</td><td rowspan="2">0. 17</td><td>Z</td></tr>
<tr><td>D</td><td>TZ</td></tr>
<tr><td rowspan="4">Q275</td><td>A</td><td>0. 24</td><td>F、Z</td><td rowspan="4">≥275</td><td rowspan="4">≥265</td><td rowspan="4">410～540</td><td rowspan="4">≥22</td></tr>
<tr><td>B</td><td>0. 22</td><td rowspan="2">Z</td></tr>
<tr><td>C</td><td rowspan="2">0. 20</td></tr>
<tr><td>D</td><td>TZ</td></tr>
</table>

四、优质碳素结构钢的牌号、性能和用途

优质碳素结构钢的牌号用两位数字表示，这两位数字表示钢中平均含碳量的万分数。例如，“45”表示钢中平均含碳量为0. 45%。若为沸腾钢，在优质碳素结构钢的牌号后面加符号“F”。例如，08F表示钢中平均含碳量为0. 08%的优质碳素结构沸腾钢。

优质碳素结构钢根据含锰量的不同，分为普通含锰量钢和较高含锰量钢两种。其中，较高含锰量钢在钢的牌号后面加锰元素符号“Mn”。例如，65Mn表示钢中平均含碳量为0. 65%，含锰量较高的优质碳素结构钢。

现行国家标准《优质碳素结构钢》（GB/T 699—2015）将优质碳素结构钢按冶金质量分为优质钢（w_P≤0. 035%、w_S≤0. 035%）、高级优质钢（w_P≤0. 030%、w_S≤0. 030%）和特级优质钢（w_P≤0. 025%、w_S≤0. 020%）。其中，高级优质钢在钢的牌号后面加符号“A”；特级优质钢在钢的牌号后面加符号“E”。

优质碳素结构钢中所含硫、磷和非金属夹杂物较少。随含碳量的增加，其强度和硬度提高，塑性和韧性降低。常用于制造重要的机械零件，使用前一般都要经过热处理来改善力学性能，不同牌号的优质碳素结构钢具有不同的性能、特点和用途。优质碳素结构钢的牌号、化学成分和力学性能见表2—3—2。

表 2—3—2　优质碳素结构钢的牌号、化学成分和力学性能（摘自 GB/T 699—2015）

牌号	化学成分			力学性能（不小于）					推荐热处理温度（°C）		
	w_C（%）	w_{Si}（%）	w_{Mn}（%）	R_{eL}（MPa）	R_m（MPa）	A（%）	Z（%）	KU（J）	正火	淬火	回火
08	0. 05 ~0. 11	0. 17 ~0. 37	0. 35 ~0. 65	195	325	33	60	—	930		
10	0. 07 ~0. 13	0. 17 ~0. 37	0. 35 ~0. 65	205	335	31	55	—	930		
15	0. 12 ~0. 18	0. 17 ~0. 37	0. 35 ~0. 65	225	375	27	55	—	920		
20	0. 17 ~0. 23	0. 17 ~0. 37	0. 35 ~0. 65	245	410	25	55	—	910		
25	0. 22 ~0. 29	0. 17 ~0. 37	0. 50 ~0. 80	275	450	23	50	71	900	870	600
30	0. 27 ~0. 34	0. 17 ~0. 37	0. 50 ~0. 80	295	490	21	50	63	880	860	600
35	0. 32 ~0. 39	0. 17 ~0. 37	0. 50 ~0. 80	315	530	20	45	55	870	850	600
40	0. 37 ~0. 44	0. 17 ~0. 37	0. 50 ~0. 80	335	570	19	45	47	860	840	600
45	0. 42 ~0. 50	0. 17 ~0. 37	0. 50 ~0. 80	355	600	16	40	39	850	840	600
50	0. 47 ~0. 55	0. 17 ~0. 37	0. 50 ~0. 80	375	630	14	40	31	830	830	600
55	0. 52 ~0. 60	0. 17 ~0. 37	0. 50 ~0. 80	380	645	13	35	—	820	820	600
60	0. 57 ~0. 65	0. 17 ~0. 37	0. 50 ~0. 80	400	675	12	35	—	810		
65	0. 62 ~0. 70	0. 17 ~0. 37	0. 50 ~0. 80	410	695	10	30	—	810		
70	0. 67 ~0. 75	0. 17 ~0. 37	0. 50 ~0. 80	420	715	9	30	—	790		
75	0. 72 ~0. 80	0. 17 ~0. 37	0. 50 ~0. 80	880	1 080	7	30	—		820	480
80	0. 77 ~0. 85	0. 17 ~0. 37	0. 50 ~0. 80	930	1 080	6	30	—		820	480
85	0. 82 ~0. 90	0. 17 ~0. 37	0. 50 ~0. 80	980	1 130	6	30	—		820	480
15Mn	0. 12 ~0. 18	0. 17 ~0. 37	0. 70 ~1. 00	245	410	26	55	—	920		
20Mn	0. 17 ~0. 23	0. 17 ~0. 37	0. 70 ~1. 00	275	450	24	50	—	910		
25Mn	0. 22 ~0. 29	0. 17 ~0. 37	0. 70 ~1. 00	295	490	22	50	71	900	870	600
30Mn	0. 27 ~0. 34	0. 17 ~0. 37	0. 70 ~1. 00	315	540	20	45	63	880	860	600
35Mn	0. 32 ~0. 39	0. 17 ~0. 37	0. 70 ~1. 00	335	560	18	45	55	870	850	600
40Mn	0. 37 ~0. 44	0. 17 ~0. 37	0. 70 ~1. 00	355	590	17	45	47	860	840	600
45Mn	0. 42 ~0. 50	0. 17 ~0. 37	0. 70 ~1. 00	375	620	15	40	39	850	840	600
50Mn	0. 48 ~0. 56	0. 17 ~0. 37	0. 70 ~1. 00	390	645	13	40	31	830	830	600
60Mn	0. 57 ~0. 65	0. 17 ~0. 37	0. 70 ~1. 00	410	695	11	35	—	810		
65Mn	0. 62 ~0. 70	0. 17 ~0. 37	0. 90 ~1. 20	430	735	9	30	—	830		
70Mn	0. 67 ~0. 75	0. 17 ~0. 37	0. 90 ~1. 20	450	785	8	30	—	790		

08～25 钢含碳量低，属低碳钢，此类钢的强度和硬度较低，塑性、韧性好，并具有良好的冷冲压性能和焊接性能。主要用于制造冷冲压件、焊接结构件和强度要求不高的机械零件，如螺栓、螺钉、螺母、轴套、法兰盘、焊接容器等。这类钢经渗碳淬火后，表面硬度可达 60HRC 以上，表面耐磨性较好，而心部具有一定的强度和良好的韧性，可用于制造要求表面硬度高、耐磨，并承受冲击载荷的零件。常用的有 15 钢、20 钢、25 钢等。

30～55 钢属中碳钢，此类钢具有较高的强度和硬度，其塑性和韧性随含碳量的增加而逐渐降低，切削性能良好，在机械制造中应用广泛（其中以 45 钢应用最广泛）。这类钢经调质处理后，能获得较好的综合力学性能，主要用于制造受力较大的机械零件，如齿轮、连杆、联轴器、轴类零件等。

60 钢以上的牌号属高碳钢，这类钢具有较高的强度和硬度，焊接性能不好，冷变形塑性较差，切削性能也不太好。但经适当热处理后可获得较高的弹性极限，主要用于制作弹性零件和耐磨零件，如各种弹簧、弹簧垫圈、轧辊等。

五、碳素工具钢的牌号、性能和用途

碳素工具钢是指主要用于制造刀具和模具的钢。在国家标准《工模具钢》（GB/T 1299—2014）中将此类钢列为刀具模具用非合金钢。由于大多数工具、模具都要求硬度高和耐磨性好，故碳素工具钢中平均含碳量都在 0.70% 以上。根据有害杂质硫、磷含量的不同又分为优质碳素工具钢（简称碳素工具钢）和高级优质碳素工具钢两类。碳素工具钢的牌号以碳的汉语拼音字母“T”开头，后面加数字表示钢中平均含碳量的千分数。例如，T8 钢表示平均含碳量为 0.8% 的优质碳素工具钢。如果是高级优质碳素工具钢，则在钢的牌号后面标以字母“A”。例如，T12A 钢表示平均含碳量为 1.2% 的高级优质碳素工具钢。

碳素工具钢的牌号、化学成分和试样淬火硬度见表 2—3—3。

表 2—3—3　碳素工具钢的牌号、化学成分和淬火硬度（摘自 GB/T 1299—2014）

牌号	化学成分(%)			试样淬火硬度		
	w_C	w_{Si}	w_{Mn}	淬火温度(℃)	冷却剂	HRC(不小于)
T7	0.65～0.74	≤0.35	≤0.40	800～820	水	62
T8	0.75～0.84	≤0.35	≤0.40	780～800	水	62
T8Mn	0.80～0.90	≤0.35	0.40～0.60	780～800	水	62
T9	0.85～0.94	≤0.35	≤0.40	760～780	水	62
T10	0.95～1.04	≤0.35	≤0.40	760～780	水	62

续表

牌号	化学成分(%)			试样淬火硬度		
	w_C	w_{Si}	w_{Mn}	淬火温度(℃)	冷却剂	HRC(不小于)
T11	1.05～1.14	≤0.35	≤0.40	760～780	水	62
T12	1.15～1.24	≤0.35	≤0.40	760～780	水	62
T13	1.25～1.35	≤0.35	≤0.40	760～780	水	62

各种牌号的碳素工具钢经淬火后的硬度相差不大，但随着含碳量的增加，未溶的二次渗碳体增多，其硬度和耐磨性提高，而韧性下降，其应用场合也有所不同，具体见表2—3—4。

表2—3—4　　碳素工具钢的主要特点和用途（摘自GB/T 1299—2014）

牌号	主要特点和用途
T7	亚共析钢，具有较好的塑性、韧性、强度和一定的硬度，能承受振动和冲击载荷，但切削性能差。用于制造承受冲击载荷不大，且要求具有适当硬度和耐磨性及较好韧性的工具
T8	淬透性、韧性均优于T10钢，耐磨性也较高，但淬火加热容易过热，变形也大，塑性和强度比较低，大、中截面模具易残存网状碳化物，适用于制作小型拉拔、拉伸、挤压模具
T8Mn	共析钢，具有较高的淬透性和硬度，但塑性和强度较低。用于制造断面较大的木工工具、手锯锯条、刻印工具、铆钉冲模、煤矿用凿等
T9	过共析钢，具有较高的硬度，但塑性和强度较低。用于制造要求较高硬度且有一定韧性的各种工具，如刻印工具、铆钉冲模、冲头、木工工具、凿岩工具等
T10	性能较好的非合金工具钢，耐磨性也较高，淬火时过热敏感性小，经适当热处理可得到较高强度和一定韧性，适合制作要求耐磨性较高而受冲击载荷较小的模具
T11	过共析钢，具有较好的综合力学性能（如硬度、耐磨性和韧性等），在加热时对晶粒长大和形成碳化物网的敏感性小。用于制造在工作时切削刃口不变热的工具，如锯、丝锥、锉刀、刮刀、扩孔钻、板牙、尺寸不大和断面无急剧变化的冷冲模及木工刀具等
T12	过共析钢，由于含碳量高，淬火后仍有较多的过剩碳化物，所以硬度和耐磨性高，但韧性差，且淬火变形大。不适于制造切削速度高和受冲击载荷的工具，用于制造不受冲击载荷、切削速度不高、切削刃口不变热的工具，如车刀、铣刀、钻头、丝锥、锉刀、刮刀、扩孔钻、板牙及断面尺寸小的冷切边模和冲孔模等

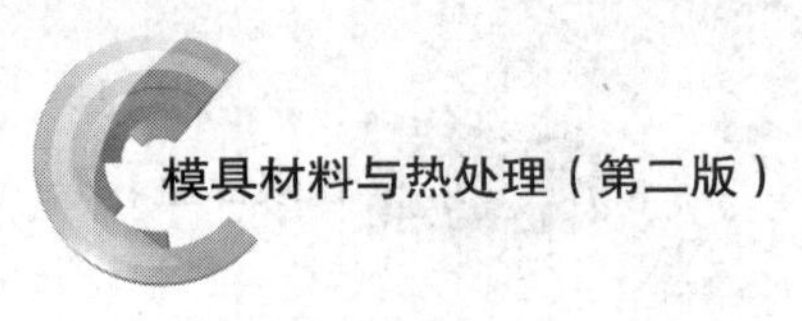

续表

牌号	主要特点和用途
T13	过共析钢，由于含碳量高，淬火后有更多的过剩碳化物，所以硬度更高，但韧性更差，又由于碳化物数量增加且分布不均匀，故力学性能较差，不适于制造切削速度较高和受冲击载荷的工具，用于制造不受冲击载荷，但要求极高硬度的金属切削工具，如剃刀、刮刀、拉丝工具、锉刀、刻纹用工具以及坚硬岩石加工用工具和雕刻用工具等

提示

高级优质碳素工具钢由于含杂质和非金属杂物少，且淬裂倾向小，在磨削加工后能获得较高的精加工表面，可制造精度较高、形状较复杂的刀具。

六、铸造碳钢的牌号、性能和用途

在生产中有许多形状复杂的零件很难用锻压或机械加工等方法制造，用铸铁铸造又难以满足力学性能要求，这时常选用铸钢，并采用铸造成形方法来获得合格的铸钢件。为此，铸造碳钢广泛用于制造重型机械的某些结构件，如箱体、曲轴、连杆、轧钢机机架、水压机横梁、锻锤砧座等。

铸造碳钢的牌号用“铸钢”两字汉语拼音的第一个字母“ZG”加两组数字组成，第一组数字代表屈服强度的最小值，第二组数字代表抗拉强度的最小值。例如，ZG 270—500表示屈服强度不小于270 MPa，抗拉强度不小于500 MPa的铸造碳钢。

铸造碳钢的含碳量一般为0.20%～0.60%，若含碳量过高，则钢的塑性差，且铸造时易产生裂纹。铸造碳钢的牌号、化学成分及力学性能见表2—3—5。

表2—3—5　铸造碳钢的牌号、化学成分及力学性能

（摘自国家标准《熔模铸造碳钢件》GB/T 31204—2014）

牌号	化学成分（%）（≤）					力学性能（≥）				
	w_C	w_{Si}	w_{Mn}	w_P	w_S	R_{eL}（$R_{P0.2}$）（MPa）	R_m（MPa）	A（%）	Z（%）	KU（J）
ZG200—400	0.20	0.60	0.80	0.035	0.035	200	400	25	40	47
ZG230—450	0.30		0.90			230	450	22	32	35
ZG270—500	0.40					270	500	18	25	27
ZG310—570	0.50					310	570	15	21	24
ZG340—640	0.60					340	640	10	18	16

注：1．当铸件厚度超过100 mm时，屈服强度仅供设计使用。

2．冲击吸收能量U型试样缺口为2 mm。

铸造碳钢具有较好的力学性能和良好的焊接性能，但其铸造性能并不理想，铸钢件晶粒粗大，偏析严重，铸造内应力大。因此，除在铸造工艺上采取适当措施外，还需要通过热处理（完全退火或正火）来改善组织，细化晶粒，消除内应力，以提高铸件性能。不同牌号的铸造碳钢具有不同的使用要求，铸造碳钢的主要特点和用途见表2—3—6。

表2—3—6　　铸造碳钢的主要特点和用途

牌号	主要特点和用途
ZG200—400	有良好的塑性、韧性和焊接性能，可用于制造受力不大、要求具有一定韧性的零件，如机座、变速器等
ZG230—450	有一定的强度和较好的塑性、韧性及焊接性，切削性能尚可，用于制造受力不大、要求具有一定韧性的零件，如砧座、轴承盖、外壳、阀体、底板等
ZG270—500	有较高的强度和较好的塑性，铸造性能良好，焊接性较差，切削性能良好，是用途较广泛的铸造碳钢，用于制造轧钢机机座、连杆、箱体、曲轴、轴承座等
ZG310—570	强度和切削性能良好，塑性、韧性较差，用于制造负荷较高的零件，如大齿轮、缸体、制动轮、辊子等
ZG340—640	有较高的强度、硬度和较好的耐磨性，切削性能适中，焊接性差，裂纹敏感性大，用于制造齿轮、棘轮等

第三章 钢的热处理

热处理是指采用适当的方式对金属材料或工件进行加热、保温和冷却，以获得预期的组织结构与性能的工艺方法。热处理是机械零件和工具、模具制造过程中的重要工序，它不仅可以提高金属材料的使用性能，延长零件的使用寿命，充分发挥材料的潜力，而且通过适当的热处理方法，能改善其加工工艺性能，满足不同加工方法的需要，进一步提高产品质量和经济效益。因此，大部分重要的机械零件在制造过程中都必须进行热处理（特别是轴承、各种工具和模具等几乎都需要进行热处理）。

第一节 钢在加热及冷却时的组织转变

热处理工艺过程由加热、保温和冷却三个阶段组成，并可用热处理工艺曲线来表示，如图 3—1—1 所示。

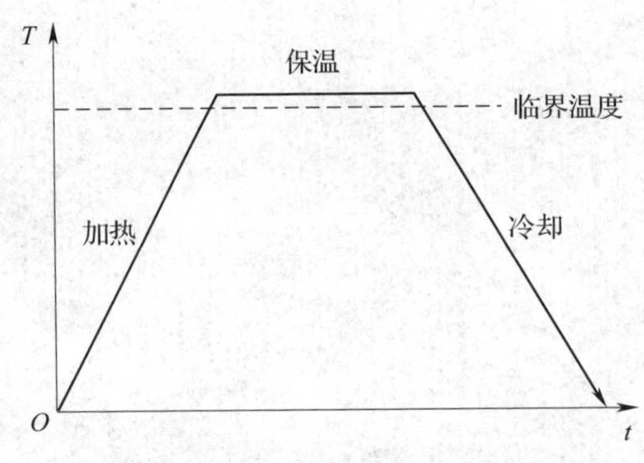

图 3—1—1 热处理工艺曲线

钢的热处理依据的是铁碳合金相图，基本原理是利用钢在加热和冷却时其内部组织发生转变的基本规律。人们根据这些基本规律和零件预期的使用性能要求，选择合适的加热温度、保温时间和冷却介质等参数，以实现改善钢材的性能、满足零件使用或加工要求的目的。根据工艺总称、工艺类型和工艺名称（按获得的组织状态或渗入元素进行分类），常用热处理工艺分类如图 3—1—2 所示。

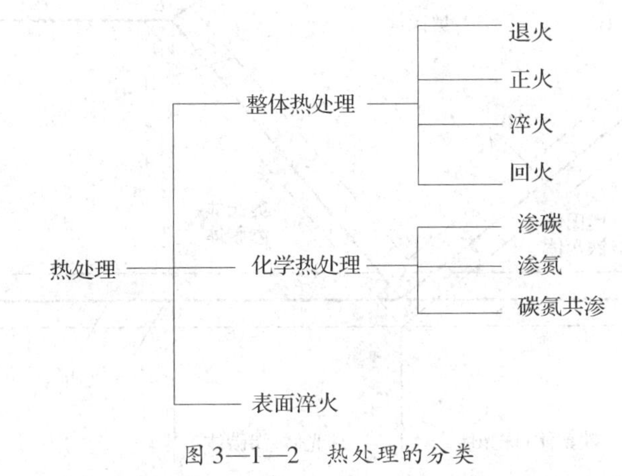

图 3—1—2　热处理的分类

提示

钢的热处理与其他加工工艺相比，一般不改变工件的形状和整体的化学成分，而是通过改变工件的内部显微组织，或改变工件表面的化学成分，以满足所需的性能要求。其特点是改善工件的内在组织和质量，而这种变化过程并不能通过肉眼从工件外观上看到。

热处理之所以能使钢的性能发生变化，其根本原因是由于铁具有同素异构转变的特性，从而使钢在加热及冷却过程中发生组织和结构上的变化。因此，要正确掌握热处理工艺，就必须了解钢在不同的加热和冷却条件下组织变化的规律。

一、钢在加热时的组织转变

1. 钢在加热或冷却时的相变温度

金属材料在加热或冷却过程中发生相变的温度称为临界点（相变点）。铁碳合金相图中 A_1、A_3、A_{cm} 是平衡条件下的临界点，它是在极其缓慢加热和冷却条件下测得的。但在实际生产中，加热或冷却过程并不是在平衡状态条件下或非常缓慢地进行的。所以，实际生产中金属材料发生组织转变的温度与铁碳合金相图中的理论临界点 A_1、A_3、A_{cm} 之间有一定的偏离，即固态相变时都有不同程度的过热度或过冷度。为区别实际加热和冷却时的临界点，将加热时的各临界点用 Ac_1、Ac_3、Ac_{cm} 表示，冷却时的各临界点用 Ar_1、Ar_3、Ar_{cm} 表示，如图 3—1—3 所示。

钢的临界点是制定热处理工艺参数的重要依据，常用钢的临界点温度可查热处理手册。实际生产过程中，金属材料随着加热或冷却速度的加快，其相变点的偏离程度将逐渐增大。

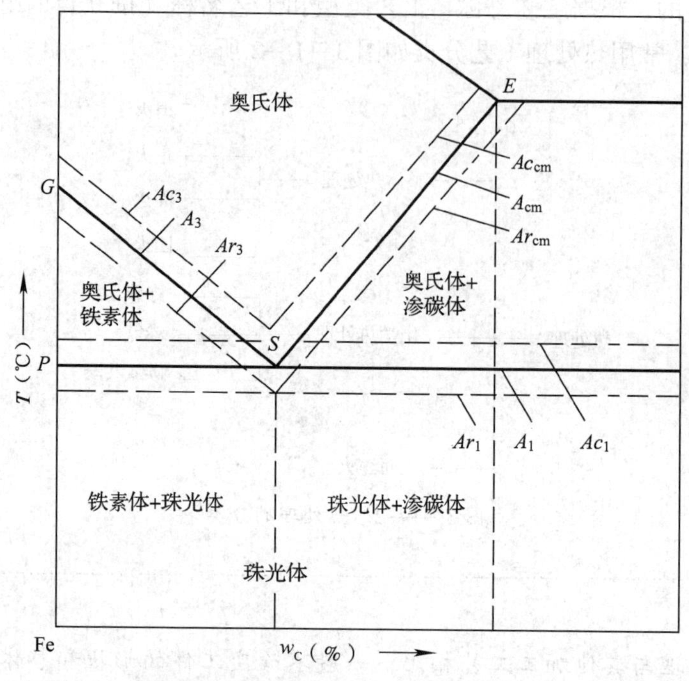

图 3—1—3　钢在加热或冷却时的临界点

大多数零件的热处理都是先加热到临界点以上某一温度区间，使其全部或部分得到均匀的奥氏体组织，但奥氏体一般不是人们最终需要的组织，而是在随后的冷却中，采用适当的冷却方法，获得人们所需要的其他组织，如马氏体、贝氏体、屈氏体（又称托氏体）、索氏体、珠光体等组织。

2. 奥氏体的形成

以共析钢（$w_C=0.77\%$）为例，其室温平衡组织是珠光体 P，即由铁素体 F 和渗碳体 Fe_3C 两相组成的机械混合物。铁素体是体心立方晶格，在临界点 A_1 时 $w_C=0.0218\%$；渗碳体是复杂晶格，其 $w_C=6.69\%$。当加热到临界点 A_1 以上时，珠光体转变为奥氏体 A，奥氏体是面心立方晶格，其 $w_C=0.77\%$。由此可见，珠光体向奥氏体的转变，是由化学成分和晶格类型都不相同的两相转变为另一种化学成分和晶格的过程。因此，在转变过程中必须进行碳原子的扩散和铁原子的晶格重构，即发生相变。

试验和研究结果证明，奥氏体的形成是通过形核和晶核长大两个过程来实现的。珠光体向奥氏体的转变分为四个阶段，即奥氏体晶核形成、奥氏体晶核长大、剩余渗碳体继续溶解和奥氏体化学成分均匀化。如图 3—1—4 所示为共析钢的奥氏体形成过程。

（1）奥氏体晶核形成

共析钢加热到 A_1 时，奥氏体晶核优先在铁素体与渗碳体的相界面上形成。这是由于珠光体中铁素体和渗碳体相界面上碳浓度分布不均匀，位错密度较高，原子排列不规则，处于能量较高状态，容易获得奥氏体形核所需的浓度起伏、结构起伏和能量起伏。当然，珠光体群边界也可能成为奥氏体的形核部位。

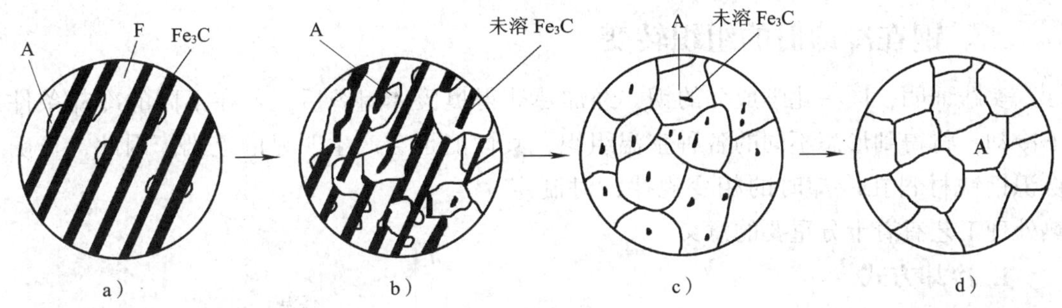

图 3—1—4 共析钢的奥氏体形成过程

a）奥氏体晶核形成 b）奥氏体晶核长大 c）剩余渗碳体继续溶解 d）奥氏体化学成分均匀化

（2）奥氏体晶核长大

奥氏体晶核形成后，其相界面会向铁素体与渗碳体两个方向同时长大，其长大过程一方面是由铁素体晶格逐渐改组为奥氏体晶格的过程；另一方面是通过渗碳体连续分解和碳原子扩散，逐步使奥氏体晶核长大。

（3）剩余渗碳体继续溶解

由于渗碳体的晶体结构和含碳量与奥氏体差别较大，因此，渗碳体向奥氏体中溶解的速度必然落后于铁素体向奥氏体的转变速度。在铁素体全部转变成奥氏体后，仍有部分渗碳体尚未溶解，剩余在奥氏体中。但随着保温时间延长或温度升高，剩余渗碳体通过碳的扩散会不断地溶入奥氏体中，直至全部溶解完为止，使奥氏体的含碳量逐渐接近共析成分。

（4）奥氏体化学成分均匀化

奥氏体转变结束时，其化学成分处于不均匀状态，在原来铁素体之处含碳量较低，在原来渗碳体之处含碳量较高。因此，只有继续延长保温时间，通过碳原子的扩散，使奥氏体中碳浓度逐渐趋于均匀，最后得到均匀的单相奥氏体。均匀的奥氏体组织可以保证奥氏体在以后的冷却过程中获得化学成分均匀的组织与性能。

3. 奥氏体晶粒长大及其控制措施

钢加热时珠光体向奥氏体转变刚刚结束时，奥氏体晶粒是比较细小的。如果继续加热或保温，奥氏体晶粒会变粗大。加热温度越高，保温时间越长，奥氏体晶粒越粗大。粗大的奥氏体晶粒在随后的冷却过程中会得到粗大晶粒的转变产物，从而使得钢的强度、塑性、韧性显著下降。因此，加热时获得细小晶粒的奥氏体对提高热处理效果和钢的性能有重要的意义。

为控制奥氏体晶粒长大，必须制定合理的热处理工艺，即合理选择加热温度、保温时间和加热速度等。一般都是将钢加热到临界点以上某一适当温度，保温时间的确定除考虑相变需要外，还应考虑工件内外温度一致。当加热温度相同时，加热速度越快，保温时间越短，晶粒越细，所以，生产中常采用快速加热、短时保温的方法来细化晶粒。此外，加入一定量的合金元素（除锰、磷外）也会阻碍奥氏体晶粒长大，从而达到细化晶粒的目的。

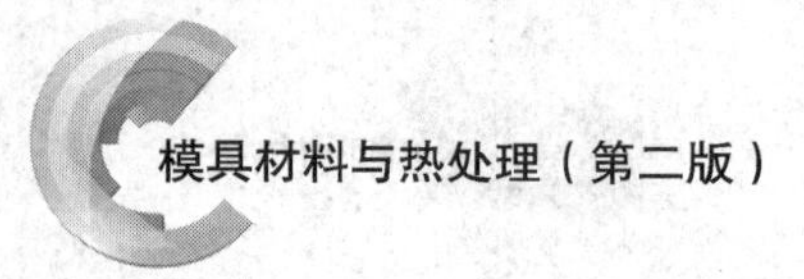

二、钢在冷却时的组织转变

实践证明，同一化学成分的钢，经加热获得奥氏体组织后，若在不同的冷却条件下冷却，将得到形态不同的各种室温组织，其性能也会产生明显的差别。因此，正确认识钢铁材料在冷却时的相变规律，对制定热处理工艺有着十分重要的意义。

1. 冷却方式

在热处理工艺中，常采用等温转变和连续冷却转变两种冷却方式，其工艺曲线如图 3—1—5 所示。钢铁材料在一定冷却速度下进行冷却时，奥氏体需要过冷到共析温度 A_1 以下才能完成转变。在共析温度 A_1 以下存在的奥氏体称为过冷奥氏体，也称为亚稳奥氏体，它具有较强的相变趋势，可以转变为其他组织。

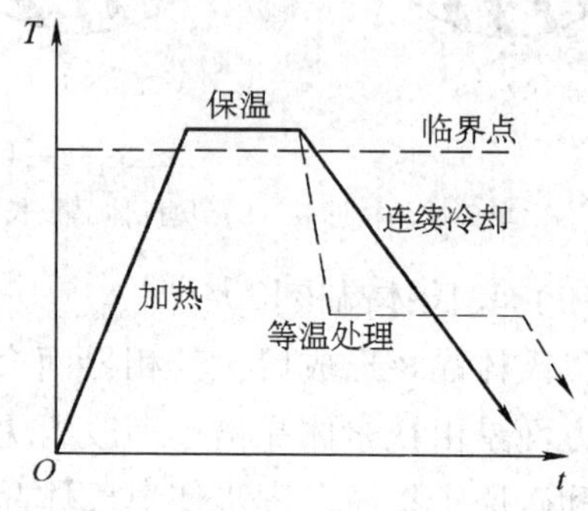

图 3—1—5　等温冷却曲线和连续冷却曲线

2. 过冷奥氏体的等温转变

过冷奥氏体的等温转变是指工件奥氏体化后，冷却到临界点（Ar_1 或 Ar_3）以下等温保持时过冷奥氏体发生的转变。

（1）过冷奥氏体等温转变曲线的建立

以共析钢为例，使具有不同过冷度的过冷奥氏体进行等温转变，分别测定出过冷奥氏体转变的开始时间和转变的终止时间，并标注在温度—时间坐标中，然后分别将转变的开始点和转变的终止点连接起来，即可得到过冷奥氏体转变开始曲线和过冷奥氏体转变终止曲线，如图 3—1—6 所示。由于等温转变曲线的形状类似英文字母“C”，故又称 C 曲线。

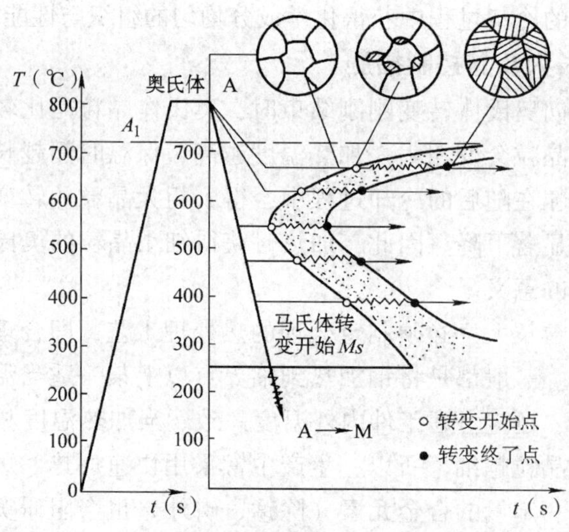

图 3—1—6　过冷奥氏体等温转变曲线

如图 3—1—7 所示为共析钢等温转变曲线，图中过冷奥氏体转变开始曲线（*aa′*）以左部分是过冷奥氏体区，过冷奥氏体在此区域处于等温转变的孕育期，但尚未发生转变。过冷奥氏体转变终止曲线（*bb′*）以右部分是过冷奥氏体等温转变完成区，即转变产物区。过冷奥氏体转变开始曲线与过冷奥氏体转变终止曲线之间的区域是过冷奥氏体正在发生等温转变的转变区，即过渡区。A_1线以上的区域是稳定的奥氏体区。水平线 *Ms* 是奥氏体连续快冷时过冷奥氏体直接向马氏体转变的开始线。下方水平线 *Mf* 是过冷奥氏体向马氏体转变的终止线。

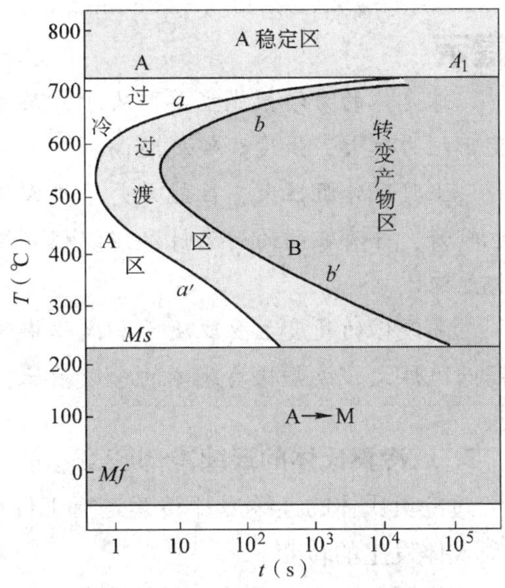

图 3—1—7 共析钢等温转变曲线

从 C 曲线的形状可以看出，在不同的过冷度下，过冷奥氏体转变前停留的时间是不同的。C 曲线拐弯部位（约 550℃，俗称“鼻尖”）是过冷奥氏体等温转变孕育期最短的部分，此处过冷奥氏体转变最快，同时也说明过冷奥氏体在“鼻尖”附近最不稳定，极易发生分解。而在“鼻尖”的上部和下部，过冷奥氏体的孕育期相对较长，过冷奥氏体转变放慢，同时过冷奥氏体的稳定性也相对增强。

（2）过冷奥氏体等温转变的产物和性能

由过冷奥氏体等温转变曲线图可以看出，过冷奥氏体在A_1线以下不同温度进行等温转变时，会产生不同的等温转变产物。对于共析钢的等温转变过程，根据转变产物的组织特征不同，可划分为高温转变区（珠光体型转变区）、中温转变区（贝氏体型转变区）和低温转变区（马氏体型转变区）。共析钢过冷奥氏体等温转变温度与转变产物的组织和性能见表 3—1—1。

表 3—1—1　共析钢过冷奥氏体等温转变温度与转变产物的组织和性能

转变温度范围（℃）	过冷程度	转变产物	组织符号	组织形态	层片间距（μm）	转变产物硬度 HRC
A_1 ~ 650	小	珠光体	P	粗片状	约 0.3	<25
650 ~ 600	中	索氏体	S	细片状	0.1 ~ 0.3	25 ~ 30
600 ~ 550	较大	托氏体	T	极细片状	约 0.1	30 ~ 40
550 ~ 350	大	上贝氏体	$B_{上}$	羽毛状	—	40 ~ 50
350 ~ *Ms*	更大	下贝氏体	$B_{下}$	针叶状	—	50 ~ 60
Ms ~ *Mf*	最大	低碳马氏体	M	板条状	—	40 左右
		高碳马氏体		针状	—	>60

提示

珠光体的力学性能主要取决于片层间距的大小，片层间距越小，珠光体的塑性变形抗力越大，强度和硬度越高。

上贝氏体脆性大，性能差；下贝氏体具有较高的硬度和强度，同时塑性、韧性也较好，并有较高的耐磨性和组织稳定性，是制造各种复杂模具、量具、刀具的理想组织。

马氏体的硬度主要取决于马氏体中的含碳量，针状马氏体的含碳量高，其硬度高而脆性大。板条状马氏体的含碳量低，具有良好的强度和较好的韧性。

3. 过冷奥氏体的连续冷却转变

过冷奥氏体的连续冷却转变是指工件奥氏体化后以不同的冷却速度连续冷却时过冷奥氏体发生的转变。

在实际生产中，钢铁材料的冷却一般不是等温进行而是连续进行的，如钢件退火时的炉冷、正火时的空冷、淬火时的水冷等。要准确地反映出过冷奥氏体在连续冷却过程中的转变情况，就必须借助于过冷奥氏体连续冷却转变曲线，又称为 CCT 曲线。由于 CCT 曲线比较复杂，测试困难，因此，生产中往往用 C 曲线来近似地分析钢在连续冷却时的转变过程和产物，并以此作为制定热处理工艺及选择有关工艺参数的依据。

下面以共析钢的 C 曲线为例分析过冷奥氏体的连续冷却转变。首先把代表不同速度的冷却曲线（v_1表示炉冷、v_2表示空冷、v_3表示油冷、v_4表示水冷）叠绘到 C 曲线上，根据它们与 C 曲线相交的位置，便可大致估计出按此速度冷却可能得到的组织和性能，如图 3—1—8 所示。

在图 3—1—8 中，冷却速度依次是 $v_4 > v_{临} > v_3 > v_2 > v_1$。当以速度 v_1冷却时，冷却曲线与 C 曲线的转变开始线和转变终了线分别相交于 a_1点和 b_1点，a_1b_1所处的温度区域大致在珠光体转变（高温转变）的上部区域（接近温度 A_1），由此可估计出其转变的产物是以珠光体为主的组织。用同样的方法可以判断出以速度 v_2连续冷却时其转变产物是以索氏体为主的组织。当过冷奥氏体以速度 v_3连续冷却时，其冷却曲线只与 C 曲线的转变开始线相交于 a_3点，而与转变终了线无交点，这说明转变并未结束，由 a_3点所处的温度（接近 C 曲线的“鼻尖”）可以判断出转变的产物是托氏体，但仍有部分过冷奥氏体未发生转变，而被直接过冷到 *Ms* 线以下发生马氏体转变，其最终转变产物将是托氏体和马氏体的混合组织。当以速度 v_4连续冷却时，由于它未与 C 曲线的转变开始线和转变终了线相交，这说明没有发生任何高温、中温转变，奥氏体被直接过冷到 *Ms* 以下，发生马氏体转变，其产物是马氏体和残余奥氏体组织。

图 3—1—8 中冷却速度 $v_{临}$与 C 曲线的开始转变线“鼻尖”相切，这是过冷奥氏体不发生分解，全部过冷到 *Ms* 线以下向马氏体转变所需要的最小冷却速度，即临界冷却

速度（$v_{临}$）。当奥氏体的冷却速度大于该钢的 $v_{临}$ 急冷到 Ms 线以下时，奥氏体便不再转变为除马氏体外的其他组织。

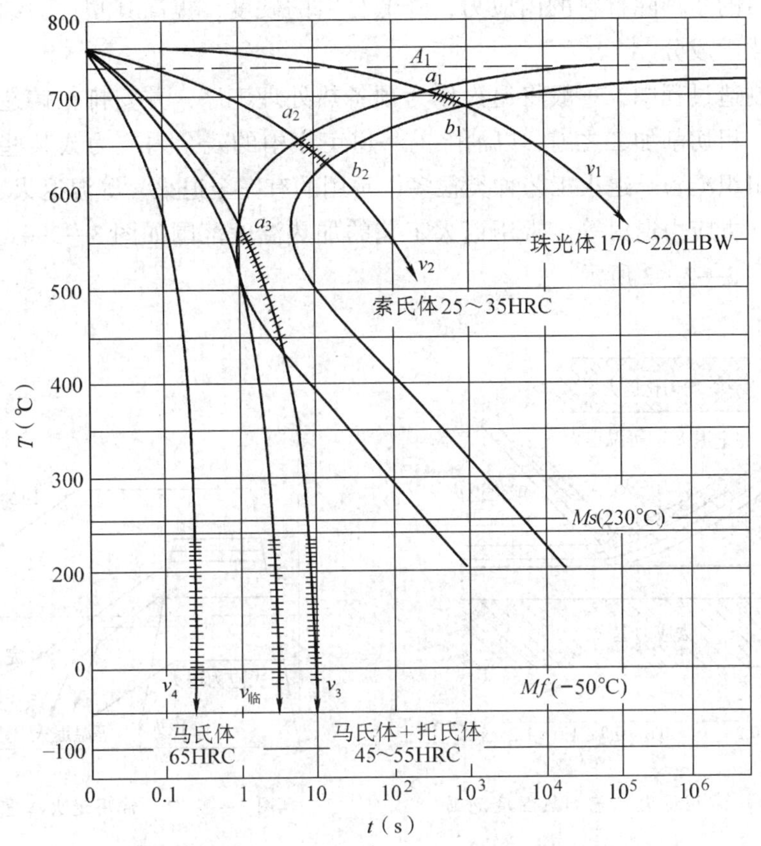

图 3—1—8　共析钢连续冷却转变分析

第二节　热处理的基本方法

一、退火和正火

退火和正火是应用最为广泛的热处理工艺。在机械零件和工具、模具的制造加工过程中，退火和正火往往是不可缺少的先行工序，具有承前启后的作用。机械零件和工具、模具的毛坯退火或正火后，可以消除或减轻铸件、锻件和焊接件的内应力以及成分、组织的不均匀性，从而改善钢件的力学性能和工艺性能，为切削加工及最终热处理（淬火）做好组织、性能准备。一些对性能要求不高的机械零件或工程构件，退火和正火也可作为最终热处理。

1. 退火

退火是指将工件加热到适当温度，保持一定时间，然后缓慢冷却的一种热处理工艺。其主要目的是消除材料的内应力；降低材料的硬度，提高其塑性；细化材料的组织，均匀其化学成分。

在机械制造过程中，一般将退火作为预备热处理工序，并安排在铸造、锻造、焊接工序之后，粗切削加工之前，以消除前一道工序中的残余内应力或某些缺陷，为后续工序做好组织准备。退火工艺种类很多，常用的有完全退火、等温退火、球化退火、均匀化退火、去应力退火等。常用退火工艺的加热温度范围如图 3—2—1 所示，退火工艺曲线如图 3—2—2 所示。

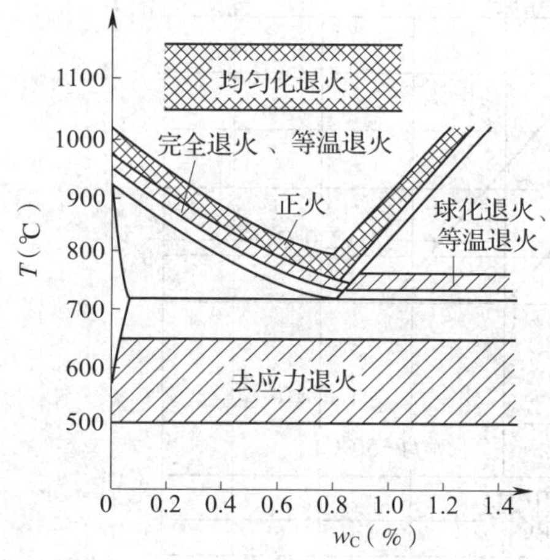

图 3—2—1　常用退火工艺加热温度范围

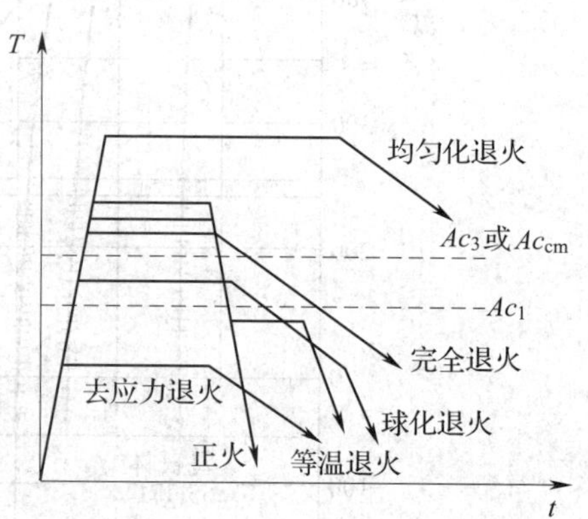

图 3—2—2　常用退火工艺曲线

（1）完全退火

完全退火是指将工件完全奥氏体化后缓慢冷却，获得接近平衡组织的退火。其工艺是将工件加热到 Ac_3 以上 30～50℃，完全奥氏体化后，保温一定时间后随炉缓慢冷却至 500℃左右出炉空冷，以获得接近平衡的组织。

它主要用于中碳钢和中碳合金钢的铸件、焊接件、锻件、轧制件等，也可用于高速钢、高合金钢淬火返修前的退火。其主要目的是细化组织，降低硬度，改善切削加工性能，消除内应力。

低碳钢和过共析钢不宜采用完全退火。低碳钢完全退火后硬度偏低，不利于切削加工。过共析钢的完全退火加热温度在 A_{em} 以上，会有网状二次渗碳体沿奥氏体晶界析出，造成钢的脆化。

（2）等温退火

等温退火是指将工件加热到高于 Ac_3（或 Ac_1）的温度，保持适当时间后，较快地冷却到珠光体转变温度区间的适当温度并等温保持，使奥氏体转变为珠光体类组织后在空气中冷却的退火。对于亚共析钢，其加热温度是 Ac_3 +（30～50）℃；对于共析钢和过共析钢，其加热温度是 $Ac_1+(20\sim40)$℃。

它主要用于中碳合金钢和某些高合金钢的大型铸件、锻件、冲压件等。其目的与完全退火相同，但能够得到更均匀的组织和硬度，而且等温退火所需时间比完全退火缩短很多。

（3）球化退火

球化退火是指为使工件中的碳化物球状化而进行的退火。其工艺是将钢件加热到 Ac_1 以上 10～20℃，充分保温，使未溶二次渗碳体球化，然后随炉缓冷至 500～600℃后出炉空冷。

它主要用于共析钢和过共析钢的锻件、轧制件以及结构钢的冷挤压件等。其目的在于降低硬度，改善组织，提高韧性，改善机械加工和热处理工艺性能。

对于有网状二次渗碳体的过共析钢，在球化退火之前应进行一次正火，以消除粗大的网状渗碳体。近年来，球化退火工艺应用于亚共析钢也取得了较好的效果，只要工艺控制恰当，同样可使渗碳体球化，从而有利于冷成形加工。

（4）均匀化退火

均匀化退火是指以减少工件化学成分和组织的不均匀程度为主要目的，将其加热到高温并长时间保温，然后缓慢冷却的退火。其加热温度通常为 $Ac_3+(150\sim200)$℃，具体加热温度视钢种和偏析程度而定，保温时间一般为 10～15 h。

均匀化退火的目的在于减少中碳合金钢和高合金钢铸件、锻件、轧制件的化学成分和组织的偏析，达到均匀化的要求。由于加热温度高、时间长，会引起奥氏体晶粒严重粗化，因此，一般还需要进行一次完全退火或正火，以细化晶粒，消除过热缺陷。

（5）去应力退火

去应力退火是指为去除工件塑性变形加工、切削加工或焊接造成的内应力和铸件内存在的残余内应力而进行的退火。去应力退火的加热温度范围较宽，其工艺是将工件缓慢加热到 Ac_1 以下 100～200℃，保温一定时间，然后随炉缓冷至 200℃左右出炉空冷。

去应力退火的目的在于消除中碳钢、中碳合金钢由于冷、热加工形成的残余内应力。同时，去应力退火还能降低硬度，提高尺寸稳定性，防止工件的变形和开裂。

2. 正火

正火是指将工件加热到奥氏体化后，在空气中或其他介质中冷却，获得以珠光体为主的组织的热处理工艺。其工艺是将工件加热到 Ac_3（或 Ac_{cm}）以上 30～80℃，保温一定时间，然后在自然流通的空气中冷却。对于有特殊要求的某些渗碳钢、过共析钢工件和铸件以及大件正火，也可采用强制风冷或喷雾冷却，但应控制冷却速度。

它主要用于低碳钢、中碳钢和低合金结构钢的铸件、锻件消除应力和淬火前的预备热处理，也可用于某些低温化学热处理件预处理和某些结构钢的最终热处理。

其目的是消除网状碳化物，为球化退火做准备，细化组织，改善力学性能和切削加工性能。

提示

正火与退火的区别

正火与退火的主要区别在于冷却速度不同，正火冷却速度比退火冷却速度稍快，因而正火获得的珠光体组织要比退火更细一些，其力学性能也有所提高。另外，正火采用炉外冷却，不占用设备，生产效率较高，因此，生产中应尽可能采用正火来代替退火。

二、淬火

淬火是指将工件加热到奥氏体化后，以适当方式冷却，获得马氏体或贝氏体组织的热处理工艺。其目的是使过冷奥氏体进行马氏体或贝氏体转变，得到马氏体或贝氏体组织，并与回火工艺合理配合，提高钢铁材料的刚度、硬度、耐磨性、疲劳强度和韧性等，以获得所需要的使用性能。因此，淬火是钢铁材料强化的基本手段之一。

提示

马氏体是碳或合金元素在 α—Fe 中的过饱和固溶体，是单相亚稳定组织，硬度较高，其硬度主要取决于马氏体中的含碳量。马氏体中由于溶入了过多的碳原子，晶格发生畸变，提高了其塑性变形抗力，故马氏体中的含碳量越高，其硬度也越高。

淬火是热处理工艺过程中较为复杂的一种工艺，若冷却速度过快，容易造成工件变形及开裂；如果冷却速度慢，则达不到所要求的硬度和性能。因此，在制定淬火工艺时应合理选择淬火加热温度、冷却介质和淬火方法。这是决定产品最终质量的关键。

1. 淬火加热温度的选择

不同的钢种其淬火加热温度不同。非合金钢的淬火温度可由铁碳合金相图确定，如图 3—2—3 所示。为了防止奥氏体晶粒粗化，淬火温度不宜选得过高，一般为 Ac_3（或 Ac_1）以上 30 ~ 50℃，其原因见表 3—2—1。

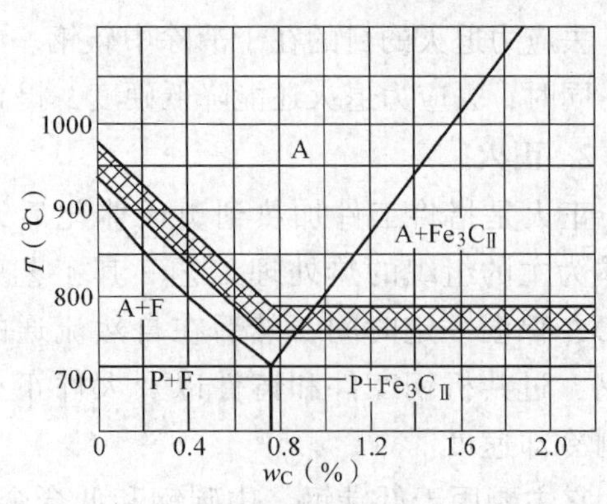

图 3—2—3　非合金钢淬火加热温度范围

表 3—2—1　　非合金钢淬火加热温度的选择和原因

钢种	加热温度	温度选择原因
亚共析钢	$Ac_3+(30\sim50)$℃	因为亚共析钢在此温度范围内加热可获得全部细小的奥氏体晶粒，淬火后又可得到均匀、细小的马氏体组织。若加热温度过高，则容易引起奥氏体晶粒粗大，使亚共析钢淬火后脆化。若加热温度过低，则淬火后的组织中尚有未溶的铁素体组织，将降低淬火工件的强度、硬度和力学性能
共析钢和过共析钢	$Ac_1+(30\sim50)$℃	共析钢和过共析钢在此温度加热时，钢材中的组织是奥氏体和碳化物（或渗碳体）颗粒，淬火后可获得细小的马氏体和球状碳化物（或渗碳体），不仅能保证钢材淬火后获得高硬度和高耐磨性，而且脆性也小。如果加热温度超过 Ac_{cm}，将导致钢材中的碳化物（或渗碳体）消失，奥氏体晶粒粗大，淬火后得到粗大针状马氏体，且残留奥氏体量增多，硬度和耐磨性降低，脆性增大；若加热温度超低，则可能得到非马氏体组织（如铁素体等），导致淬火后钢材的硬度达不到技术要求

提示

选择淬火加热温度时还应考虑工件的材料牌号、性能要求、原始组织状态等因素，必要时应进行小批量试淬，以选择合适的加热温度范围。

加热时间是指炉中的工件应在规定的加热温度范围内保持适当的时间，保证必要的组织转变和扩散。加热时间与工件的材料牌号、形状和尺寸、加热温度、加热介质、加热方式、装炉方式、装炉量等因素有关，应根据具体情况而定，必要时应通过试样试淬来确定合适的加热时间。

2. 淬火冷却介质的选择

工件淬火冷却时所用的介质称为淬火冷却介质。淬火的目的是得到马氏体组织，故淬火冷却速度必须大于临界冷却速度。但冷却速度过快，工件的体积收缩及组织转变都很剧烈，从而产生很大的内应力，使工件变形及开裂。因此，合理选择淬火介质极为重要。

要想既保证获得马氏体组织，同时又尽量避免工件发生变形与开裂，理想的冷却曲线如图 3—2—4 所示。即在 C 曲线“鼻尖”上部区域（冷却初期）的冷却速度要

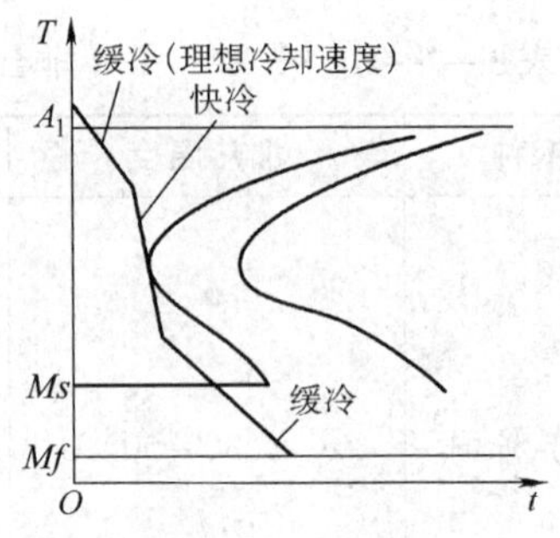

图 3—2—4　理想淬火冷却介质的冷却曲线

慢，以减少急冷所产生的热应力；在 C 曲线“鼻尖”附近（550～650℃）的冷却速度要足够快，以保证淬硬；而在 *Ms* 线附近（300℃以下）的冷却速度却要慢，以防止马氏体转变过程中产生较大的淬火内应力。

常用的淬火冷却介质有油、水、盐水、碱水等，它们的冷却能力依次增加。其中，水和全损耗系统用油（如 L—AN15、L—AN32 和 L—AN46）是目前生产中应用最广泛的冷却介质。其冷却特点和应用见表 3—2—2。

表 3—2—2　常用淬火冷却介质的特点和应用

介质	冷却特点	应用
水、盐水、碱水	水、盐水和碱水在 550～650℃范围内的冷却能力较强，但在 200～300℃范围内的冷却能力过强，易使淬火工件变形与开裂	一般仅适用于形状简单、截面尺寸较大的非合金钢工件
全损耗系统用油	油的冷却能力较差，在 200～300℃范围内冷却速度比较慢，能减少工件的变形与开裂，但是在 550～650℃范围内冷却能力不够快，工件不易淬硬，尤其对于截面较大的碳钢和低合金钢不易淬硬	一般仅适用于合金钢或较小尺寸的非合金钢工件

提示

新型聚合物水溶液淬火介质

目前国内外研制了许多新型聚合物水溶液淬火介质（如聚乙烯醇水溶液就是其中的一种），其冷却性能介于水和油之间，具有良好的经济效益和环境效益，是今后应用和发展的方向。

3. 常用的淬火方法

在实际生产中，根据钢材化学成分及对组织、性能和工件精度的要求，在保证技术要求规定的前提下，应尽量选择简便、经济的淬火方法。常用的淬火方法有单液淬火、双介质淬火（双液淬火）、马氏体分级淬火和贝氏体等温淬火。相关工艺冷却曲线如图 3—2—5 所示，其特点和应用场合见表 3—2—3。

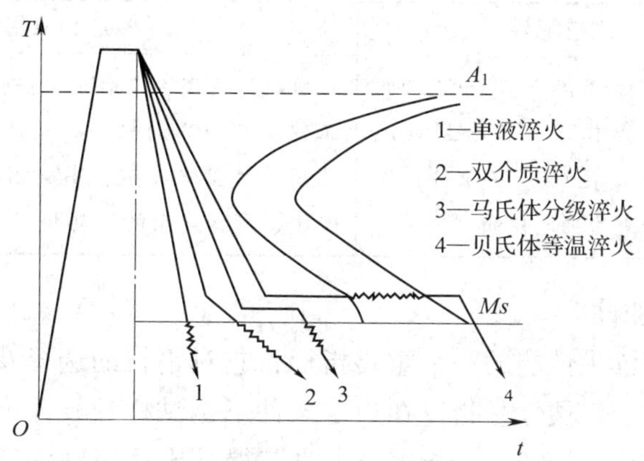

图 3—2—5 常用淬火方法的工艺冷却曲线

表 3—2—3 常用淬火方法的特点和应用场合

淬火方法	工艺解释	特点和应用场合
单液淬火	单液淬火是指将工件加热到奥氏体化后在一种淬火冷却介质中冷却的方法。例如，低碳钢和中碳钢在水或盐水中淬火，合金钢在油中淬火等就是典型的单液淬火法	此方法操作简单，易实现机械化和自动化，但容易产生硬度不足或开裂等缺陷。只适用于形状简单、性能要求不高的碳素钢或合金钢工件
双介质淬火	双介质淬火是指将工件加热到奥氏体化后先浸入冷却能力强的介质，在组织即将发生马氏体转变时立即转入冷却能力缓和的介质中冷却的方法。例如，先水后油、先油后空气等	此方法使工件既能得到较高的硬度，又能减小内应力，防止变形及开裂。但操作技术要求较高，不易掌握。故主要应用于中等复杂形状的高碳钢工件或较大尺寸的合金钢工件
马氏体分级淬火	马氏体分级淬火是指将工件加热到奥氏体化后浸入温度稍高或稍低于 *Ms* 点的碱浴或盐浴中保持适当时间，在工件整体达到介质温度后取出空冷以获得马氏体的方法	马氏体分级淬火能够减小工件中的热应力，并缓和相变过程中产生的组织应力，防止工件变形及开裂。但碱浴或盐浴的冷却能力较差，对碳钢零件淬火后会出现非马氏体组织。因此，只适用于淬透性好、尺寸较小、形状复杂的由高碳钢或合金钢制作的工具和模具

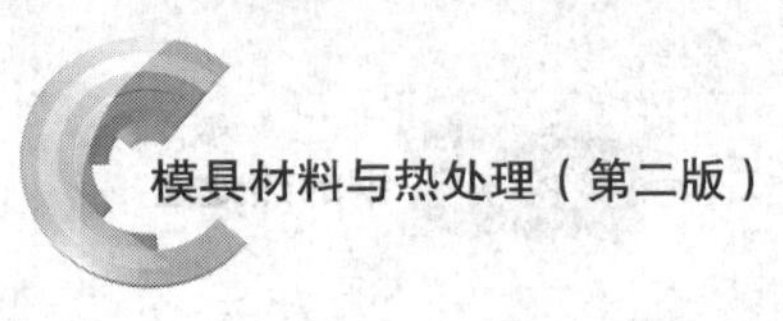

续表

淬火方法	工艺解释	特点和应用场合
贝氏体等温淬火	贝氏体等温淬火是指将工件加热到奥氏体化后快冷到贝氏体转变温度区间等温保持，使奥氏体转变为贝氏体的方法	贝氏体等温淬火后，工件的淬火应力与变形小，工件具有较高的韧性、塑性、硬度和耐磨性。主要用于处理中碳钢、高碳钢和合金钢制造的尺寸较小、形状复杂的模具和刃具等

4. 淬透性与淬硬性

淬透性是评定钢淬火性能的一个重要指标，它对钢材的选择及热处理工艺的制定具有十分重要的意义。淬透性是指以在规定条件下钢试样淬硬深度和硬度分布来表征的材料特性。换句话说，淬透性是指钢淬火时获得马氏体组织深度的能力，它是钢材的一种属性。对于亚共析钢，随着含碳量的提高，其淬透性提高；但对于过共析钢，随着含碳量的提高，其淬透性却降低。淬透性的好坏还取决于钢材中的合金元素，一般来说，合金钢的淬透性要比碳钢好。

淬硬性是指以钢在理想条件下淬火所能达到的最高硬度来表征的材料特性。淬硬性主要与钢中的含碳量有关，与合金元素含量没有多大关系。确切地说，它取决于淬火加热时固溶于奥氏体中含碳量的高低，奥氏体中含碳量越高，则钢的淬硬性越高，钢淬火后的硬度值也越高。

提示

淬透性和淬硬性是两个不同的概念。淬透性主要取决于钢的临界冷却速度，而淬硬性则主要取决于含碳量。淬火后硬度高的钢，不一定淬透性就好；淬火后硬度低的钢，不一定淬透性就差。

5. 淬火缺陷

工件在淬火加热及冷却过程中，由于加热温度高，冷却速度快，很容易产生某些缺陷。因此，在热处理生产过程中需要采取合理的措施，尽量减少各种缺陷的产生。常见淬火缺陷产生的原因和防止措施见表3—2—4。

表3—2—4　　常见淬火缺陷产生的原因和防止措施

淬火缺陷	原因分析	防止措施
氧化与脱碳	氧化是指工件加热时，介质中的氧、二氧化碳和水蒸气等与之反应生成氧化物的过程 脱碳是指工件加热时介质与工件中的碳发生反应，使表层含碳量降低的现象 氧化与脱碳会降低钢件表层的硬度和疲劳强度，而且还影响零件的尺寸和表面质量	在盐浴炉内加热，或在工件表面涂覆保护剂，也可在保护气氛和真空炉中加热

续表

淬火缺陷	原因分析	防止措施
过热与过烧	过热是指工件加热温度偏高而使晶粒过度长大，以致力学性能显著降低的现象 过烧是指工件加热温度过高，致使晶界氧化和部分熔化的现象 过热和过烧主要是由于加热温度过高或高温下保温时间过长引起的。工件过热后，晶粒粗大，易引起淬火时的变形及开裂；过烧的工件淬火后强度低，脆性很大，并且无法补救，只能报废	严格控制加热温度和保温时间可以防止过热与过烧现象的发生。若工件过热后形成粗大奥氏体晶粒，可通过正火和退火予以消除
变形与开裂	热处理变形是指工件的原始尺寸或形状在热处理时发生变化的现象 开裂是指淬火冷却时工件中产生的内应力超过材料断裂强度，在工件上形成裂纹的现象 淬火热应力和相变应力是造成工件变形及开裂的主要原因。对于开裂的工件只能报废	应合理地选用淬火工艺方法和冷却介质。对于变形的工件可采取矫正的方法补救
硬度不足与软点	热处理硬度不足是指工件在淬火后无法达到预期的硬度，无法满足使用性能的要求 软点是指工件淬火硬化后表面硬度偏低的局部小区域 产生硬度不足的主要原因是由于加热温度过低，保温时间不足，冷却速度不够快等；出现软点的原因包括加热温度不够，局部冷却速度不足（如局部有污物、气泡等）、局部脱碳、组织不均匀等	严格执行工艺规程，在冷却时注意操作方法，增加搅动。若发现硬度不足或软点，可进行一次退火或正火，再重新淬火

提示

热应力与相变应力

热应力是指工件加热或冷却时，由于不同部位出现温差而导致热胀或冷缩不均匀所产生的应力。

相变应力是指热处理过程中因工件不同部位组织转变不同步而产生的内应力。

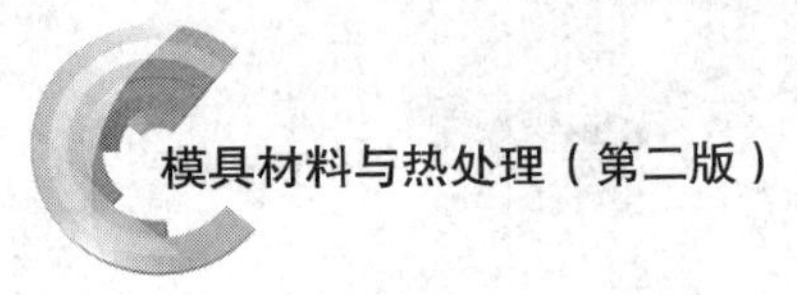

三、回火

回火是指将工件淬硬后加热到 Ac_1 以下的某一温度，保温一定时间，然后冷却到室温的热处理工艺。

由于钢淬火后的组织主要由马氏体和少量残余奥氏体组成，它们处于不稳定状态，会自发地向稳定组织转变，从而使工件产生变形或开裂。因此，工件淬火后应及时进行回火，其目的如下：

第一，消除工件淬火时产生的内应力，防止变形或开裂。

第二，调整和稳定组织，以保证工件不再发生形状和尺寸的变化。

第三，调整工件的硬度、强度、塑性和韧性，以获得不同需要的力学性能。

1. 回火过程和组织转变

回火实质上是采用加热手段（在一定温度范围内），使处于亚稳定状态的淬火组织较快地转变为相对稳定的回火组织的工艺过程。试验证明，淬火碳钢回火过程中的组织转变对于各种钢来说都有代表性。其过程包含马氏体分解、残余奥氏体的转变、碳化物的转变、渗碳体的聚集长大与铁素体再结晶四个阶段。

第一阶段：马氏体分解（80～250℃）。随着回火温度的升高，马氏体开始分解，马氏体中过饱和碳原子以一种极细小的碳化物形式析出，使马氏体中的含碳量降低，过饱和程度下降。但由于这一阶段温度较低，马氏体中仅析出了一部分过饱和碳原子，所以它仍是碳在 α—Fe 中的过饱和固溶体，所析出的细小碳化物均匀地分布在马氏体基体上。这种过饱和 α 固溶体和细小碳化物所组成的混合组织称为回火马氏体。

由于回火马氏体中的碳化物极为细小，呈弥散分布，且其溶体仍是过饱和状态，因此淬火钢的硬度并不降低，但由于碳化物的析出，晶格畸变程度降低，淬火应力有所减小。

第二阶段：残余奥氏体的转变（200～300℃）。当回火温度在此范围内时，残余奥氏体转变为下贝氏体。由于回火第一阶段马氏体的分解尚未结束，所以在此阶段马氏体继续分解。虽然马氏体的继续分解会使淬火钢的硬度下降，但由于残余奥氏体的转变，淬火钢的硬度并没有明显降低，淬火应力却进一步减小。

第三阶段：碳化物的转变（250～400℃）。在此温度范围内时，由于原子的活动能力增强，碳原子继续从过饱和的固溶体中析出，同时，析出的细小碳化物也逐渐转变为细小颗粒状渗碳体。经第三阶段回火后，钢的组织是由铁素体和细小颗粒状渗碳体组成的，称为回火托氏体。此时淬火钢的硬度降低，淬火应力基本消除。

第四阶段：渗碳体的聚集长大与铁素体再结晶。当回火温度在 400℃以上时，渗碳体颗粒将聚集长大。渗碳体颗粒的聚集长大是通过小颗粒渗碳体不断溶入铁素体中，而铁素体中的碳原子借助扩散不断地向大颗粒渗碳体上沉积来实现的。回火温度越高，渗碳体颗粒越粗大，钢的强度、硬度越低。

回火第三阶段结束后，钢的组织虽然已是铁素体和颗粒状渗碳体，但铁素体仍然保持着原来马氏体的片状或板条状形态，当回火温度升高到500～600℃范围内时，铁素体逐渐发生再结晶，失去原来片状或板条状形态，而成为多边形晶粒。此时，钢的组织为铁素体基体上分布着颗粒状渗碳体，这种组织称为回火索氏体。

提示

回火过程的四个阶段是在不同温度范围内进行的，具有一定的阶段性，但每个阶段的组织转变并不是独立完成的，而是相互交叠的。另外，这四个阶段的温度范围因钢的化学成分和淬火工艺的不同而有所不同，应予辩证地看待。

2. 回火后的力学性能

淬火钢在回火过程中，由于组织发生了变化，钢的性能也随之发生改变。一般随回火温度的升高，钢的强度、硬度降低，而塑性、韧性提高。如图3—2—6所示为40钢的力学性能与回火温度的关系。

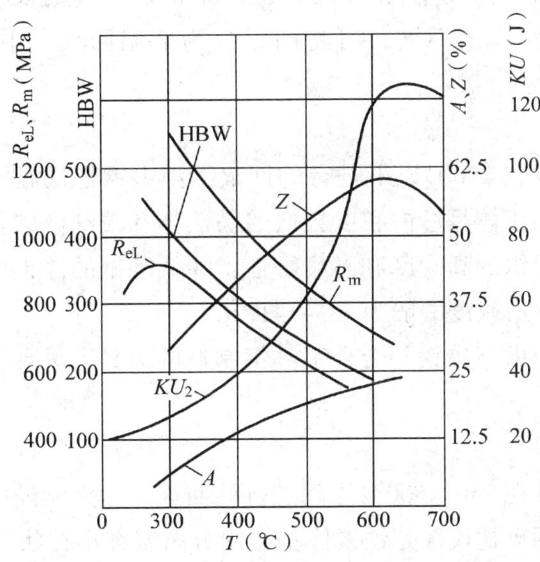

图3—2—6 40钢的力学性能与回火温度的关系

3. 回火脆性

实践证明，淬火钢回火时，随着回火温度的升高，其塑性和韧性总的趋势是上升的。但在某些温度区间回火时，钢的冲击韧性不仅没有提高，反而显著降低，这种脆化现象称为回火脆性。通常将其分为不可逆回火脆性和可逆回火脆性。

（1）不可逆回火脆性

不可逆回火脆性又称第一类回火脆性或低温回火脆性，是指钢件淬火后在300℃左右的温度区间回火后出现韧性下降的现象。这类回火脆性在碳钢和合金钢中均会出现，它与回火冷却速度无关，即使快冷或重新加热至该温度范围内回火都无法避免。

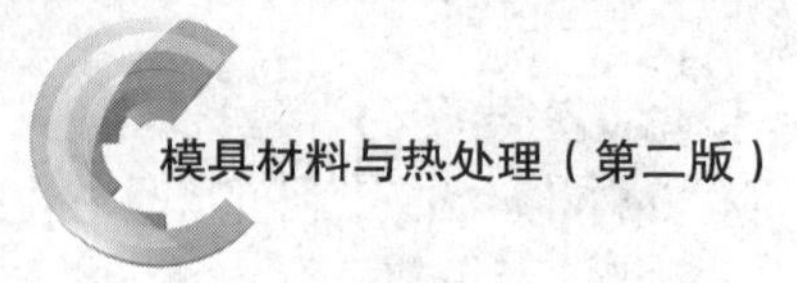

（2）可逆回火脆性

可逆回火脆性又称第二类回火脆性或高温回火脆性，是指含有铬、锰、镍等元素的合金钢工件淬火后，在脆化温度区（400～500℃）回火，或在更高温度回火后缓慢冷却所产生的脆性。这种脆性与回火后的冷却速度有关，出现脆化后可通过高于脆化温度的再次回火并快速冷却予以消除。脆性消除后，若再次在脆化温度区回火或在更高温度回火后缓慢冷却，则重新脆化。

提示

对具有第一类回火脆性的钢，必须避开回火脆性温度区间；对具有第二类回火脆性的钢，在回火脆性温度区间内加热后采用油或水冷却。

4. 回火方法和应用

回火时，温度决定钢的组织和性能，生产中常以工件的硬度来决定回火温度。根据工件回火时加热温度的不同，可将回火分为低温回火、中温回火和高温回火三种。

（1）低温回火

低温回火是指工件在250℃以下进行的回火。淬火钢经低温回火后，获得的组织为回火马氏体。回火马氏体是过饱和度较低的马氏体和极细微碳化物的混合组织。回火马氏体保持了淬火组织的高硬度和高耐磨性，降低了钢的淬火应力，减小了钢的脆性。淬火钢经低温回火后硬度一般为58～64HRC。

低温回火主要用于由高碳钢、合金工具钢制造的刃具、量具、冷作模具、滚动轴承和表面淬火件等。

（2）中温回火

中温回火是指工件在250～500℃之间进行的回火。淬火钢经中温回火后，获得的组织为回火托氏体。回火托氏体是铁素体基体内分布着细小粒状（或片状）碳化物的混合组织。淬火钢经中温回火降低了淬火应力，可以使钢获得较高的弹性极限和屈服强度，并具有一定的韧性，硬度一般为35～50HRC。

中温回火主要用于处理钢制弹性元件，如各种卷簧、板弹簧、弹簧钢丝等。有些受小能量多次冲击载荷作用的结构件，为了提高强度，增加小能量多次冲击抗力，也采用中温回火进行处理。

（3）高温回火

高温回火是指工件在500℃以上进行的回火。淬火钢经高温回火后，获得的组织为回火索氏体。回火索氏体是铁素体基体上分布着粒状碳化物的组织。淬火钢经高温回火后，钢的淬火应力完全消除，其强度较高，塑性和韧性提高，具有良好的综合力学性能，钢的硬度一般为200～330HBW。

提示

调质处理

钢件淬火加高温回火的复合热处理工艺称为调质处理。它主要用于处理各种较重要的受力结构件，如连杆、螺栓、齿轮及轴类零件等。工件经过调质处理后，不仅具有较高的强度和硬度，而且塑性和韧性也明显比正火处理得好。因此，一些重要的钢制零件一般都采用调质处理，而不采用正火。

调质处理一般作为工件的最终热处理，但由于调质处理后钢的硬度不太高，便于切削加工，并能得到较好的表面质量，故也常作为表面淬火和化学热处理的预备热处理。

第三节　钢的表面热处理

在机械设备中的有些零件（如齿轮、花键轴、活塞销、凸轮等）是在冲击载荷、扭转载荷和摩擦条件下工作的，这就要求零件表面具有高的硬度和耐磨性，而心部则具备一定的强度和足够的韧性。要同时达到这些技术要求，仅从材料或基本热处理方法来解决是比较困难的。若选用高碳钢制作这些零件，经淬火后虽然表面硬度很高，但其心部韧性严重不足，不能满足使用要求；如果采用低碳钢制作这些零件，经淬火后虽然心部韧性好，但其表面硬度和耐磨性均较低，也不能满足使用要求。为解决上述问题，在实际生产中一般先通过选材和常规热处理来满足心部的力学性能，然后再通过表面热处理的方法强化零件表面的力学性能，以达到零件“外硬内韧”的性能要求。

表面热处理是指为改变工件表面的组织和性能，仅对其表面进行热处理的工艺。

一、表面淬火

表面淬火是指仅对工件表层进行淬火的热处理工艺。其目的是使工件表面获得高的硬度和耐磨性，而心部保持较好的塑性和韧性，以延长零件在扭转、弯曲、循环应力或在摩擦、冲击、接触应力等工作条件下的使用寿命，是最常用的表面热处理工艺之一。

表面淬火不改变工件表面的化学成分，而是采用快速加热方式，使工件表层迅速奥氏体化，而心部温度仍处于临界线 Ac_1 以下，并随即淬火，从而改变表层组织，使工件表面硬化。按加热方法的不同，主要有感应淬火、火焰淬火、接触电阻加热淬火、激光表面淬火等。在实际生产中应用较多的是感应淬火和火焰淬火。

1. 感应淬火

利用感应电流通过工件所产生的热量，使工件表层、局部或整体加热并进行快速冷却的淬火工艺称为感应淬火。

（1）感应淬火的原理

如图 3—3—1 所示，当给一个用空心铜管绕成的加热感应器通入一定频率的交流电时，就会在加热感应器内部和周围产生与电流频率相同的交变磁场。此时若将工件置于加热感应器内，在交变磁场的作用下，工件内部将产生与加热感应器频率相同、方向相反的交变感应电流，该电流在钢件内自成一闭合回路，称为“涡流”。涡流在工件截面上的分布是不均匀的，主要集中在工件表面（表面密度大，而在心部却很小)，这种现象称为涡流的“集肤效应”。通入加热感应器的电流频率越高，涡流越集中于工件的表层，集肤效应越明显。工件依靠这种集肤效应，能在几秒内将工件表层快速加热到所需淬火温度，而工件的心部温度基本不变，然后迅速喷水冷却，从而达到表面淬火的目的。

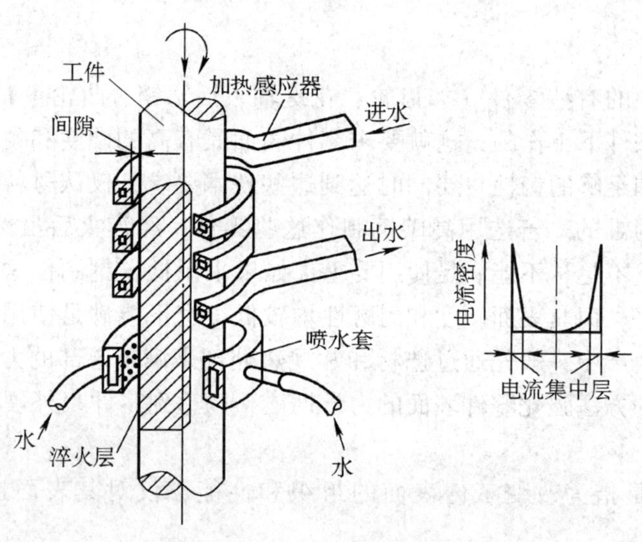

图 3—3—1　感应淬火

（2）感应淬火的应用

感应淬火主要适用于中碳钢和中碳合金钢的淬火。在生产中只要调整通入加热感应器的电流频率，就可以有效地控制加热层的深度，电流频率越低，淬硬层越深。根据电流频率的不同，感应淬火分为高频感应淬火、中频感应淬火和工频感应淬火等，具体应用见表 3—3—1。同时，工件感应淬火后应进行低温回火，其回火温度要比普通低温回火的温度稍低些。

表 3—3—1　　感应加热表面淬火的应用

分类	频率范围	淬硬层深度（mm）	应用
高频感应淬火	200～300 kHz	0.5～2	主要用于在摩擦条件下工作的零件，如中小型轴、销、套等圆柱形零件和小模数齿轮等
中频感应淬火	1～10 kHz	2～8	主要用于承受转矩、压力载荷的零件，如尺寸较大的凸轮轴、曲轴和大模数齿轮等
工频感应淬火	50 Hz	10～15	主要用于承受转矩、压力载荷的大型零件，如冷轧辊等

提示

感应加热表面淬火的特点

（1）工件加热速度快，时间短，变形小，基本无氧化和脱碳现象。

（2）淬火质量高，由于加热迅速，奥氏体晶粒不易长大，淬火后表层可获得细针状马氏体，表面硬度比普通淬火高 2～3HRC。

（3）淬硬层深度易于控制，操作简单，生产效率高，易实现机械化和自动化，故适用于大批量生产。

2. 火焰淬火

火焰淬火是指利用氧—乙炔（或其他可燃气体）焰使工件表层加热并快速冷却的淬火工艺，其原理如图 3—3—2 所示。

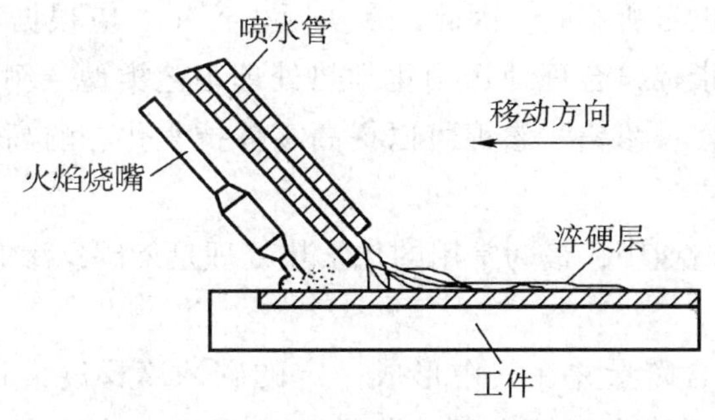

图 3—3—2　火焰加热表面淬火

火焰加热表面淬火的淬硬层深度一般为 2 ~ 6 mm。淬硬层深度可通过改变火焰烧嘴或调整工件的相对移动速度来控制，若淬硬层过深，往往会使工件表面产生过热现象，甚至产生变形与裂纹。这种方法的特点是设备简单，操作简便、灵活，成本低。但加热温度和淬硬层深度不易控制，淬火质量不稳定，在使用上受到一定限制。因此，适用于单件、小批量生产的大型零件，如大型轴类、大型模具、大模数齿轮等。目前采用专用火焰淬火机床能有效地提高表面淬火的质量。

二、化学热处理

化学热处理是指将工件置于所需的活性介质中加热、保温，使一种或几种元素渗入到工件的表层，以改变其化学成分、组织和性能的热处理工艺。化学热处理与其他表面淬火相比，工件表层不仅有组织的变化，而且还有化学成分的变化。因此，它比高频感应、中频感应、火焰淬火等表面淬火硬化方法效果更好。如果渗入元素选择适当，可获得适应零件多种性能要求的表面层。

1. 化学热处理的基本过程

化学热处理是通过以下三个基本过程来完成的：

（1）分解过程

在一定温度下，活性介质通过化学分解形成能渗入工件的活性原子。

（2）吸收过程

工件表面吸收渗入元素的活性原子，并溶入工件材料晶格的间隙或与其中元素形成化合物。

（3）扩散过程

被工件表面吸收的活性原子由表层逐渐向内部扩散，从而形成具有一定深度的扩散层（即渗层）。

2. 化学热处理方法

化学热处理的方法繁多，多以渗入元素或形成的化合物来命名，例如渗碳、渗氮（氮化）、渗硼、渗硫、渗铝、渗铬、渗硅、碳氮共渗等。由于渗入的元素不同，工件表面最后获得的性能也有所不同。因此，在实际生产中，应根据零件的性能要求以及工艺的易行性与经济指标，合理地选用化学热处理工艺类型。例如，渗碳、渗氮可以提高渗层硬度和耐磨性；渗铬、渗镍可以提高零件抗氧化、耐高温性能；渗硅、渗铬可以提高零件抗蚀性。

目前，在机械制造业中，最为常用的化学热处理是渗碳、渗氮和碳氮共渗。

（1）渗碳

为提高工件表层含碳量并在其中形成一定的碳浓度梯度，将工件在渗碳介质中加热、保温，使碳原子渗入工件表面的化学热处理工艺称为渗碳。通常渗碳零件必须用低碳钢（一般含碳量为 0.10% ~0.25%）或低碳合金钢来制造，如 20、20Cr、

20CrMnTi 等。根据渗碳介质的工作状态，渗碳方法可分为固体渗碳、液体渗碳和气体渗碳。另外，渗碳新技术有真空渗碳和离子渗碳等。其中，气体渗碳原料气资源丰富，工艺成熟，应用最广泛。

气体渗碳是指工件在含碳气氛中进行的渗碳。图 3—3—3 所示为气体渗碳炉，将工件置于密封的渗碳炉中，加热到 900 ~ 950℃，使钢完全奥氏体化，注入渗碳介质(有两大类，一类是碳氢化合物有机液体，如煤油、甲醇等；另一类是气态介质，如液化石油气、天然气等)，渗碳介质在高温下分解，产生活性的碳原子。被工件表面吸附的活性碳原子溶入奥氏体，并由表层向内部进行扩散，获得一定厚度的渗层。渗碳的保持时间可根据渗层深度要求确定，一般可按每小时完成 0. 1 ~ 0. 15 mm 的渗层深度来估算。渗碳后一般表面含碳量达到 0. 85% ~ 1. 05%，图 3—3—4 所示为 Q235 钢渗碳后缓冷金相组织。渗碳层深度一般是从表面向内至碳质量分数规定处（一般为 w_C = 0. 4%）的垂直距离，工件的渗碳层深度取决于工件的尺寸和工作条件，一般为 0. 5 ~ 2. 5 mm。

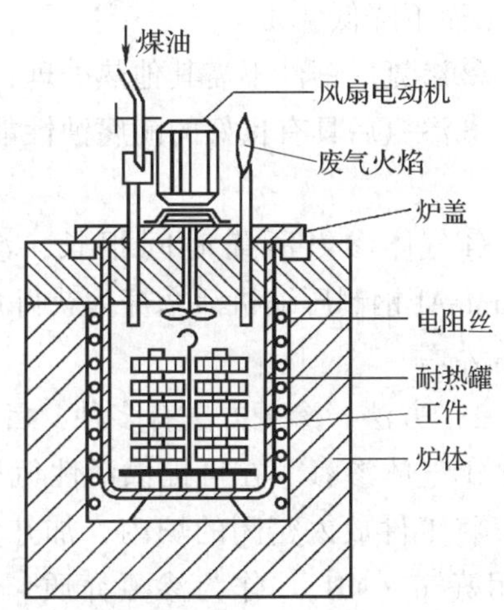

图 3—3—3 气体渗碳炉

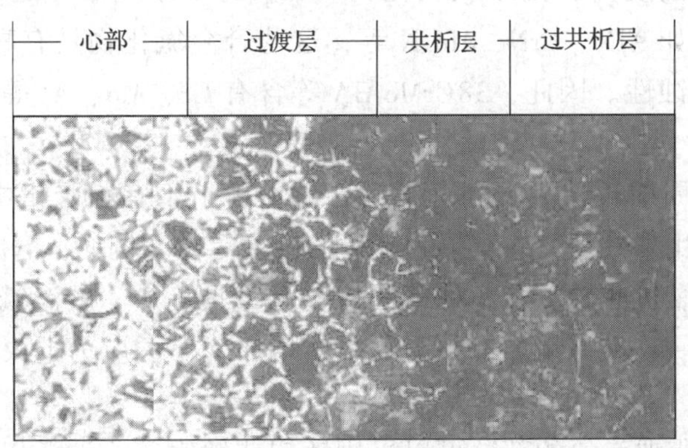

图 3—3—4 Q235 钢渗碳后缓冷金相组织

工件渗碳后必须经淬火＋低温回火后才能满足使用性能的要求。经过热处理后使渗碳件表面具有马氏体和碳化物的组织，一般表面硬度为58～64HRC。而心部根据采用钢材淬透性的大小和零件尺寸大小，获得低碳马氏体或其他非马氏体组织，心部具有良好的韧性和适当的强度。

渗碳主要应用于要求表面高硬度、高耐磨性，而心部具有良好的塑性和韧性的零件上，如汽车变速齿轮与机床齿轮、凸轮、轴、活塞销等。一般渗碳零件的加工工艺路线如下：毛坯锻造（或轧材下料）→正火→粗加工、半精加工→渗碳→淬火→低温回火→精加工（磨削）。

（2）渗氮

渗氮是指在一定温度下的一定介质中使氮原子渗入工件表层的化学热处理工艺。渗氮的目的是提高零件表层的硬度、耐磨性、热硬性、耐腐蚀性和疲劳强度。

1）特点。渗氮与渗碳相比有以下特点：

①渗氮件的表面硬度可高达1 200HV（相当于65～72HRC），并可保持到560～600℃而不降低。

②渗氮后钢件不需其他热处理，渗氮件的变形很小。

③渗氮后具有良好的耐腐蚀性能。这是由于渗氮后钢件表面形成致密的氮化物薄膜。

④气体渗氮所需时间很长，渗氮层也较薄（一般为0.3～0.6 mm）。例如，38CrMoAl钢制压缩机活塞杆为获得0.4～0.6 mm的渗氮层深度，气体渗氮保温时间需60 h左右。

2）方法。渗氮方法有多种，目前应用最广泛的是气体渗氮和离子渗氮。

①气体渗氮。在可提供活性氮原子的气氛中进行的渗氮称为气体渗氮。其工艺为：将工件放入密闭的炉内，加热温度一般为500～560℃，时间一般为30～50 h，采用氨气（NH_3）作为渗氮介质。氨气在450℃以上温度时即发生分解，产生活性氮原子，活性氮原子被工件表面吸附后，首先形成氮在α—Fe中的固溶体，当含氮量超过α—Fe的溶解度时，便形成氮化物（Fe_4N、Fe_2N）。氮还与许多合金元素形成弥散的氮化物，如AlN、CrN、Mo_2N等，这些合金氮化物具有高的硬度和耐磨性，同时具有高的耐腐蚀性。因此，38CrMoAlA等含有Cr、Mo、Al等合金元素的钢是最常用的渗氮钢。

由于渗氮生产周期长，成本高，渗氮层薄而脆，不宜承受集中的重载荷，因此，在生产中渗氮主要用来处理一些重要和复杂的精密零件。例如，磨床主轴、镗床镗杆、精密机床丝杠、内燃机曲轴以及各种精密齿轮和量具等。一般渗氮零件的加工工艺路线如下：毛坯锻造→正火→粗加工→调质→半精加工→去应力退火→粗磨→渗氮→精磨或研磨。

对于零件上不需要渗氮的部分可以采用镀锡或镀铜等方法予以保护，也可以预留一定的加工余量，在渗氮后磨去。

提示

化学渗剂

化学渗剂是含有被渗元素的物质。被渗元素以分子状态存在，它必须分解为活性原子或离子才可能被钢件表面吸收及固溶，很难分解为活性原子或离子的物质不能作为渗剂使用。例如，普通渗氮时不用氮而用氨，是因为氨极易分解出活性氮原子。

②离子渗氮。在低于 1×10^3 Pa（通常 0.1～10 Pa）的渗氮气氛中，利用工件（阴极）和阳极之间产生的等离子体进行的渗氮称为离子渗氮。

图 3—3—5 所示为离子渗氮装置示意图，其原理是将需要渗氮的工件置于炉中作为阴极，将炉壁作为阳极，在真空室中通入氨气，并在阴、阳极之间通以高压直流电。在高压电场的作用下，氨气被电离，形成辉光放电。被电离的氮离子以极高的速度轰击工件（阴极）表面，使工件表面温度升高（一般为 450～650℃），并使氮离子在阴极上夺取电子后还原成氮原子而渗入工件表面，然后经过扩散形成渗氮层。

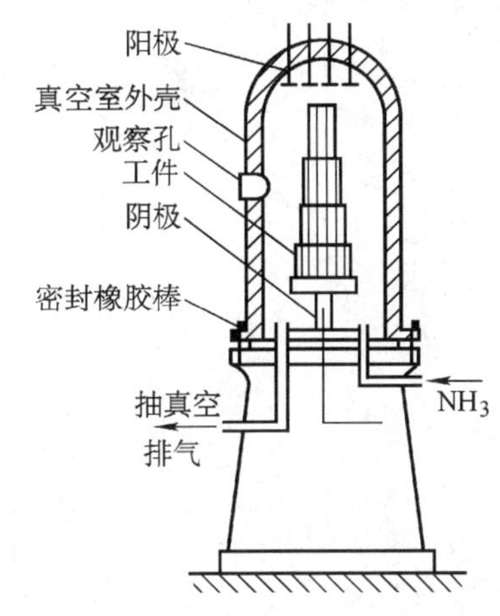

图 3—3—5　离子渗氮装置示意图

离子渗氮具有速度快、生产周期短、渗氮质量高、工件变形小、对材料的适应性强等优点。离子渗氮是近期发展起来的快速渗氮方法之一，并在实际生产中得到应用。但目前离子渗氮还存在投资高、装炉量少、测温困难和质量不稳定等问题，尚需进一步改进。

（3）碳氮共渗

碳氮共渗是在奥氏体状态下，同时将碳、氮渗入工件表层，并以渗碳为主的化学热处理工艺。常用的为气体碳氮共渗。

碳氮共渗工艺分为高温和中温两种，目前广泛应用的是中温气体碳氮共渗。中温气体碳氮共渗的温度为 820～860℃，向密封的炉内通入煤油、氨气。保温时间主要取决于要求的渗层深度。一般零件的渗层深度为 0.5～0.8 mm，共渗保温时间为 4～6 h，碳氮共渗后表层含碳量为 0.7%～1.0%，含氮量为 0.15%～0.5%。

碳氮共渗件需进行淬火 + 低温回火。热处理后，表层组织为含碳、氮的马氏体和呈均匀分布的细小碳氮化合物。碳氮共渗同时兼有渗碳和渗氮的优点。碳氮共渗速度显著高于单独的渗碳或渗氮。在渗层碳浓度相同的情况下，碳氮共渗件比渗碳件具有更高的表面硬度、耐磨性、耐腐蚀性、弯曲强度和接触疲劳强度，但耐磨性和疲劳强度低于渗氮件。碳氮共渗多用于结构零件，如齿轮、蜗杆、轴类零件等。

提示

氮碳共渗

若在工件表层同时渗入氮和碳，并以渗氮为主的化学热处理工艺称为氮碳共渗，也称“软氮化”。氮碳共渗层的表面硬度比渗氮件稍低，但仍具有较高的硬度、耐磨性和高的疲劳强度，耐腐蚀性也有明显提高。氮碳共渗的加热温度低［一般为（560±10）℃］、处理时间短（一般为3～4 h）、钢件变形小，又不受钢种限制，所以主要用于处理各种工具、模具和一些轴类零件。

第四章 低合金钢和合金钢

随着现代工业和科学技术的不断发展，在生产中对钢材的性能提出了越来越高的要求。虽然非合金钢的冶炼、加工都比较方便，价格低廉，并且通过热处理可以得到不同的性能，但在许多方面还远远不能满足实际使用要求。例如，尺寸较大的高强度零件，不仅要求具备优良的综合力学性能，而且还需具有较高的淬透性；某些特殊条件下工作的零件，要求具有耐腐蚀、抗氧化、耐磨等性能；切削速度较高的刀具，要求具有较高的热硬性等。为此，在制造这些有特殊使用要求的零件时，必须采用符合其工艺和使用要求的低合金钢或合金钢。

合金钢是指在碳素钢的基础上，为改善或获得某些性能，在冶炼时有意添加了一种或数种合金元素的钢。根据钢种要求，通常加入的合金元素主要有硅（Si）、锰（Mn）、铬（Cr）、镍（Ni）、钨（W）、钼（Mo）、钴（Co）、铝（Al）、硼（B）、钛（Ti）和稀土元素等。

第一节　合金元素在钢中的作用

合金元素在钢中的作用是非常复杂的，它对钢的组织和性能有很大影响，下面介绍合金元素的几种主要作用。

一、强化铁素体

大多数合金元素（除铅外）都能溶于铁素体，形成合金铁素体。合金元素与铁的晶格类型和原子半径的差异会引起铁素体的晶格畸变，产生固溶强化作用，使合金钢中铁素体的强度和硬度提高，塑性和韧性下降。有些合金元素对铁素体韧性的影响与其含量有关，例如，$w_{Si}<1.00\%$、$w_{Mn}<1.50\%$时，铁素体的韧性没有下降，当含量超过此值时，则韧性有下降趋势；而铬和镍在适当范围内（$w_{Cr}\leqslant2.0\%$、$w_{Ni}\leqslant5.0\%$），在明显强化铁素体的同时，还可使铁素体的韧性提高，从而提高合金

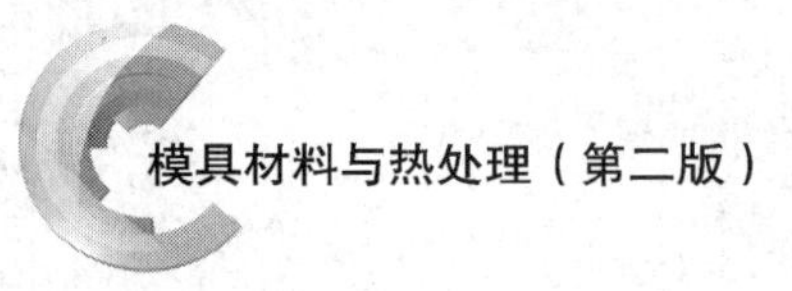

钢的强度和韧性。

二、形成合金碳化物

锰、铬、钼、钨、钒、钛等元素与碳能形成碳化物，当这些碳化物呈细小颗粒并均匀分布在钢中时，能显著提高钢的强度和硬度，根据合金元素与碳的亲和力不同，它们在钢中形成的碳化物可分为以下两类：

1. 合金渗碳体

锰、铬、钼、钨等弱、中强碳化物形成元素倾向于形成合金渗碳体，如 $(Fe、Mn)_3C$、$(Fe、Cr)_3C$、$(Fe、W)_3C$ 等。合金渗碳体较渗碳体略为稳定，硬度也略高，可明显提高低合金钢的强度。

2. 特殊碳化物

钒、铌、钛等强碳化物形成元素能与碳形成特殊碳化物，如 VC、TiC 等。特殊碳化物比合金渗碳体具有更高的熔点、硬度和耐磨性，而且更稳定，不易分解。当钢中的特殊碳化物呈弥散分布时，将显著提高钢的强度、硬度和耐磨性，而不降低其韧性。

三、细化晶粒

几乎所有的合金元素都有抑制钢在加热时奥氏体晶粒长大的作用，达到细化晶粒的目的。由强碳化物形成元素铌、钒、钛等形成的碳化物，以及铝（Al）在钢中形成的 AlN 和 Al_2O_3，均能强烈地阻碍奥氏体晶粒的长大，使合金钢在热处理后获得比碳素钢更细的晶粒。

四、提高钢的淬透性

除钴外，所有的合金元素溶解于奥氏体后，均可增加过冷奥氏体的稳定性，推迟其向珠光体的转变，使 C 曲线右移，从而减小钢的淬火临界冷却速度，提高钢的淬透性。常用提高钢的淬透性的合金元素主要有钼、锰、铬、镍、硼等，例如，微量的硼（0.000 5% ~0.003%）能明显提高钢的淬透性。

五、提高钢的回火稳定性

淬火钢在回火时抵抗软化的能力称为钢的回火稳定性。合金钢在回火过程中，由于合金元素的阻碍作用，使马氏体不易分解，碳化物不易析出，即使析出后也不易聚集长大，从而保持较大的弥散度，所以，钢在回火过程中硬度下降较慢。

与碳素钢相比，在相同的回火温度下，合金钢比相同含碳量的碳素钢具有更高的硬度和强度。在强度要求相同的条件下，合金钢可在更高的温度下回火，以充分消除内应力，使其韧性更好。

高的回火稳定性使钢在较高温度下仍能保持高硬度和高耐磨性。金属材料在高温下保持高硬度的能力称为热硬性，这种性能对一些工具钢具有重要意义。例如，高速切削时，刀具温度很高，刀具材料的回火稳定性高，就可以使刀具在较高的温度下仍保持高的硬度和耐磨性，从而大大提高了刀具的使用寿命。

提示

合金钢的强度等性能比相同含碳量的碳素钢高出许多，这是加入的各种合金元素之间不同作用合理搭配的结果。特别是通过不同的热处理强化，合金钢的性能优势得到了更充分的发挥。

第二节 低合金钢和合金钢的分类与牌号

一、低合金钢与合金钢的划分

国家标准《钢分类 第1部分：按化学成分分类》（GB/T 13304.1—2008）规定，低合金钢与合金钢是按所含合金元素的质量分数来划分的，其合金元素的规定含量界限值见表4—2—1。当表中所列合金元素的质量分数处于低合金钢或合金钢相应界限范围内时，该钢则分别为低合金钢或合金钢。若Cr、Cu、Mo、Ni四种元素，有其中两种、三种或四种元素同时规定在钢中时，对于低合金钢，还应考虑所含合金元素质量分数的总和应不大于表中对应元素最高界限值总和的70%。如果大于最高界限值总和的70%，即使每种所含元素的质量分数低于规定的最高界限值，也应划入合金钢。例如，某钢中所含合金元素的质量分数分别为 $w_{Cr}=0.40\%$、$w_{Ni}=0.40\%$、$w_{Mo}=0.05\%$、$w_{Cu}=0.35\%$，虽均在低合金钢规定界限值范围内，但其总和已大于了各最高界限值总和的70%，即（0.40% +0.40% +0.05% +0.35%）>（0.50% +0.50% +0.10% +0.50%）×70%，故该钢为合金钢。

表4—2—1 低合金钢和合金钢合金元素规定含量界限值［摘自国家标准《钢分类 第1部分：按化学成分分类》（GB/T 13304.1—2008）］

合金元素	规定含量界限值（质量分数）		合金元素	规定含量界限值（质量分数）	
	低合金钢	合金钢		低合金钢	合金钢
Al	—	≥0.10%	Nb	0.02% ~0.06%	≥0.06%
B	—	≥0.000 5%	Pb	—	≥0.40%
Bi	—	≥0.10%	Se	—	≥0.10%
Cr	0.30% ~0.50%	≥0.50%	Si	0.50% ~0.90%	≥0.90%
Co	—	≥0.10%	Te	—	≥0.10%

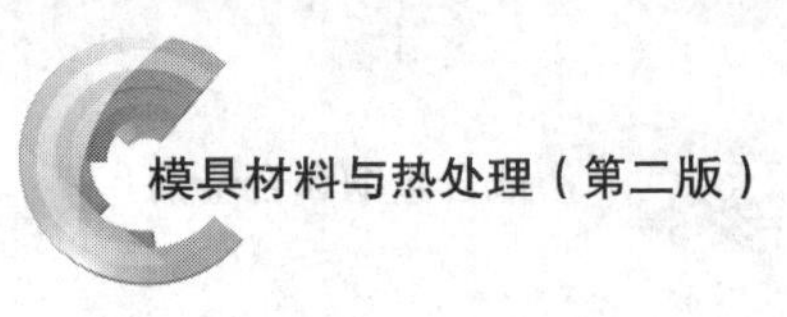

续表

合金元素	规定含量界限值（质量分数）		合金元素	规定含量界限值（质量分数）	
	低合金钢	合金钢		低合金钢	合金钢
Cu	0.10% ~0.50%	≥0.10%	Ti	0.05% ~0.13%	≥0.13%
Mn	1.00% ~1.40%	≥1.40%	W	—	≥0.10%
Mo	0.05% ~0.10%	≥0.10%	V	0.04% ~0.12%	≥0.12%
Ni	0.30% ~0.50%	≥0.50%	Zr	0.05% ~0.12%	≥0.12%
La 系（每一种元素）	0.02% ~0.05%	≥0.05%	其他规定元素（S、P、C、N 除外）	—	≥0.05%

注：1. La 系元素含量，也可作为混合稀土含量总量。

2. “—”表示不规定，不作为划分依据。

二、低合金钢的分类

根据国家标准《钢分类　第 2 部分：按主要质量等级和主要性能或使用特性的分类》（GB/T 13304.2—2008）规定，低合金钢可按其主要质量等级和主要性能或使用特性来分类。

1. 按主要质量等级分类

低合金钢按主要质量等级可分为普通质量低合金钢、优质低合金钢和特殊质量低合金钢。

（1）普通质量低合金钢

普通质量低合金钢是指不规定生产过程中需要特别控制质量要求的，用作一般用途的低合金钢。如国家标准《低合金高强度结构钢》（GB/T 1591—2008）中的 Q345 牌号的 A 级钢等。

（2）优质低合金钢

优质低合金钢是指在生产过程中需要特别控制质量（如降低硫、磷含量，控制晶粒度，改善表面质量，增加工艺控制等），以达到比普通质量低合金钢特殊的质量要求（如良好的抗脆断性能、良好的冷成形性等），但这种钢的生产控制和质量要求不如特殊质量低合金钢严格。如国家标准《低合金高强度结构钢》（GB/T 1591—2008）中的 Q345（A 级钢以外）、Q390（E 级钢以外）等。

（3）特殊质量低合金钢

特殊质量低合金钢是指在生产过程中需要特别严格控制质量和性能（特别是严格控制硫、磷等杂质含量和纯洁度）的低合金钢。如国家标准《低合金高强度结构钢》（GB/T 1591—2008）中的 Q345E、Q390E、Q420、Q460 等。

2. 按主要性能或使用特性分类

低合金钢按主要性能或使用特性可分为可焊接的低合金高强度结构钢、低合金耐候钢、低合金混凝土用钢及预应力用钢、铁道用低合金钢、矿用低合金钢和其他低合金钢（如焊接用钢）。

三、合金钢的分类

根据国家标准《钢分类　第2部分：按主要质量等级和主要性能或使用特性的分类》（GB/T 13304.2—2008）规定，合金钢也是按其主要质量等级和主要性能或使用特性来分类的。

1. 按主要质量等级分类

合金钢按主要质量等级可分为优质合金钢和特殊质量合金钢。

（1）优质合金钢

优质合金钢是指在生产过程中需要特别控制质量和性能（如韧性、晶粒度或成形性），但其生产控制和质量要求不如特殊质量合金钢严格的合金钢。下列合金钢均属优质合金钢：

1）一般工程结构用合金钢，如钢板桩用合金钢国家标准《热轧钢板桩》（GB/T 20933—2014）中的Q420bz、矿用合金钢国家标准《矿用高强度圆环链用钢》（GB/T 10560—2008）中的牌号（20Mn2A、20MnV、25MnV除外）等。

2）合金钢筋钢，如国家标准《预应力混凝土用螺纹钢筋》（GB/T 20065—2006）中的合金钢等。

3）电工用合金钢，主要含有硅和铝等合金元素，但无磁导率的要求。

4）铁道用合金钢，如国家标准《热轧轻轨》（GB/T 11264—2012）中的30CuCr。

5）凿岩、钻探用钢，如国家标准《凿岩钎杆用中空钢》（GB/T 1301—2008）中的合金钢。

6）硫、磷含量不大于0.035%的耐磨钢，如国家标准《奥氏体锰钢铸件》（GB/T 5680—2010）中的高锰钢。

7）易切削钢，如国家标准《易切削结构钢》（GB/T 8731—2008）中的含锡钢。

（2）特殊质量合金钢

特殊质量合金钢是指需要严格控制化学成分和特定的制造与工艺条件，以保证改善综合性能，并使其性能严格控制在极限范围内的合金钢。优质合金钢以外的所有其他合金钢都为特殊质量合金钢。

2. 按主要性能或使用特性分类

合金钢按主要性能或使用特性可分为工程结构用合金钢（包括一般工程结构用合金钢、供冷成形用热轧或冷轧扁平产品用合金钢、预应力用合金钢、矿用合金钢、高锰耐磨钢等）；机械结构用合金钢（包括调质处理合金结构钢、表面硬化合金结构钢、冷塑成形合金结构钢、合金弹簧钢等）；不锈、耐蚀和耐热钢（包括不锈钢、耐酸钢、抗氧化钢和热强钢等）；工具钢（包括合金工具钢、高速工具钢等）；轴承钢（包括高碳铬轴承钢、渗碳轴承钢、不锈轴承钢、高温轴承钢等）；特殊物理性能钢（包括软磁钢、永磁钢、无磁钢、高电阻钢和合金等）；其他合金钢（如焊接用合金钢等）。

四、低合金钢和合金钢的牌号

国家标准《钢铁产品牌号表示方法》（GB/T 221—2008）规定，我国钢铁产品牌号采用大写汉语拼音字母、化学元素符号和阿拉伯数字相结合的方法来表示。为了便于国际交流及满足贸易的需要，也可采用大写英文字母或国际惯例符号来表示。

1. 低合金结构钢牌号

低合金结构钢的牌号通常由以下四部分组成：

第一部分：前缀符号＋强度值（以 N/mm^{2}或 MPa 为单位），其中通用结构钢前缀符号为代表屈服强度的拼音字母“Q”，专用结构钢的前缀符号见表 4—2—2。

表 4—2—2　专用结构钢的前缀符号

产品名称	采用的汉字及汉语拼音或英文单词			采用字母	位置
	汉字	汉语拼音	英文单词		
热轧光圆钢筋	热轧光圆钢筋	—	Hot Rolled Plain Bars	HPB	牌号头
热轧带肋钢筋	热轧带肋钢筋	—	Hot Rolled Ribbed Bars	HRB	牌号头
细晶粒热轧带肋钢筋	热轧带肋钢筋＋细	—	Hot Rolled Ribbed Bars＋Fine	HRBF	牌号头
冷轧带肋钢筋	冷轧带肋钢筋	—	Cold Rolled Ribbed Bars	CRB	牌号头
预应力混凝土用螺纹钢筋	预应力、螺纹、钢筋	—	Prestressing、Screw、Bars	PSB	牌号头
焊接气瓶用钢	焊瓶	HAN PING	—	HP	牌号头
管线用钢	管线	—	Line	L	牌号头
船用锚链钢	船锚	CHUAN MAO	—	CM	牌号头
煤机用钢	煤	MEI	—	M	牌号头

第二部分：（必要时）钢的质量等级，用英文字母 A、B、C、D、E、F…表示。

第三部分：（必要时）脱氧方式表示符号，即沸腾钢、半镇静钢、镇静钢、特殊镇静钢分别以“F”“b”“Z”“TZ”表示。镇静钢、特殊镇静钢表示符号通常可以省略。

第四部分：（必要时）钢产品用途、特性和工艺方法表示符号见表4—2—3。低合金结构钢牌号示例见表4—2—4。

表4—2—3　　钢产品用途、特性和工艺方法表示符号

产品名称	采用的汉字及汉语拼音或英文单词			采用字母	位置
	汉字	汉语拼音	英文单词		
锅炉和压力容器用钢	容	RONG	—	R	牌号尾
锅炉用钢（管）	锅	GUO	—	G	牌号尾
低温压力容器用钢	低容	DI RONG	—	DR	牌号尾
桥梁用钢	桥	QIAO	—	Q	牌号尾
耐候钢	耐候	NAI HOU	—	NH	牌号尾
高耐候钢	高耐候	GAO NAI HOU	—	GNH	牌号尾
汽车大梁用钢	梁	LIANG	—	L	牌号尾
高性能建筑结构用钢	高建	GAO JIAN	—	GJ	牌号尾
低焊接裂纹敏感性钢	低焊接裂纹敏感性	—	Crack Free	CF	牌号尾
保证淬透性钢	淬透性	—	Hardenability	H	牌号尾
矿用钢	矿	KUANG	—	K	牌号尾
船用钢	采用国际符号				

表4—2—4　　低合金结构钢牌号示例

序号	产品名称	第一部分	第二部分	第三部分	第四部分	牌号示例
1	低合金高强度结构钢	最小屈服强度345 MPa	D级	特殊镇静钢	—	Q345D
2	热轧带肋钢筋	屈服强度特征值335 MPa	—	—	—	HRB335
3	细晶粒热轧带肋钢筋	屈服强度特征值335 MPa	—	—	—	HRBF335

续表

序号	产品名称	第一部分	第二部分	第三部分	第四部分	牌号示例
4	冷轧带肋钢筋	最小抗拉强度 550 MPa	—	—	—	CRB550
5	预应力混凝土用螺纹钢筋	最小屈服强度 830 MPa	—	—	—	PSB830
6	焊接气瓶用钢	最小屈服强度 345 MPa	—	—	—	HP345
7	管线用钢	最小规定总延伸强度 415 MPa	—	—	—	L415
8	船用锚链钢	最小抗拉强度 370 MPa	—	—	—	CM370
9	煤机用钢	最小抗拉强度 510 MPa	—	—	—	M510
10	锅炉和压力容器用钢	最小屈服强度 345 MPa	—	特殊镇静钢	压力容器“容”的汉语拼音首位字母“R”	Q345R

提示

低合金高强度结构钢的牌号也可以采用两位阿拉伯数字（表示平均含碳量，以万分之几计）加合金元素符号及必要时加代表产品用途、特性和工艺方法的符号来表示。例如，含碳量为 0.15% ~0.26%、含锰量为 1.20% ~1.60% 的矿用钢，其牌号表示为 20MnK。

2. 合金结构钢和合金弹簧钢牌号

（1）合金结构钢牌号

合金结构钢的牌号通常由以下四部分组成：

第一部分：以两位阿拉伯数字表示平均含碳量（以万分之几计）。

第二部分：合金元素含量，以化学元素符号和阿拉伯数字表示。具体表示方法为：平均含量小于 1.50% 时，牌号中仅标明元素，一般不标明含量；若平均含量为 1.50% ~2.49%、2.50% ~3.49%、3.50% ~4.49%、4.50% ~5.49% 等，在合金元素后相应写成 2、3、4、5 等。化学元素符号的排列顺序按含量值递减，如果两个或多个元素的含量相等时，按英文字母的顺序排列。

第三部分：钢材冶金质量，即高级优质钢、特级优质钢分别用 A、E 表示。

第四部分：（必要时）钢产品用途、特性和工艺方法表示符号见表 4—2—3。合金结构钢牌号示例见表 4—2—5。

表 4—2—5 合金结构钢和合金弹簧钢牌号示例

序号	产品名称	第一部分	第二部分	第三部分	第四部分	牌号示例
1	合金结构钢	含碳量：0.22% ~ 0.29%	含铬量 1.50% ~1.80% 含钼量 0.25% ~0.35% 含钒量 0.15% ~0.30%	高级优质钢	—	25Cr2MoVA
2	锅炉和压力容器用钢	含碳量：≤0.22%	含锰量 1.20% ~1.60% 含钼量 0.45% ~0.65% 含铌量 0.025% ~0.050%	特级优质钢	锅炉和压力容器用钢	18MnMoNbER
3	优质弹簧钢	含碳量：0.56% ~ 0.64%	含硅量 1.60% ~2.00% 含锰量 0.70% ~1.00%	优质钢	—	60Si2Mn

（2）合金弹簧钢牌号

合金弹簧钢牌号表示方法与合金结构钢相同，其示例见表 4—2—5。

3. 合金工具钢和高速工具钢牌号

（1）合金工具钢牌号

合金工具钢的牌号通常由两部分组成：

第一部分：平均含碳量小于 1.00% 时，采用一位数字表示含碳量（以千分之几计）。平均含碳量大于 1.00% 时，不标明含碳量数字。

第二部分：合金元素含量，以化学元素符号和阿拉伯数字表示，表示方法与合金结构钢第二部分相同。对于低铬（平均含铬量小于 1%）合金工具钢，在含铬量（以千分之几计）前加数字“0”。合金工具钢牌号示例见表 4—2—6。

表 4—2—6 合金工具钢和高速工具钢牌号示例

序号	产品名称	第一部分	第二部分	牌号示例
1	合金工具钢	含碳量：0.85% ~0.95%	含硅量 1.20% ~1.60% 含铬量 0.95% ~1.25%	9SiCr
2	高速工具钢	含碳量：0.80% ~0.90%	含钨量 5.50% ~6.75% 含钼量 4.50% ~5.50% 含铬量 3.80% ~4.40% 含钒量 1.75% ~2.20%	W6Mo5Cr4V2

续表

序号	产品名称	第一部分	第二部分	牌号示例
3	高碳高速工具钢	含碳量：0.86%～0.94%	含钨量5.90%～6.70% 含钼量4.70%～5.20% 含铬量3.80%～4.50% 含钒量1.75%～2.10%	CW6Mo5Cr4V2

（2）高速工具钢牌号

高速工具钢牌号表示方法与合金工具钢相同，但在牌号头部一般不标明表示含碳量的阿拉伯数字。为了区别牌号，在牌号头部可以加“C”表示高碳高速工具钢，其示例见表4—2—6。

4. 不锈钢和耐热钢牌号

不锈钢和耐热钢的牌号通常由两部分组成：

第一部分：含碳量，用两位或三位阿拉伯数字表示含碳量最佳控制值（以万分之几或十万分之几计）。

（1）只规定含碳量上限者，当含碳量上限不大于0.10%时，应以其上限的3/4表示含碳量；当含碳量上限大于0.10%时，应以其上限的4/5表示含碳量。例如，含碳量上限为0.08%，其牌号中的含碳量应用06表示；含碳量上限为0.15%，其牌号中的含碳量则用12表示。

（2）对超低碳不锈钢（即含碳量不大于0.030%），用三位阿拉伯数字表示含碳量最佳控制值（以十万分之几计）。例如，含碳量上限为0.020%时，其牌号中的含碳量应用015表示。

（3）对规定含碳量上、下限者，以平均含碳量×100表示。例如，含碳量为0.16%～0.25%时，其牌号中的含碳量应用20表示。

第二部分：合金元素含量，以化学元素符号和阿拉伯数字表示，表示方法与合金结构钢第二部分相同。钢中有意加入的铌、钛、锆、氮等合金元素，虽然含量很低，也应在牌号中标出。不锈钢和耐热钢的牌号示例见表4—2—7。

表4—2—7　　不锈钢和耐热钢牌号示例

序号	产品名称	第一部分	第二部分	牌号示例
1	不锈钢	含碳量：不大于0.08%	含铬量：18.00%～20.00% 含镍量：8.00%～11.00%	06Cr19Ni10
2	不锈钢	含碳量：不大于0.030%	含铬量：16.00%～19.00% 含钛量：0.10%～1.00%	022Cr18Ti

续表

序号	产品名称	第一部分	第二部分	牌号示例
3	不锈钢	含碳量：0.15%～0.25%	含铬量：14.00%～16.00% 含锰量：14.00%～16.00% 含镍量：1.50%～3.00% 含氮量：0.15%～0.30%	20Cr15Mn15Ni2N
4	耐热钢	含碳量：不大于0.25%	含铬量：24.00%～26.00% 含镍量：19.00%～22.00%	20Cr25Ni20

5. 轴承钢牌号

轴承钢分为高碳铬轴承钢、渗碳轴承钢、高碳铬不锈轴承钢和高温轴承钢四大类。

（1）高碳铬轴承钢牌号

高碳铬轴承钢的牌号通常由两部分组成：

第一部分：（滚珠）轴承钢表示符号为“G”，但不标明含碳量。

第二部分：合金元素“Cr”符号及其含量（以千分之几计）。其他合金元素含量以化学元素符号和阿拉伯数字表示，表示方法与合金结构钢第二部分相同。

例如，含铬量为1.40%～1.65%、含硅量为0.45%～0.75%、含锰量为0.95%～1.25%的高碳铬轴承钢，其牌号表示为GCr15SiMn。

（2）渗碳轴承钢牌号

渗碳轴承钢在牌号头部加符号“G”，采用合金结构钢的牌号表示方法。高级优质渗碳轴承钢在牌号尾部加“A”。

例如，含碳量为0.17%～0.23%、含铬量为0.35%～0.65%、含镍量为0.40%～0.70%、含钼量为0.15%～0.30%的高级优质渗碳轴承钢，其牌号表示为G20CrNiMoA。

（3）高碳铬不锈轴承钢和高温轴承钢牌号

高碳铬不锈轴承钢和高温轴承钢在牌号头部加符号“G”，采用不锈钢和耐热钢的牌号表示方法。

例如，含碳量为0.90%～1.00%、含铬量为17.0%～19.0%的高碳铬不锈轴承钢，其牌号表示为G95Cr18；含碳量为0.75%～0.85%、含铬量为3.75%～4.25%、含钼量为4.00%～4.50%的高温轴承钢，其牌号表示为G80Cr4Mo4V。

第三节　低合金钢

低合金钢是在非合金钢的基础上加入了少量（一般总合金元素的质量分数不超过3%）的合金元素而得到的。由于合金元素的强化作用，其比非低合金钢（含碳量相

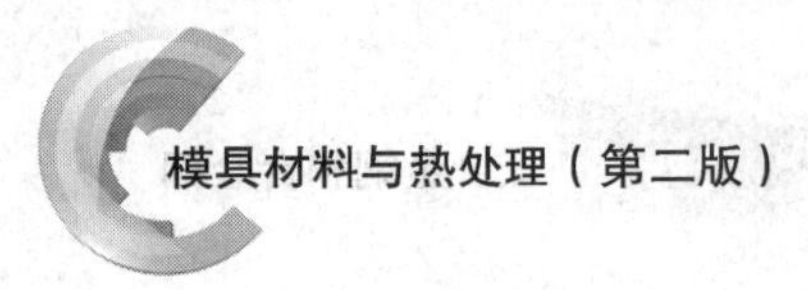

同）的强度要高得多，并且具有良好的塑性、韧性、耐腐蚀性和焊接性能。低合金钢广泛用于制造工程构件，如图4—3—1所示。按主要性能和使用特性不同，常用低合金钢可分为低合金高强度结构钢、低合金耐候钢和低合金专用钢等。

图4—3—1　低合金钢的应用

一、低合金高强度结构钢

低合金高强度结构钢的含碳量较低，一般≤0.20%，以保证具有良好的塑性、韧性和焊接性能。常加入的合金元素有锰（Mn）、硅（Si）、钛（Ti）、铌（Nb）、钒（V）、铝（Al）、铬（Cr）、氮（N）、镍（Ni）等。其中钒、钛、铝、铌元素能细化晶粒元素，其主要作用是在钢中形成细小的碳化物和氮化物，在金属相变时沿奥氏体晶界析出，形成细小弥散相，阻止晶粒长大，有效地防止钢发生过热，改善钢的强度，提高钢的韧性和抗层状撕裂性。它与非合金钢相比具有较高的强度、韧性、耐腐蚀性和良好的焊接性。低合金高强度结构钢的主要力学性能见表4—3—1。

低合金高强度结构钢的生产工艺过程与非合金钢类似，而且价格与非合金钢接近，一般在热轧或正火状态下使用。因此，低合金高强度结构钢具有良好的使用价值和经济价值，广泛用于制造工程结构件、桥梁、船舶、车辆、压力容器、起重机械等。常用低合金高强度结构钢的特性和应用见表4—3—2。

表 4—3—1　　低合金高强度结构钢的主要力学性能［摘自国家标准《低合金高强度结构钢》（GB/T 1591—2008）］

牌号	质量等级	下屈服强度 R_{eL}（MPa）					抗拉强度 R_m（MPa）				断后伸长率 A（%）			冲击吸收能量 KV_2（J）	
		公称厚度（直径、边长）												公称厚度（直径、边长）	
		≤16 mm	>16 ~ 40 mm	>40 ~ 63 mm	>63 ~ 80 mm	>80 ~ 100 mm	≤40 mm	>40 ~ 63 mm	>63 ~ 80 mm	>80 ~ 100 mm	≤40 mm	>40 ~ 63 mm	>63 ~ 100 mm	试验温度（℃）	12 ~ 150 mm
Q345	A	≥345	≥335	≥325	≥315	≥305	470 ~ 630	470 ~ 630	470 ~ 630	470 ~ 630	≥20	≥19	≥19	—	—
	B													20	≥34
	C										≥21	≥20	≥20	0	
	D													−20	
	E													−40	
Q390	A	≥390	≥370	≥350	≥330	≥330	490 ~ 650	490 ~ 650	490 ~ 650	490 ~ 650	≥20	≥19	≥19	—	—
	B													20	≥34
	C													0	
	D													−20	
	E													−40	
Q420	A	≥420	≥400	≥380	≥360	≥360	520 ~ 680	520 ~ 680	520 ~ 680	520 ~ 680	≥19	≥18	≥18	—	—
	B													20	≥34
	C													0	
	D													−20	
	E													−40	

续表

牌号	质量等级	下屈服强度 R_{eL}（MPa）					抗拉强度 R_m（MPa）				断后伸长率 A（%）			冲击吸收能量 KV_2（J）	
		公称厚度（直径、边长）												公称厚度（直径、边长）	
		≤16 mm	>16 ~ 40 mm	>40 ~ 63 mm	>63 ~ 80 mm	>80 ~ 100 mm	≤40 mm	>40 ~ 63 mm	>63 ~ 80 mm	>80 ~ 100 mm	≤40 mm	>40 ~ 63 mm	>63 ~ 100 mm	试验温度（℃）	12 ~ 150 mm
	C													0	
Q460	D	≥460	≥440	≥420	≥400	≥400	550 ~ 720	550 ~ 720	550 ~ 720	550 ~ 720	≥17	≥16	≥16	-20	≥34
	E													-40	
	C													0	≥55
Q500	D	≥500	≥480	≥470	≥450	≥440	610 ~ 770	600 ~ 760	590 ~ 750	540 ~ 730	≥17	≥17	≥17	-20	≥47
	E													-40	≥31
	C													0	≥55
Q550	D	≥550	≥530	≥520	≥500	≥490	670 ~ 830	620 ~ 810	600 ~ 790	590 ~ 780	≥16	≥16	≥16	-20	≥47
	E													-40	≥31
	C													0	≥55
Q620	D	≥620	≥600	≥590	≥570	—	710 ~ 880	690 ~ 880	670 ~ 860	—	≥15	≥15	≥15	-20	≥47
	E													-40	≥31
	C													0	
Q690	D	≥690	≥670	≥660	≥640	—	770 ~ 940	750 ~ 920	730 ~ 900	—	≥14	≥14	≥14	-20	
	E													-40	

表 4—3—2　　常用低合金高强度结构钢的特性和应用

牌号	特性和应用
Q345	具有良好的综合力学性能、塑性和焊接性，冲击韧性较好，一般在热轧或正火状态下使用。适用于制造桥梁、船舶、车辆、管道、锅炉、各种容器、油罐、电站、厂房结构、低温压力容器等结构件
Q390	具有良好的综合力学性能，塑性、韧性和焊接性较好，一般在热轧状态下使用。适用于制造锅炉汽包、中高压石油化工容器、桥梁、船舶、起重机、较高负荷的焊接件和连接构件等
Q420	具有良好的综合性能，优良的低温韧性，焊接性好，冷热加工性良好，一般在热轧或正火状态下使用。适用于制造高压容器、重型机械、桥梁、船舶、机车车辆、锅炉和其他大型焊接结构件
Q460	具有很好的综合力学性能，主要用于大型工程结构件和工程机械；经淬火加回火后，用于制造大型挖掘机、起重运输机械、钻井平台等

提示

国家体育场馆——“鸟巢”钢结构所用钢材绝大部分是 Q345D 低合金高强度结构钢，而受力较大的“肩部”采用了我国自主研发的 Q460E 钢材。可以说，Q460E 钢材就是专为搭建“鸟巢”而研制的，其强度是普通钢材的两倍。2005 年 5 月，在我国科研人员的不懈努力下，终于成功研发出了适合实际需要的合金元素配比，并批量生产，从而实现了奥运工程中的所有钢材全部国产化。

二、低合金耐候钢

低合金耐候钢是在低碳非合金钢的基础上加入少量铜、铬、镍等合金元素，使钢表面形成一层保护膜的钢。为了进一步改善耐候钢的性能，还可再添加微量的铌、钒、钛、钼、锆等其他能增加钢的耐大气腐蚀性能的合金元素。我国目前使用的耐候钢分为高耐候钢和焊接耐候钢两大类，其牌号和应用见表 4—3—3，相关力学性能见表 4—3—4。

表 4—3—3　　低合金耐候钢的牌号和应用

类别	牌号	生产方式	用途
高耐候钢	Q295GNH、Q355GNH	热轧	车辆、集装箱、建筑、塔架或其他结构件等结构用，与焊接耐候钢相比，具有较好的耐大气腐蚀性能
	Q265GNH、Q310GNH	冷轧	
焊接耐候钢	Q235NH、Q295NH、Q355NH、Q415NH、Q460NH、Q500NH、Q550NH	热轧	车辆、桥梁、集装箱、建筑或其他结构件等结构用，与高耐候钢相比，具有较好的焊接性能

表 4—3—4　低合金耐候钢的力学性能（摘自国家标准《耐候结构钢》（GB/T 4171—2008））

牌号	下屈服强度 R_{eL}（MPa）不小于				抗拉强度 R_m（MPa）	断后伸长率 *A*（%）不小于				冲击吸收能量 KV_2（J）
	公称厚度（直径、边长）					公称厚度（直径、边长）				
	≥16 mm	>16 ~ 40 mm	>40 ~ 60 mm	>60 mm		≤16 mm	>16 ~ 40 mm	>40 ~ 60 mm	>60 mm	
Q265GNH	265	—	—	—	≥410	27	—	—	—	B 级 +20℃/≥47 C 级 0℃/≥34 D 级 −20℃/≥34 E 级 −40℃/≥27
Q295GNH	295	285	—	—	430 ~ 560	24	24	—	—	
Q310GNH	310	—	—	—	≥450	26	—	—	—	
Q355GNH	355	345	—	—	490 ~ 630	22	22	—	—	
Q235NH	235	225	215	215	360 ~ 510	25	25	24	23	
Q295NH	295	285	275	255	430 ~ 560	24	24	23	22	
Q355NH	355	345	335	325	490 ~ 630	22	22	21	20	
Q415NH	415	405	395	—	520 ~ 680	22	22	20	—	
Q460NH	460	450	440	—	570 ~ 730	20	20	19	—	
Q500NH	500	490	480	—	600 ~ 760	18	16	15	—	
Q550NH	550	540	530	—	620 ~ 780	16	16	15	—	

三、低合金专用钢

在实际生产中，为了满足某些行业的特殊需要，对低合金高强度结构钢的化学成分、生产工艺和性能做相应的调整和补充，从而形成了门类众多的低合金专用钢。如汽车用低合金钢、锅炉和压力容器用低合金钢、造船用低合金钢、铁道用低合金钢、矿用低合金钢、低合金混凝土用钢和预应力用钢、桥梁用低合金钢、输送管线用低合金钢、锚链用低合金钢、舰船兵器用低合金钢、核能用低合金钢等，其中有些钢种已纳入了国家标准或行业标准。下面介绍几类应用较为广泛的低合金专用钢。

1. 汽车用低合金钢

汽车用低合金钢是用量较大的专用钢，分类较为详细，质量控制较严格，如汽车用低合金高强度冷连轧钢板及钢带、汽车大梁用低合金热轧钢板和钢带等。

（1）汽车用低合金高强度冷连轧钢板及钢带

在低碳钢中，通过单一或复合添加铌、钛、钒等微合金元素，形成碳氮化合物粒子析出进行强化，同时通过微合金元素的细化晶粒作用，以获得较高的强度。通常采用氧气转炉或电炉冶炼。其牌号由冷轧的英文“Cold Rolled”的首位字母“CR”、规定的最小屈服强度值、低合金的英文“Low Alloy”的首位字母“LA”三部分组成，其中屈服强度值的单位为兆帕（MPa）。汽车用低合金高强度冷连轧钢板及钢带的具体牌号、力学性能和应用见表4—3—5。

表4—3—5 汽车用低合金高强度冷连轧钢板的牌号、力学性能和应用［摘自国家标准《汽车用高强度冷连轧钢板及钢带 第4部分：低合金高强度钢》（GB/T 20564.4—2010）］

牌号	规定塑性延伸强度 $R_{p0.2}$（MPa）	抗拉强度 R_m（MPa）	断后伸长率 $A_{80\ mm}$（%）不小于	用途
CR260LA	260～330	350～430	26	结构件
CR300LA	300～380	380～480	23	
CR340LA	340～420	410～510	21	
CR380LA	380～480	440～560	19	结构件、加强件
CR420LA	420～520	470～590	17	

（2）汽车大梁用低合金热轧钢板和钢带

汽车大梁用低合金热轧钢板和钢带主要用来制造汽车纵梁和横梁。牌号由拉伸强度下限值和汉语拼音“梁”的首位字母L两部分组成，如370L、420L等。该系列钢是在保证性能的前提下，有选择地加入一种或同时加入Nb、V、Ti等几种微合金元素和稀土元素（RE），但Nb、V、Ti的总含量应不大于0.22%，稀土元素（RE）加入量应不大于0.20%，以进一步改善钢的性能。汽车大梁用低合金热轧钢板和钢带的牌号、力学性能和工艺性能见表4—3—6。

表4—3—6　汽车大梁用低合金热轧钢板和钢带的牌号、力学性能和工艺性能

［摘自国家标准《汽车大梁用热轧钢板和钢带》（GB/T 3273—2015）］

序号	牌号	拉伸试验①				厚度≤12.0 mm	厚度>12.0 mm
		下屈服强度②③ R_{eL}（MPa）	抗拉强度 R_m（MPa）	厚度<3.0 mm：$A_{80\ mm}$（L_o=80 mm，b=20 mm）	厚度≥3.0 mm：A	180°弯曲试验①④ 弯曲压头直径D	
				断后伸长率（%）			
1	370L	≥245	370～480	≥23	≥28	$D=0.5a$	$D=a$
2	420L	≥305	420～540	≥21	≥26	$D=0.5a$	$D=a$
3	440L	≥330	440～570	≥21	≥26	$D=0.5a$	$D=a$
4	510L	≥355	510～650	≥20	≥24	$D=a$	$D=2a$
5	550L	≥400	550～700	≥19	≥23	$D=a$	$D=2a$
6	600L	≥500	600～760	≥15	≥18	$d=1.5a$	$D=2a$
7	650L	≥550	650～820	≥13	≥16	$d=1.5a$	$D=2a$
8	700L	≥600	700～880	≥12	≥14	$D=2a$	$D=2.5a$
9	750L	≥650	750～950	≥11	≥13	$D=2a$	$D=2.5a$
10	800L	≥700	800～1 000	≥10	≥12	$D=2a$	$D=2.5a$

①拉伸试验和弯曲试验采用横向试样。

②当屈服现象不明显时，可采用$R_{p0.2}$代替R_{eL}。

③700L、750L、800L三个牌号，当厚度大于8.0 mm时，规定的最小屈服强度允许下降20 MPa。

④a为弯曲试样厚度，弯曲试样宽度b≥35 mm，冲裁试验时试样宽度为35 mm。

2. 锅炉、压力容器用低合金钢

锅炉与压力容器同属特种设备中的承压设备，安全性是锅炉与压力容器在设计和运行过程中要考虑的首要因素，而材料性能是保证锅炉和压力容器安全运行的基本条件。为此，国家在该系列钢材的生产和使用上均制定了强制性标准。

（1）锅炉和压力容器用低合金钢板

由于锅炉处于中温、高压状态下工作，除承受较高压力外，还受到冲击、疲劳载荷及水和气的腐蚀，对锅炉用钢的性能要求主要是有良好的焊接和冷弯性能、一定的高温强度和耐碱性腐蚀、耐氧化等。而压力容器绝大多数由钢板拼焊而成，在制造过

程中压力容器钢板要经受冷热加工和焊接，所以，要求压力容器钢板具有良好的工艺性能，并且具有一定强度和足够的韧性，使之在正常工作条件下承受外载荷而不发生脆性破坏。因此，在制造锅炉和压力容器时，为满足不同的使用条件，常选用锅炉和压力容器用低合金钢板。该系列钢材主要用于制造锅炉、过热器、主蒸汽管或压力容器的主体设备和零件等。

锅炉和压力容器用低合金钢板分为低合金高强度钢、钼钢、铬—钼钢。其中，低合金高强度钢的牌号用屈服强度值“屈”字和压力容器“容”字的汉语拼音首位字母表示，常用牌号有 Q345R、Q370R。钼钢和铬—钼钢的牌号，用平均含碳量、合金元素字母、压力容器“容”字的汉语拼音首位字母表示，常用牌号有 18MnMoNbR、13MnNiMoR、15CrMoR、14Cr1MoR、12Cr2Mo1R、12Cr1MoVR。锅炉和压力容器用低合金钢板各牌号的化学成分、力学性能和工艺性能以及高温力学性能可查阅国家标准《锅炉和压力容器用钢板》（GB 713—2014）。

（2）低温压力容器用低合金钢板

低温压力容器用低合金钢板主要用于制造液化天然气、液化石油气、液氧、液氢、液氮等的生产、储存、运输、使用设备等。另外，在寒冷地区露天使用的压力容器也需用低温（通常指低于 -20℃）用钢来制造。如果压力容器用的是铁素体钢，当温度降低到某一温度时，钢的韧性将急剧下降而显得很脆，通常称这一温度为脆性转变温度。压力容器在低于转变温度的条件下使用时，容器中如存在因缺陷、残余应力、应力集中等因素引起的较高局部应力，容器就可能在没有出现明显塑性变形的情况下发生脆性破裂而酿成事故。而低温用钢最主要的特性就是强韧性，其中 Mn 和 Ni 是提高钢的低温韧性的主要元素。

低温压力容器用低合金钢板的牌号用平均含碳量、合金元素字母、低温压力容器“低”和“容”字的汉语拼音首位字母表示，常用牌号有 16MnDR、15MnNiDR、15MnNiNbDR、09MnNiDR、08Ni3DR、06Ni9DR。低温压力容器用低合金钢板各牌号的化学成分、力学性能和工艺性能可查阅国家标准《低温压力容器用钢板》（GB 3531—2014）。

另外，还有国家标准《焊接气瓶用钢板和钢带》（GB 6653—2008）中的 HP295、HP325、HP345；国家标准《压力容器用调质高强度钢板》（GB 19189—2011）中的 12MnNiVR 等。

3. 铁道用低合金钢

铁道用低合金钢主要用于制造铁路钢轨、铁路用辗钢整体车轮等。其系列钢材主要有国家标准《热轧轻轨》（GB/T 11264—2012）中的 45SiMnP、50SiMnP；国家标准《铁路用热轧钢轨》（GB 2585—2007）中的 U71Mn、U70MnSi、U71MnSiCu、U75V、U76NbRE、U70Mn；国家标准《铁路用辗钢整体车轮》（GB 8601—1988）中的 CL45MnSiV 等。

4. 矿用低合金钢

矿用低合金钢主要用于制造煤机、矿用结构件等。其系列钢材主要有国家标准《煤机用热轧异型钢》（GB/T 3414—2015）中的 M510、M540、M565；国家标准《矿山巷道支护用热轧 U 型钢》（GB/T 4697—2008）中的 20MnK、25MnK、20MnVK；国家标准《矿用高强度圆环链用钢》（GB/T 10560—2008）中的 20Mn2A、20MnV、25MnV 等。

第四节　合　金　钢

一、合金结构钢

合金结构钢是在优质碳素钢的基础上，适当地加入一种或数种合金元素，用来提高钢的强度、韧性和淬透性。这类钢通常要经过热处理后使用，是适用于制造机械零件和各种工程构件的合金钢。它主要包括调质处理的合金钢、表面硬化处理的合金钢、冷塑性成形用合金钢。按化学成分基本组成系列可分为 Mn 系钢、SiMn 系钢、Cr 系钢、CrMo 系钢、CrNiMo 系钢、Ni 系钢、B 系钢等。

1. 合金调质钢

合金调质钢一般是指经调质后使用的合金钢。它是在中碳钢的基础上加入了一种或数种合金元素，以提高淬透性和耐回火性，使之在调质处理后具有良好的综合力学性能。它主要用来制造一些受力复杂、要求具有良好综合力学性能的重要零件，如图 4—4—1 所示。

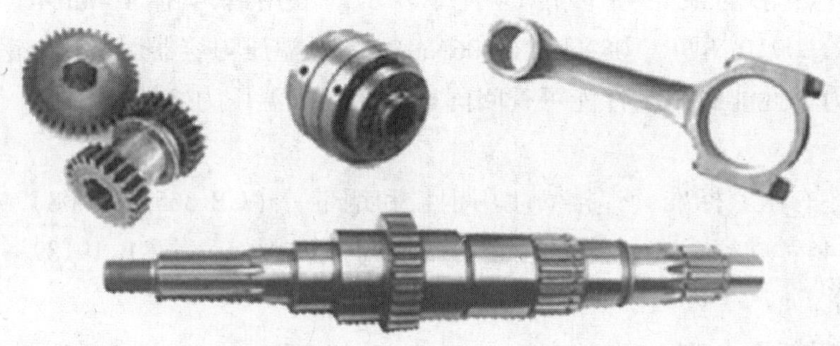

图 4—4—1　合金调质钢的应用

合金调质钢的含碳量一般为 0.25% ~0.50%。含碳量过低不易淬硬，回火后达不到所需要的强度；含碳量过高，则零件韧性较差。在合金调质钢中常加入少量铬、锰、硅、镍、硼等合金元素以增加钢的淬透性，使铁素体强化并提高韧性。加入少量钼、钒、钨、钛等碳化物形成元素，可阻止奥氏体晶粒长大及提高钢的回火稳定性，以进一步改善钢的性能，从而使合金调质钢获得良好的综合力学性能，满足零件的使用要求。

合金调质钢的热处理工艺是调质（淬火＋高温回火），处理后获得回火索氏体组织，使零件具有较高的综合力学性能。若要求零件表面有很高的硬度和耐磨性，可在调质后再进行表面淬火或化学热处理。常用合金调质钢的牌号、热处理规范和力学性能见表4—4—1，其特性和应用见表4—4—2。

表4—4—1　　常用合金调质钢的牌号、热处理规范和力学性能

［摘自国家标准《合金结构钢》（GB/T 3077—2015）］

牌号	热处理		力学性能				
	淬火（℃）	回火（℃）	R_m（MPa）	R_{eL}（MPa）	A（%）	Z（%）	KU（J）
40Cr	850 油	520 水、油	980	785	9	45	47
40B	840 水	550 水	785	635	12	45	55
40MnB	850 油	500 水、油	980	785	10	45	47
35SiMn	900 油	570 水、油	885	735	15	45	47
40CrNi	820 油	500 水、油	980	785	10	45	55
40CrMn	840 油	550 水、油	980	835	9	45	47
42CrMo	850 油	560 水、油	1 080	930	12	45	63
38CrMoAl	940 水、油	640 水、油	980	835	14	50	71
40CrNiMo	850 油	600 水、油	980	835	12	55	78
40CrMnMo	850 油	600 水、油	980	785	10	45	63

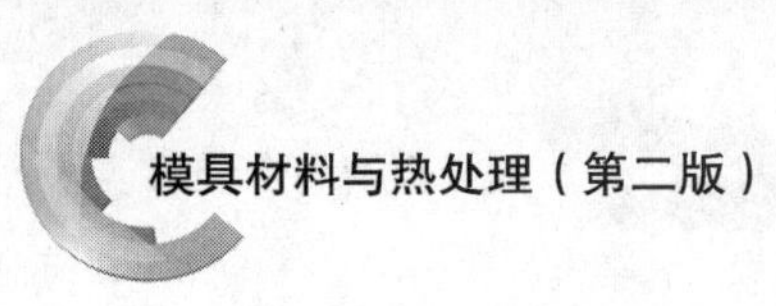

表 4—4—2　　常用合金调质钢的主要特性和应用

牌号	主要特性和应用
40Cr	使用最广泛的钢种之一，调质处理后用于制造中速、中载的零件，如机床齿轮、轴、蜗杆、花键轴、顶针套等，调质并高频感应淬火后用于制造表面高硬度、耐磨的零件，如齿轮、主轴、曲轴、心轴、套筒、销、连杆、螺钉、螺母、进气阀等，经淬火和中温回火后用于制造重载、中速冲击的零件，如油泵转子、滑块、齿轮、主轴、套环等，经淬火和低温回火后用于制造重载、低冲击、耐磨的零件，如蜗杆、主轴、轴、套环等
40B	用于制造比 40 钢截面大、性能要求高的零件，如轴、拉杆、齿轮、凸轮、拖拉机曲轴等，制造小截面尺寸零件时，可代替 40Cr 使用
40MnB	用于制造拖拉机、汽车和其他通用机器设备中的中小重要调质零件，如汽车半轴、转向轴、花键轴、蜗杆和机床主轴、齿轴等，可代替 40Cr 制造较大截面的零件，如卷扬机中轴，制造小尺寸零件时，可代替 40CrNi 使用
35SiMn	性能良好，可代替 40Cr 使用，还可部分代替 40CrNi 使用，调质处理后具有高的静强度、疲劳强度和耐磨性以及良好的韧性，淬透性良好，冷变形时塑性中等，切削加工性良好，但焊接性能差，焊前应预热，且有过热敏感性、白点敏感性和回火脆性，并且容易脱碳
40CrNi	中碳合金调质钢，具有高强度、高韧性以及较高的淬透性，调质状态下综合力学性能良好，低温冲击韧性良好，有回火脆性倾向，水冷易产生裂纹，切削加工性良好，但焊接性能差，在调质状态下使用。用于制造锻造和冷冲压且截面尺寸较大的重要调质件，如连杆、圆盘、曲轴、齿轮、轴、螺钉等
40CrMn	淬透性好，强度高，可替代 42CrMo 和 40CrNi。用于制造在高速和高弯曲负荷工作条件下泵的轴和连杆、无强力冲击负荷的齿轮泵、水泵转子、离合器、高压容器盖板的螺栓等
42CrMo	一般用于制造比 35CrMo 强度要求更高、断面尺寸较大的重要零件，如轴、齿轮、连杆、变速器齿轮、增压器齿轮、发动机气缸、弹簧、弹簧夹、石油钻杆接头、打捞工具以及代替含镍较高的调质钢使用
38CrMoAl	高级渗氮钢，具有很高的渗氮性能和力学性能，良好的耐热性和耐蚀性，经渗氮处理后，能得到高的表面硬度、高的疲劳强度和良好的抗过热性，无回火脆性，但冷变形时塑性低，焊接性能差，淬透性低，一般在调质及渗氮后使用。用于制造高疲劳强度、高耐磨性、热处理后尺寸精度高的渗氮零件，如气缸套、活塞螺栓、检验规、精密磨床主轴、镗杆、精密丝杠和齿轮、蜗杆、阀杆、仿模、滚子、汽轮机的调速器、转动套、塑料挤压机上的一些耐磨零件

续表

牌号	主要特性和应用
40CrNiMo	具有高的强度、高的韧性、良好的淬透性，这种钢又具有抗过热的稳定性，但白点敏感性高，有回火脆性，焊接性很差。经调质后使用，用于制造要求塑性好、强度高和大尺寸的重要零件，如重型机械中高载荷的轴、直径大于250 mm的汽轮机轴、叶片、高载荷的传动件、紧固件、曲轴、齿轮等；也可用于制造操作温度超过400℃的转子轴和叶片等，此外，这种钢还可以进行渗氮处理后用来制造有特殊性能要求的重要零件
40CrMnMo	调质处理后具有良好的综合力学性能，淬透性较好，回火稳定性较高，大多在调质状态下使用。用于制造重载、截面较大的齿轮轴、齿轮、大卡车的后桥半轴、轴、偏心轴、连杆、汽轮机的类似零件，还可代替40CrNiMo使用

提示

合金调质钢的加工工艺流程

合金调质钢的加工工艺参考流程如下：下料→锻造→预备热处理→粗加工→调质→半精加工→表面处理或渗氮→精加工→成品。预备热处理的目的是为了改善锻造组织、细化晶粒、消除内应力，有利于切削加工，并为随后的调质处理做好组织准备。

2. 合金渗碳钢

合金渗碳钢通常是指经渗碳、淬火和低温回火后使用的合金钢。它在低碳钢的基础上加入了一种或数种合金元素，使此类钢具有良好的热处理工艺性能，如高的淬透性和渗碳能力，在高的渗碳温度下，奥氏体晶粒长大倾向小以便于渗碳后直接淬火，从而使零件表面获得高硬度和高耐磨性，心部具有足够的韧性和强度，即“表硬里韧”。合金渗碳钢主要用于制造要求高耐磨性、承受高接触应力和冲击载荷的重要零件，如汽车、拖拉机的变速齿轮，内燃机上的凸轮轴等，如图4—4—2所示。

图4—4—2　合金渗碳钢的应用

合金渗碳钢的含碳量一般为0.10%～0.25%。这是为了保证渗碳零件心部具有良好的韧性。碳素渗碳钢的淬透性低，热处理对零件心部的性能改变不大，加入合金元素则可提高钢的淬透性，改善零件心部性能。如果零件心部强度不足，则对表面硬、脆的渗碳层缺乏足够的支承，渗碳层易破坏、剥落，在冲击载荷或较大过载作用下容易断裂。常加入的主加元素为 Cr、Mn、Ni、B 等，它们的主要作用是提高钢的淬透性，从而提高零件心部的强度和韧性。辅加元素为 W、Mo、V、Ti 等强碳化物形成元素，这些元素通过形成稳定的碳化物来细化奥氏体晶粒，同时还能提高渗碳层的耐磨性。

合金渗碳钢的热处理工艺是渗碳＋淬火＋低温回火，处理后使渗层的组织为马氏体和细小、弥散、球状分布的合金碳化物，使零件表面层获得高硬度和耐磨性，而心部具有足够的强度和优良的韧性。常用合金渗碳钢的牌号、热处理规范、力学性能见表4—4—3，其特性和应用见表4—4—4。

表4—4—3　常用合金渗碳钢的牌号、热处理规范和力学性能（摘自 GB/T 3077—2015）

牌号	热处理（℃）			力学性能				
	第一次淬火	第二次淬火	回火	R_m（MPa）	R_{eL}（MPa）	A（%）	Z（%）	KU（J）
20Cr	880 水、油	780～820 水、油	200 水、空	835	540	10	40	47
20Mn2	850 880 水、油	—	200 440 水、空	785	590	10	40	47
20MnV	880 水、油	—	200 水、空	785	590	10	40	55
20CrMn	850 油	—	200 水、空	930	735	10	45	47
20CrMnTi	880 油	870 油	200 水、空	1 080	850	10	45	55
20MnTiB	860 油	—	200 水、空	1 130	930	10	45	55
12Cr2Ni4	860 油	780 油	200 水、空	1 080	835	10	50	71
20MnVB	860 油	—	200 水、空	1 080	885	10	45	55
20CrMnMo	850 油	—	200 水、空	1 180	885	10	45	55
18Cr2Ni4WA	950 空	850 空	200 水、空	1 180	835	10	45	78

表 4—4—4　　常用合金渗碳钢的主要特性和应用

牌号	主要特性和应用
20Cr	用于制造小截面（小于 30 mm）、形状简单、较高转速、载荷较小、表面耐磨、心部强度较高的各种渗碳或碳氮共渗零件，如小齿轮、小轴、阀、活塞销、衬套、棘轮、凸轮、蜗杆、牙嵌离合器等。对热处理变形小、耐磨性要求高的零件，渗碳后应进行一般淬火或高频感应淬火，如小模数（小于 3 mm）齿轮、花键轴、轴等。也可作调质钢用于制造低速、中载冲击的零件
20Mn2	具有中等强度，冷变形时塑性高，低温性能良好，焊接性和可切削加工性尚可，淬透性比相应的碳钢要高。但热处理时有过热、脱碳敏感性和回火脆性倾向。用来制造对表面和心部要求不高的、截面尺寸小于 50 mm 的渗碳零件，如在汽车、拖拉机和机床制造中代替 20Cr 钢制造渗碳的小齿轮、小轴，低要求的活塞销、十字销头、柴油机套筒、气门顶杆、变速器操纵杆、钢套等
20MnV	其性能好，可代替 20Cr、20CrNi 使用。强度、韧性和塑性均优于 15Cr 和 20Mn2，淬透性也好，切削加工性尚可，渗碳后可以直接淬火，不需要第二次淬火来改善心部组织，焊接性能较好，但热处理时有回火脆性
20CrMn	其强度高、韧性好，淬透性良好，热处理后所得到的性能优于 20Cr，淬火变形小，低温韧性良好，切削加工性较好，但焊接性能低，一般在渗碳淬火或调质后使用。用于制造重载大截面的调质零件和小截面的渗碳零件，还可在制造中等负载、冲击较小的中小零件时，代替 20CrNi 使用，如齿轮、轴、摩擦轮、蜗杆调速器的套筒等
20CrMnTi	此钢也可作为调质钢使用，淬火 + 低温回火后，综合力学性能和低温冲击韧性良好。渗碳后具有良好的耐磨性和抗弯强度，热处理工艺简单，热加工和冷加工性较好，但高温回火时有回火脆性倾向。此钢是应用广泛、用量很大的一种合金结构钢，用于制造汽车、拖拉机中截面尺寸小于 30 mm 的中载或重载、冲击耐磨且高速的各种重要零件，如齿轮轴、齿圈、齿轮、十字轴、滑动轴承支承的主轴、蜗杆、牙嵌离合器等。有时，还可以代替 20SiMoVB、20MnTiB 使用
20MnTiB	较多地用于制造汽车、拖拉机中尺寸较小、中载荷的各种齿轮和渗碳零件。可代替 20CrMnTi 使用
12Cr2Ni4	强度高、韧性好、淬透性良好，渗碳淬火后表面层硬度和耐磨性都好，冷变形时塑性好，切削加工性尚好，但有白点敏感性和回火脆性，焊接性较差。用作高负荷、交变应力下工作的大型渗碳件，如受高负荷的各种齿轮、蜗轮、蜗杆、轴等机械结构件
20MnVB	常用于制造较大载荷的中、小渗碳零件，如重型机床上的轴，大模数齿轮，汽车后桥的主、从动齿轮等

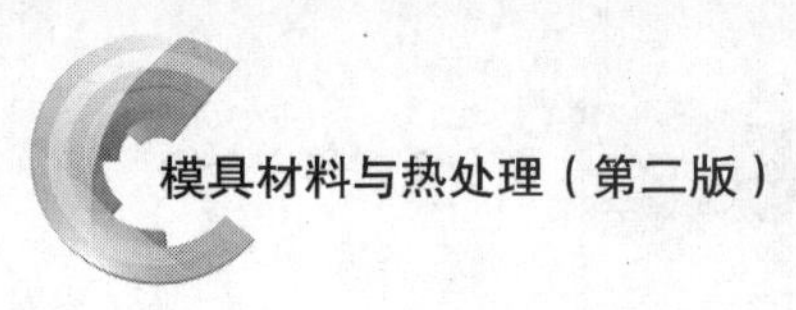

续表

牌号	主要特性和应用
20CrMnMo	高强度的高级渗碳钢，强度高于15CrMnMo，塑性和韧性稍低，淬透性和力学性能比20CrMnTi高，淬火＋低温回火后具有良好的综合力学性能和低温冲击韧性，渗碳淬火后具有较高的抗弯强度和耐磨性能，但磨削时易产生裂纹，焊接性不好，适于电阻焊接，焊前需预热，焊后需回火处理，切削加工性和热加工性良好。常用于制造高硬度、高强度、高韧性的较大的重要渗碳件，如曲轴、凸轮轴、连杆、齿轮轴、齿轮、销轴，还可代替12Cr2Ni4使用
18Cr2Ni4W	力学性能比12Cr2Ni4钢还好，工艺性能与12Cr2Ni4钢相近。用于断面更大、性能要求比12Cr2Ni4钢更高的零件

提示

合金渗碳钢加工工艺流程

合金渗碳钢的加工工艺参考流程：下料→锻造→预备热处理→机械加工（粗加工、半精加工）→渗碳→淬火＋低温回火→精加工→成品。渗碳后的热处理通常采用直接淬火加低温回火，但对渗碳时易过热的钢种，渗碳后需先正火，以消除晶粒粗大的过热组织，然后再淬火和低温回火。

二、合金弹簧钢

合金弹簧钢是用于制造弹簧或者其他弹性零件的钢种。

弹簧一般是在交变应力下工作，常见的破坏形式是疲劳破坏，因此，合金弹簧钢必须具有高的屈服强度和屈强比、弹性极限、抗疲劳性能，以保证弹簧有足够的弹性变形能力并能承受较大的载荷。同时，合金弹簧钢还要求具有一定的塑性与韧性，一定的淬透性，不易脱碳及过热。一些特殊弹簧还要求有耐热性、耐蚀性或在较长时间内有稳定的弹性。中碳钢和高碳钢虽可用于制造弹簧，但因其淬透性和强度较低，只能用来制造截面较小、受力较小的弹簧。合金弹簧钢则可制造截面较大、屈服极限较高的重要弹簧，如图4—4—3所示。

合金弹簧钢的含碳量一般为0.50%～0.70%，为中、高碳成分，以满足高弹性、高强度的性能要求。加入的合金元素主要是Si、Mn、Cr等，其作用是强化铁素体、提高淬透性和耐回火性。但加入过多的Si会造成钢在加热时表面容易脱碳，加入过多的Mn容易使晶粒长大。加入少量的V和Mo可细化晶粒，从而进一步提高强度并改善韧性。此外，它们还有进一步提高淬透性和耐回火性的作用。

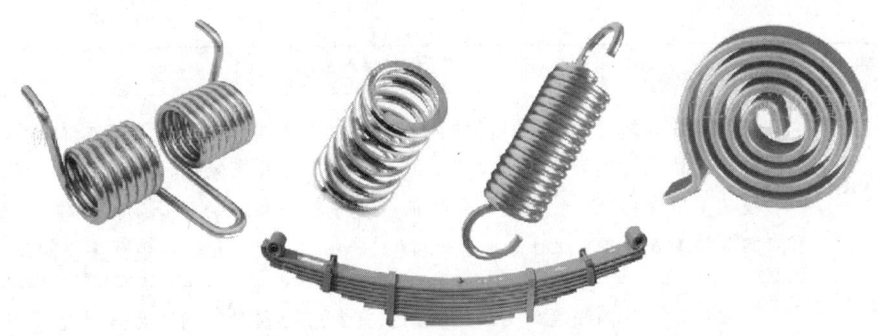

图 4—4—3 合金弹簧钢的应用

为保证弹簧具有高的强度和足够的韧性，通常采用淬火 + 中温回火。对热成形弹簧，可采用热成形余热淬火，对热、冷成形的弹簧，有时可省去淬火、中温回火工艺，成形后只需进行 200 ~ 300℃去应力退火即可。弹簧钢热处理后通常进行喷丸处理，其目的是在弹簧表面产生残余压应力，以提高弹簧的疲劳强度。常用合金弹簧钢的牌号、热处理规范和力学性能见表 4—4—5，其主要特性和应用见表 4—4—6。

表 4—4—5　常用合金弹簧钢的牌号、热处理规范和力学性能

[摘自国家标准《弹簧钢》(GB/T 1222—2007)]

牌号	热处理		力学性能（不小于）				
	淬火（℃）	回火（℃）	R_m（MPa）	R_{eL}（MPa）	A（%）	$A_{11.3}$（%）	Z（%）
65Mn	830 油	540	980	785	8	—	30
60Si2Mn	870 油	480	1 275	1 180	5	—	25
50CrVA	850 油	500	1 275	1 130	—	10	40
30W4Cr2VA	1 050 ~ 1 100 油	600	1470	1 325	—	7	40

表 4—4—6　常用合金弹簧钢的主要特性和应用

牌号	主要特性和应用
65Mn	该钢强度较高，淬透性较大，表面脱碳倾向比硅钢小，经热处理后的综合力学性能优于碳钢，但有过热敏感性和回火脆性。在退火状态下切削加工性尚好，焊接性好，冷变形塑性低，带材可进行一般弯曲成形加工。用于制造小尺寸各种扁、圆弹簧，座垫弹簧，弹簧发条，也可制造弹簧环、气门簧、离合器簧片、刹车弹簧和冷拔钢丝及冷卷螺旋弹簧等
60Si2Mn	该钢是应用最广泛的合金弹簧钢，其生产量约为合金弹簧钢产量的 80%。它的强度、淬透性、耐回火性都比碳素弹簧钢高，工作温度达 250℃，缺点是脱碳倾向较大。适于制造厚度小于 10 mm 的板簧和截面尺寸小于 25 mm 的螺旋弹簧，在重型机械、铁道车辆、汽车、拖拉机上都有广泛的应用

续表

牌号	主要特性和应用
50CrVA	此钢具有良好的力学性能和工艺性能，淬透性较高，加入钒元素使钢的晶粒细化，降低过热敏感性，提高了强度和韧性，具有较高的疲劳强度，屈服比也较高，但焊接性差，冷变形塑性低。是一种较高级的弹簧钢，用作较大截面的高负荷重要弹簧和工作温度小于300℃的阀门弹簧、活塞弹簧、安全阀弹簧等
30W4Cr2VA	该钢是一种高强度的耐热弹簧钢，有良好的室温和高温力学性能，并具有较高的淬透性和回火稳定性，热加工性良好，适宜在调质状态下使用。适用于制造温度低于500℃条件下的热弹簧，如锅炉主要安全弹簧、汽轮机上气封弹簧片等

三、合金工具钢

合金工具钢由于加入了所需的合金元素，并对S、P等杂质元素进行了严格控制，其淬硬性、淬透性、耐磨性和韧性均比碳素工具钢高，属于优质钢或高级优质钢。合金工具钢按用途大致可分为量具刃具用钢和耐冲击工具用钢，主要用来制造各种刀具、量具、工具和模具零件等，如图4—4—4所示。

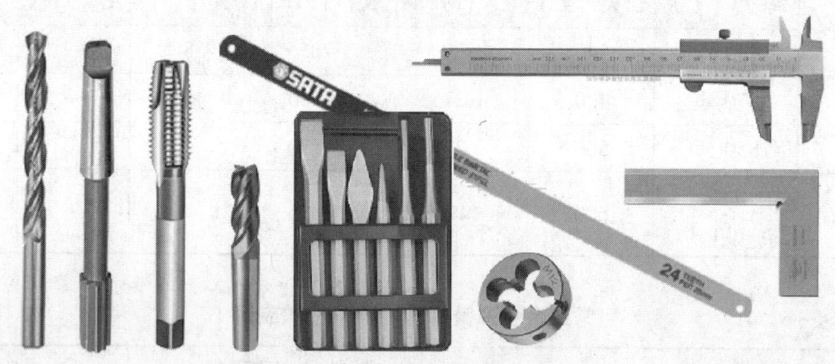

图4—4—4　合金工具钢的应用

1. 量具刃具用合金工具钢

量具应具有良好的尺寸稳定性、高耐磨性、高硬度和一定的韧性。因此，量具用钢应具有硬度高、组织稳定、耐磨性好，以及良好的研磨和加工性能、热处理变形小、膨胀系数小和耐蚀性好等特性。由于刃具在工作条件下产生强烈的磨损并发热，还有振动及承受一定的冲击负荷，因此，刃具用钢应具有高的硬度、耐磨性、热硬性和良好的韧性。

为保证量具刃具合金工具钢具有高硬度，满足形成合金碳化物的需要，钢中的含碳量一般为0.75%～1.45%，加入的合金元素有铬、锰、硅、钨、钒等，用以提高钢的淬透性、耐回火性、热硬性和耐磨性。这类工具钢主要用于制造低速切削刃具和测量工具。

量具刃具钢的预备热处理为球化退火，最终热处理为淬火加低温回火，热处理后硬度在60HRC以上。高精度量具在淬火后可进行冷处理，以减少残余奥氏体量，从而增加其尺寸稳定性。为了进一步提高尺寸稳定性，淬火回火后，还可进行时效处理。常用量具刃具合金工具钢的牌号、主要化学成分和热处理规范见表4—4—7，其主要特性和应用见表4—4—8。

表4—4—7　　常用量具刃具合金工具钢的牌号、化学成分和热处理规范

［摘自国家标准《工模具钢》（GB/T 1299—2014）］

牌号	化学成分（质量分数）（%）						热处理	
	w_C	w_{Si}	w_{Mn}	w_{Cr}	w_W	w_V	淬火温度（℃）	硬度HRC不低于
9SiCr	0.85～0.95	1.20～1.60	0.30～0.60	0.95～1.25	—	—	820～860油	62
8MnSi	0.75～0.85	0.30～0.60	0.80～1.10	—	—	—	800～820油	60
Cr06	1.30～1.45	≤0.4	≤0.4	0.50～0.70	—	—	780～810水	64
Cr2	0.95～1.10	≤0.4	≤0.4	1.30～1.65	—	—	830～860油	62
9Cr2	0.80～0.95	≤0.4	≤0.4	1.30～1.70	—	—	820～850油	62
W	1.05～1.25	≤0.4	≤0.4	0.10～0.30	0.80～1.20	—	800～830水	62
9Mn2V	0.85～0.95	≤0.4	1.70～2.00	—	—	0.10～0.25	780～810油	62

表4—4—8　　常用量具刃具合金工具钢的主要特性和应用

牌号	主要特性和应用
9SiCr	比铬钢具有更高的淬透性和淬硬性，且回火稳定性好。适宜制造形状复杂、变形小、耐磨性要求高的低速切削刃具，如钻头、螺纹工具、手动铰刀、搓丝板和滚丝轮等；也可以制造冷作模具（如冲模、打印模等）、冷轧辊、矫正辊和细长杆件
8MnSi	在T8钢基础上同时加入Si、Mn元素形成的低合金工具钢，具有较高的回火稳定性、较高的淬透性和耐磨性，热处理变形也较非合金工具钢小。适宜制造木工工具、冷冲模和冲头；也可制造冷加工用的模具

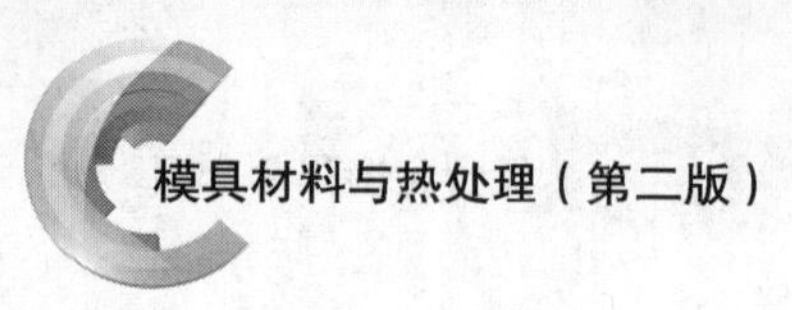

续表

牌号	主要特性和应用
Cr06	在非合金工具钢基础上添加一定量的Cr，淬透性和耐磨性较非合金工具钢高，冷加工塑性变形和切削加工性能较好，适宜制造木工工具，也可制造简单冷加工模具，如冲孔模、冷压模等
Cr2	在T10的基础上添加一定量的Cr，淬透性提高，硬度、耐磨性也比非合金工具钢高，接触疲劳强度也高，淬火变形小。适宜制造木工工具、冷冲模和冲头，也用于制造中小尺寸冷作模具
9Cr2	与Cr2钢性能基本相似，但韧性好于Cr2钢。适宜制造木工工具、冷轧辊、冷冲模和冲头、钢印冲孔模等
W	在非合金工具钢基础上添加一定量的W元素，热处理后具有更高的硬度和耐磨性，且过热敏感性小，热处理变形小，回火稳定性好等特点。适宜制造小型麻花钻头，也可用于制造丝锥、锉刀、板牙，以及温度不高、切削速度不快的工具
9Mn2V	具有较高的硬度和耐磨性，淬火时变形较小，淬透性好。适宜制造各种精密量具、样板，也可用于制造尺寸较小的冲模及冷压模、雕刻模、落料模等，以及机床的丝杠等结构件

2. 耐冲击合金工具钢

耐冲击合金工具钢主要用于制造风动工具、金属冷作刀具、铆钉冲头、冲孔冲头等耐冲击工具。它不仅要求钢具有高硬度和高耐磨性，而且还要求有良好的冲击韧性。这类钢一般属于中碳合金钢，含碳量w_C一般为0.35%～0.65%。由于钢中含有Cr、Mn、Si、Mo、W、V等合金元素，所以，钢的淬透性良好，碳化物分布均匀，具有一定的冲击韧性和较好的耐磨性，并提高了回火稳定性，以获得冲击工具所需要的综合力学性能。常用耐冲击合金工具钢的牌号、主要化学成分和热处理规范见表4—4—9，其特性和应用见表4—4—10。

表4—4—9　常用耐冲击合金工具钢的牌号、化学成分和热处理规范

［摘自国家标准《合金工具钢》（GB/T 1299—2014）］

牌号	化学成分（质量分数）（%）							热处理	
	w_C	w_{Si}	w_{Mn}	w_{Cr}	w_W	w_{Mo}	w_V	淬火温度（℃）	硬度HRC不低于
4CrW2Si	0.35～0.45	0.80～1.10	≤0.4	1.00～1.30	2.00～2.50	—	—	860～900油	53
5CrW2Si	0.45～0.55	0.50～0.80	≤0.4	1.00～1.30	2.00～2.50	—	—	860～900油	55

续表

牌号	化学成分（质量分数）(%)							热处理	
	w_C	w_{Si}	w_{Mn}	w_{Cr}	w_W	w_{Mo}	w_V	淬火温度（℃）	硬度 HRC 不低于
6CrW2Si	0.55～0.65	0.50～0.80	≤0.4	1.00～1.30	2.20～2.70	—	—	860～900 油	57
6CrMnSi2Mo1V	0.50～0.65	1.75～2.25	0.60～1.00	0.10～0.50	—	0.20～1.35	0.15～0.35	①	58
5Cr3MnSiMo1	0.45～0.55	0.20～1.00	0.20～0.90	3.00～3.50	—	1.30～1.80	≤0.35	②	56
6CrW2SiV	0.55～0.65	0.70～1.00	0.15～0.45	0.90～1.20	1.70～2.20	—	0.10～0.20	870～910 油	58

①（667±15）℃预热，[885（盐浴）或 900（炉控气氛）±6]℃加热，保温 5～15 min 油冷，58～204℃回火。

②（667±15）℃预热，[941（盐浴）或 955（炉控气氛）±6]℃加热，保温 5～15 min 油冷，56～204℃回火。

表 4—4—10　　常用耐冲击合金工具钢的主要特性和应用

牌号	主要特性和应用
4CrW2Si	在铬硅钢的基础上添加一定量的钨元素，具有一定的淬透性和高温强度，适宜制造高冲击载荷下操作的工具，如风动工具、冲裁切边复合模、冲模、冷切用的剪刀等冲剪工具，以及部分小型热作模具
5CrW2Si	在铬硅钢的基础上添加一定量的钨元素，具有一定的淬透性和高温强度，适宜制造冷剪金属的刀片、铲搓丝板的铲刀、冷冲裁和切边的凹模，以及长期工作的木工工具等
6CrW2Si	在铬硅钢的基础上添加一定量的钨元素，淬火硬度较高，有一定的高温强度。适宜制造承受冲击载荷而又要求耐磨性高的工具，如风动工具、凿子和模具，冷剪机刀片，冲裁切边用凹槽，空气锤用工具等
6CrMnSi2Mo1V	相当于 ASTM A681 中 S5 钢。具有较高的淬透性和耐磨性、回火稳定性，钢种淬火温度较低，模具使用过程很少发生崩刃和断裂，适宜制造在高冲击载荷下操作的工具、冲模、冷冲裁切边用凹模等

续表

牌号	主要特性和应用
5Cr3MnSiMo1	相当于 ASTM A681 中 S7 钢。淬透性较好，有较高的强度和回火稳定性，综合性能良好。适宜制造在较高温度、高冲击载荷下工作的工具、冲模，也可用于制造锤锻模具
6CrW2SiV	中碳油淬型耐冲击冷作工具钢，具有良好的耐冲击和耐磨损性能的配合。同时具有良好的抗疲劳性能和较高的尺寸稳定性。适宜制造刀片、冷成形工具和精密冲裁模以及热冲孔工具等

四、高速工具钢

高速工具钢属于高碳高合金工具钢，是含有碳、钨、钼、铬、钒元素的铁基合金，有的还含有相当数量的钴、铝等合金元素。一般含碳量 w_C 为 0.70% ~1.60%，合金元素含量达 10% ~25%。经碳和合金含量平衡配置，在热处理后形成大量的碳化物，使高速工具钢可以获得高淬硬性、高耐磨性、高热硬性和良好的韧性。硬度可达 63HRC 以上，而且在 600℃左右的工作温度下仍能保持较高的硬度。因此，用高速工具钢制作的刀具，其切削速度比一般工具钢要高很多，而且高速工具钢的强度也比碳素工具钢和低合金工具钢高 30% ~50%。故高速工具钢常用于制造高效率的切削刀具和形状复杂、载荷较大的成型刀具，如图 4—4—5 所示。此外，高速工具钢还可用于制造性能要求高的模具和某些耐磨零件等。

图 4—4—5　高速工具钢的应用

高速工具钢按化学成分可分为钨系高速工具钢和钨钼系高速工具钢两种基本系列。钨系高速工具钢主要合金元素是钨，不含钼或含少量钼。其主要特性是过热敏感性小，脱碳敏感性小，热处理和热加工温度范围较宽，但碳化物颗粒粗大，分布均匀性差，影响钢的韧性和塑性。钨钼系高速工具钢的主要合金元素是钨和钼。其主要特性是碳化物的颗粒度和分布均优于钨系高速工具钢，脱碳敏感性和过热敏感性低于钨系高速工具钢，使用性能和工艺性能均较好。

高速工具钢按性能可分为低合金高速工具钢（HSS—L）、普通高速工具钢（HSS）和高性能高速工具钢（HSS—E）三种基本系列。常用高速工具钢的类别、牌号和主要化学成分见表 4—4—11，其应用见表 4—4—12。

表 4—4—11　　常用高速工具钢的类别、牌号和主要化学成分

［摘自国家标准《高速工具钢》（GB/T 9943—2008）］

类别	牌号	化学成分（质量分数）（%）					
		w_C	w_W	w_{Mo}	w_{Cr}	w_V	w_{Co}
低合金高速钢	W4Mo3Cr4VSi	0.83 ~ 0.93	3.50 ~ 4.50	2.50 ~ 3.50	3.80 ~ 4.40	1.20 ~ 1.80	—
普通高速钢	W18Cr4V	0.73 ~ 0.83	17.20 ~ 18.70	—	3.80 ~ 4.50	1.00 ~ 1.20	—
	W6Mo5Cr4V2	0.80 ~ 0.90	5.50 ~ 6.75	4.50 ~ 5.50	3.80 ~ 4.40	1.75 ~ 2.20	—
高性能高速钢	W6Mo5Cr4V3	1.15 ~ 1.25	5.90 ~ 6.70	4.70 ~ 5.20	3.80 ~ 4.50	2.70 ~ 3.20	—
	W2Mo9Cr4VCo8	1.05 ~ 1.15	1.15 ~ 1.85	9.00 ~ 10.00	3.50 ~ 4.25	0.95 ~ 1.35	7.75 ~ 8.75
	W6Mo5Cr4V2Al	1.05 ~ 1.15	5.50 ~ 6.75	4.50 ~ 5.50	3.80 ~ 4.40	1.75 ~ 2.20	w_{Al}：0.80 ~ 1.20

表 4—4—12　　常用高速工具钢的主要特性和应用

牌号	主要特性和应用
W4Mo3Cr4VSi	可替代通用高速钢制造机用锯条、钻头、木工刨刀、机械刀片等刀具，也可制造立铣刀、机用丝锥和要求耐热、耐磨的机械部件
W18Cr4V	属钨系高速钢，广泛用于制造一般切削刀具，如车刀、铣刀、拉刀、麻花钻、板牙、铰刀、丝锥等。也可制造冷作模具或高温下工作的轴承、弹簧等耐磨、耐高温零件
W6Mo5Cr4V2	其碳化物细小均匀。主要用于制造切削速度高、负荷重、工作温度高的各种切削刀具，如车刀、铣刀、滚刀、刨刀、拉刀、钻头、丝锥等，也可用于制造要求耐磨性高的冷热变形模具、高温弹簧、高温轴承等
W6Mo5Cr4V3	耐磨性优于 W6Mo5Cr4V2，但可磨削性差，可制造各种类型的一般刀具，如车刀、刨刀、丝锥、钻头、成形铣刀、拉刀、滚刀等，适于加工中、高强度钢、高温合金等难加工材料。不宜制造高精度复杂刀具

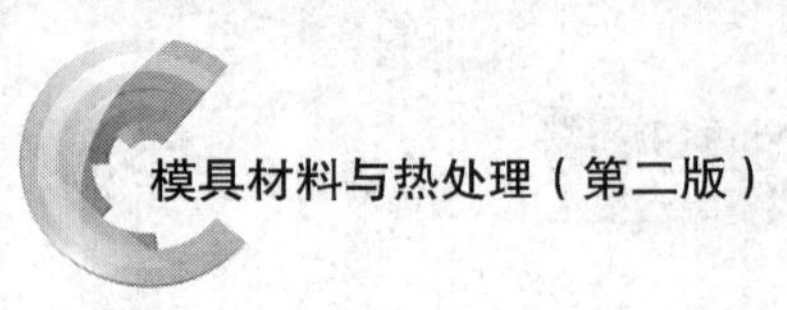

续表

牌号	主要特性和应用
W2Mo9Cr4VCo8	高碳含钴超硬型高速钢，具有较高的室温硬度和高温硬度，热硬性高，可磨削性好，刀刃锋利。适于制造各种高精度、复杂刀具，如成形铣刀、精拉刀、专用钻头、车刀、刀头和刀片等。用于加工铸造高温合金、钛合金、超高强度钢等难加工材料均可得到良好的效果
W6Mo5Cr4V2Al	属含铝超硬型高速钢，具有高热硬性、高耐磨性、热塑性好、工作寿命长等特点。适于加工不锈钢、高强度钢等难加工材料。可制造车刀、镗刀、铣刀、钻头、齿轮刀具、拉刀等

高速工具钢需通过特殊的热处理后才能获得所需的性能。由于高速工具钢的合金元素含量高，导热性很差，所以，淬火时一般要经过预热。其淬火温度一般均接近这种钢的熔化温度，目的是使难溶的合金碳化物更多地溶解到奥氏体中去。淬火冷却介质一般用油，也可用盐浴进行马氏体分级淬火，以减小变形。高速工具钢的淬火组织为马氏体＋未溶合金碳化物＋残留奥氏体。高速工具钢淬火后一般要经550～570℃三次回火。如果淬火后先经冷处理，则回火一次即可。回火的目的是减少残留奥氏体数量，并在回火过程中产生“二次硬化”现象，使高速工具钢的硬度和耐磨性进一步提高。常用高速工具钢的热处理规范见表4—4—13。

表4—4—13　常用高速工具钢的热处理规范［摘自国家标准《高速工具钢》（GB/T 9943—2008）］

牌号	预热温度（℃）	淬火温度（℃）		淬火介质	回火温度（℃）	硬度HRC不小于
		盐浴炉	箱式炉			
W4Mo3Cr4VSi	800～900	1 170～1 190	1 170～1 190	油或盐浴	540～560	63
W18Cr4V		1 250～1 270	1 260～1 280		550～570	63
W6Mo5Cr4V2		1 200～1 220	1 210～1 230		540～560	64
W6Mo5Cr4V3		1 190～1 210	1 200～1 220		540～560	64
W2Mo9Cr4VCo8		1 170～1 190	1 180～1 200		540～560	66
W6Mo5Cr4V2Al		1 200～1 220	1 230～1 240		550～570	65

五、轴承钢

轴承钢是用于制造滚动轴承的滚动体（如滚珠、滚柱、滚针等）和套圈的钢种，如图4—4—6所示。有时也可用于制造精密量具、冷冲模、机床丝杠等精密、耐磨零件。

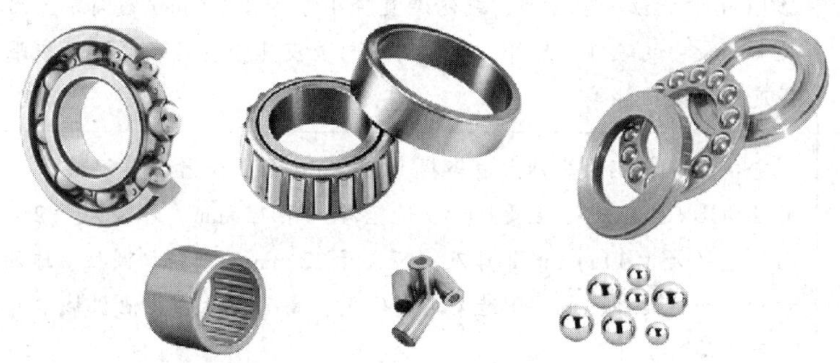

图4—4—6 轴承钢的应用

由于轴承在工作时承受着极大的压力和摩擦力，所以要求轴承钢有高而均匀的硬度和耐磨性，以及较高的弹性极限，对轴承钢化学成分的均匀性、非金属夹杂物的含量和分布、碳化物的分布等要求都十分严格，是所有钢铁生产中要求最严格的钢种之一。

一般轴承用钢主要是高碳铬轴承钢，即含碳量 w_C 为0.95%～1.05%，含铬量为0.35%～1.95%，并含有少量锰、硅元素的过共析钢。铬既可以改善钢的热处理性能，提高钢的淬透性、组织均匀性、回火稳定性，又可以提高钢的防锈性能和磨削性能。但当铬含量过高时，淬火后会增加钢中残留奥氏体，降低硬度和尺寸稳定性，增加碳化物的不均匀性，降低钢的冲击韧性和疲劳强度。常用高碳铬轴承钢的牌号、主要化学成分和热处理规范见表4—4—14，其特性和应用见表4—4—15。

表4—4—14 常用高碳铬轴承钢的牌号、化学成分和热处理规范

［摘自国家标准《高碳铬轴承钢》（GB/T 18254—2002）］

牌号	化学成分（质量分数）（%）				热处理		
	w_C	w_{Cr}	w_{Si}	w_{Mn}	淬火（℃）	回火（℃）	硬度 HRC
GCr15	0.95～1.05	1.40～1.65	0.15～0.35	0.25～0.45	825～845	150～170	62～66
GCr15SiMn	0.95～1.05	1.40～1.65	0.45～0.75	0.95～1.25	820～840	150～180	≥62

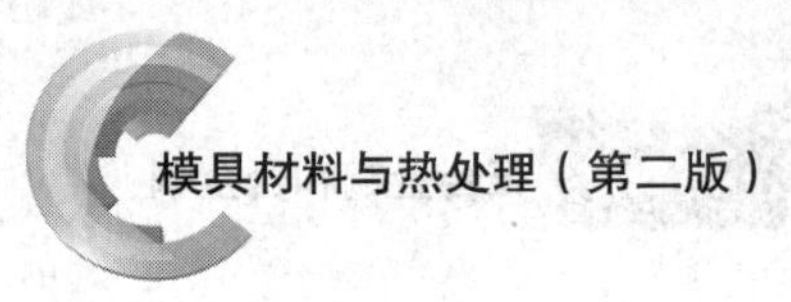

表 4—4—15　　常用高碳铬轴承钢的主要特性和应用

牌号	主要特性和应用
GCr15	它是一种最常用的典型高碳铬轴承钢。在淬火、回火后具有较高的硬度、耐磨性和接触疲劳强度。其热加工性能和可加工性能良好，淬透性适中。但焊接性差，白点敏感性大，有回火脆性。用于制造壁厚小于等于 12 mm、外径小于等于 250 mm 的滚动轴承套圈，或制造直径小于等于 22 mm 的圆锥、圆柱、球面滚子及全部尺寸的滚针。此外，也可用于制造模具、量具及高弹性极限、高接触疲劳强度的机械零件等
GCr15SiMn	它在 GCr15 钢的基础上适当提高 Si、Mn 元素含量，其淬透性、弹性极限、耐磨性均比 GCr15 好。主要用于制造壁厚大于 12 mm、外径大于 250 mm 的轴承套圈、直径大于 50 mm 的钢球及直径大于 22 mm 的圆锥、圆柱、球面滚子及全部尺寸的滚针。此外，也可制造要求高硬度、高耐磨性的其他机械零件，如轧辊、螺旋量规等

提示

高碳铬轴承钢的加工工艺流程

高碳铬轴承钢的加工工艺参考流程：下料→锻造→预备热处理→机械加工（粗加工、半精加工）→淬火＋低温回火→精加工→成品。预备热处理采用球化退火，目的是为了获得球状珠光体组织，以降低锻造后钢的硬度，便于切削加工，并为淬火做好组织准备。

六、不锈钢和耐热钢

1. 不锈钢

不锈钢属于特殊质量合金钢，是指以不锈、耐蚀性为主要特性，且含铬量至少为 10.5%，含碳量最大不超过 1.2% 的钢，是不锈耐酸钢的简称。耐空气、蒸汽、水等弱腐蚀介质或具有不锈性的钢种称为不锈钢；耐化学介质腐蚀（酸、碱、盐等化学浸蚀）的钢种称为耐酸钢。由于两者在化学成分上的差异而使它们的耐蚀性不同，普通不锈钢一般不耐化学介质腐蚀，而耐酸钢则一般具有不锈性。不锈钢的分类方法很多，通常按组织状态分为：奥氏体型不锈钢、奥氏体—铁素体（双相）型不锈钢、铁素体型不锈钢、马氏体型不锈钢和沉淀硬化型不锈钢。

（1）奥氏体型不锈钢

奥氏体型不锈钢是指基体以面心立方晶体结构的奥氏体组织（γ 相）为主，无磁性，主要通过冷加工使其强化（并可能导致一定的磁性）的不锈钢。这类钢中含有大量的铬和镍及少量钼、钛、氮等元素，使钢在室温下呈奥氏体状态。其综合性能好，可耐多种介质腐蚀。它具有良好的塑性、韧性、焊接性和耐蚀性能，在氧化性和还原性介质中耐蚀性均较好，主要用来制作耐酸设备，如耐蚀容器及设备衬里、输送管道、耐硝酸的设备零件等。奥氏体不锈钢一般采用固溶处理，即将钢加热至 1 050 ~ 1 150℃，然后水冷，以获得单相奥氏体组织。

（2）奥氏体—铁素体型不锈钢

奥氏体—铁素体型不锈钢是指基体兼有奥氏体和铁素体两相组织（其中较少相的含量一般大于 15%），有磁性，可通过冷加工使其强化的不锈钢。该类钢含铬量为 17.5% ~27%，含镍量为 3% ~12%。有些钢还含有 Mo、Cu、Si、Nb、Ti、N 等合金元素。该类钢兼有奥氏体型和铁素体型不锈钢的特点，与铁素体型不锈钢相比，塑性、韧性更高，无室温脆性，耐晶间腐蚀性能和焊接性能均显著提高，同时还保持有铁素体型不锈钢的 475℃脆性和导热系数高、具有超塑性等特点。与奥氏体型不锈钢相比，其强度高，特别是屈服强度显著提高（屈服强度可达 400 ~550 MPa，是普通奥氏体不锈钢的两倍），且耐孔蚀性、耐应力腐蚀、耐腐蚀疲劳等性能也有明显的改善。该类钢广泛应用于石油化工设备、海水与废水处理设备、输油输气管线、造纸机械等工业领域，近些年来也被研究用于桥梁承重结构领域，具有很好的发展前景。

（3）铁素体型不锈钢

铁素体型不锈钢是指基体以体心立方晶体结构的铁素体组织（α 相）为主，有磁性，一般不能通过热处理硬化，但冷加工可使其轻微强化的不锈钢。此类钢铬元素含量为 10.5% ~32%，一般不含镍元素，有的还含有少量的 Mo、Ti、Nb 等元素。因铬元素含量较高，故耐腐蚀性能与抗氧化性能均比较好，能抵抗大气、硝酸和盐水溶液的腐蚀，并具有高温抗氧化性能好、热膨胀系数小等特点。但力学性能与工艺性能较差，多用于受力不大的耐酸结构及作为抗氧化钢使用。可用于制造硝酸或食品工厂设备以及制造耐大气、水蒸气、水和氧化性酸腐蚀的零部件等，也可用于制造在高温下工作的零件，如燃气轮机零件等。

（4）马氏体型不锈钢

马氏体型不锈钢是指基体为马氏体组织，有磁性，通过热处理可调整其力学性能的不锈钢。此类钢含铬量为 11.5% ~19.0%，含碳量最高可达 1.20%。因含碳量的增加，提高了钢的强度、硬度和耐磨性。在这类钢中加入少量镍元素可以促使生成马氏体，同时又能提高其耐蚀性。但这类钢的塑性和可焊性较差，故用于力学性能要求较高、耐蚀性能要求一般的一些零件，如弹簧、汽轮机叶片、水压机阀等。这类钢在淬火、回火处理后使用。

（5）沉淀硬化型不锈钢

沉淀硬化型不锈钢是指基体为奥氏体或马氏体组织，并能通过沉淀硬化（又称时效硬化）处理使其硬（强）化的不锈钢。它是一种铁—铬—镍合金，通过加入 Al、Ti、Nb、V、N 等元素，在时效热处理过程中形成沉淀相。这类钢具有很好的成形性能和良好的焊接性，并有良好的抗腐蚀性能和热处理简单的特点。这类钢可作为超高强度材料在核工业、航空和航天工业中得到应用。

常用不锈钢的牌号、主要化学成分、热处理规范和力学性能见表 4—4—16，其特性和应用见表 4—4—17。

表 4—4—16　常用不锈钢的牌号、化学成分、热处理规范和力学性能

［摘自国家标准《不锈钢棒》（GB/T 1220—2007）］

类型	牌号	化学成分		热处理（℃）	力学性能				
		w_C（%）	w_{Cr}（%）		$R_{P0.2}$（MPa）	R_m（MPa）	A（%）	Z（%）	硬度 HBW
奥氏体型	12Cr18Ni9	0.15	17.0～19.0	固溶处理 1 010～1 150 快冷	≥205	≥520	≥40	≥60	≤187
	06Cr19Ni10	0.08	18.0～20.0	固溶处理 1 010～1 150 快冷	≥205	≥520	≥40	≥60	≤187
奥氏体—铁素体型	022Cr22Ni5Mo3N	0.03	21.0～23.0	固溶处理 950～1 200 快冷	≥450	≥620	≥25	—	≤290
	03Cr25Ni6Mo3Cu2N	0.04	24.0～27.0	固溶处理 1 000～1 200 快冷	≥550	≥750	≥25	—	≤290
铁素体型	10Cr17	0.12	16.0～18.0	退火处理 785～850 空冷或缓冷	≥205	≥450	≥22	≥50	≤183
	008Cr30Mo2	0.01	28.5～32.0	退火处理 900～1 050 快冷	≥295	≥450	≥20	≥45	≤228
马氏体型	12Cr13	0.08～0.15	11.5～13.5	淬火 950～1 000 油冷 回火 700～750 快冷	≥345	≥540	≥22	≥55	≥159
	30Cr13	0.26～0.35	12.0～14.0	淬火 920～980 油冷 回火 600～750 快冷	≥540	≥735	≥12	≥40	≥217

续表

<table>
<tr><th rowspan="2">类型</th><th rowspan="2">牌号</th><th colspan="2">化学成分</th><th rowspan="2">热处理（℃）</th><th colspan="5">力学性能</th></tr>
<tr><th>w_C（%）</th><th>w_{Cr}（%）</th><th>$R_{P0.2}$（MPa）</th><th>R_m（MPa）</th><th>A（%）</th><th>Z（%）</th><th>硬度 HBW</th></tr>
<tr><td rowspan="8">沉淀硬化型</td><td rowspan="5">05Cr15Ni5Cu4Nb</td><td rowspan="5">0.07</td><td rowspan="5">14.0～15.0</td><td>固溶 1 020～1 060 快冷</td><td>—</td><td>—</td><td>—</td><td>—</td><td>≤363</td></tr>
<tr><td>时效 480 空</td><td>≥1 180</td><td>≥1 310</td><td>≥10</td><td>≥35</td><td>≥375</td></tr>
<tr><td>时效 550 空</td><td>≥1 000</td><td>≥1 070</td><td>≥12</td><td>≥45</td><td>≥331</td></tr>
<tr><td>时效 580 空</td><td>≥865</td><td>≥1 000</td><td>≥13</td><td>≥45</td><td>≥302</td></tr>
<tr><td>时效 620 空</td><td>≥725</td><td>≥930</td><td>≥16</td><td>≥50</td><td>≥277</td></tr>
<tr><td rowspan="3">07Cr15Ni7Mo2Al</td><td rowspan="3">0.09</td><td rowspan="3">14.0～16.0</td><td>固溶 1 000～1 100 快冷</td><td>—</td><td>—</td><td>—</td><td>—</td><td>≤269</td></tr>
<tr><td>时效 510 空</td><td>≥1 210</td><td>≥1 320</td><td>≥6</td><td>≥20</td><td>≥388</td></tr>
<tr><td>时效 565 空</td><td>≥1 100</td><td>≥1 210</td><td>≥7</td><td>≥25</td><td>≥375</td></tr>
</table>

表 4—4—17　　常用不锈钢的主要特性和应用

牌号	主要特性和应用
12Cr18Ni9	它是最悠久的奥氏体不锈钢，在固溶态具有良好的塑性、韧性和冷加工性，在氧化性酸和大气、水、蒸汽等介质中耐蚀性也好，经冷加工有较高的强度。主要用于对耐蚀性和强度要求不高的结构件和焊接件，如建筑物外表装饰材料；也可用于无磁部件和低温装置的部件。但在敏化态或焊后，具有晶间腐蚀倾向，不宜用作焊接结构材料
06Cr19Ni10	它的性能类似于12Cr18Ni9钢，但耐腐蚀性优于12Cr18Ni9钢，可用作薄截面尺寸的焊接件，是应用量最大、使用范围最广的不锈钢。适用于制造深冲成形部件和输酸管道、容器、结构件等，也可以制造无磁、低温设备和部件
022Cr22Ni5Mo3N	是目前世界上双相不锈钢中应用最普遍的钢。对含硫化氢、二氧化碳、氯化物的环境具有阻抗性，可进行冷、热加工及成形，焊接性良好，适用于作结构材料，可代替022Cr19Ni10和022Cr17Ni12Mo2奥氏体不锈钢使用。用于制作油井管、化工储罐、热交换器、冷凝冷却器等易产生点蚀和应力腐蚀的受压设备

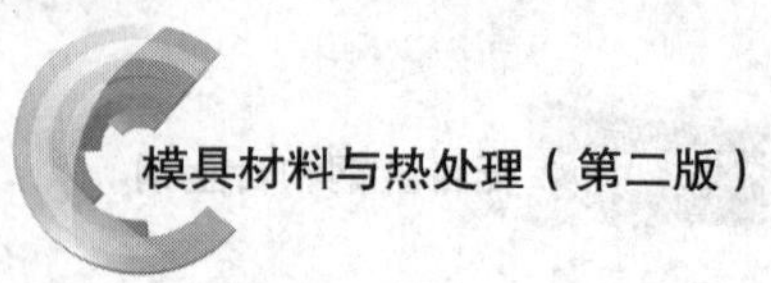

续表

牌号	特性和应用
03Cr25Ni6Mo3Cu2N	具有良好的力学性能和局部耐腐蚀性能，尤其是耐磨损性能优于一般的奥氏体不锈钢，是海水环境中的理想材料。适用作舰船用的螺旋推进器、轴、潜艇密封件等，也适用于在化工、石油、天然气、纸浆、造纸等领域应用
10Cr17	具有耐腐蚀性、力学性能和热导率高的特点，在大气、水蒸气等介质中具有不锈性，但当介质中含有较高氯离子时，不锈性则不足。主要用于生产硝酸、硝铵的化工设备，如吸收塔、热交换器、储槽等；薄板主要用于建筑内装饰、日用办公设备、厨房器具、汽车装饰、气体燃烧器等。由于它的脆性转变温度在室温以上，且对缺口敏感，不适用制作室温以下承受载荷的设备和部件，且通常使用的钢材其截面尺寸一般不允许超过 4 mm
008Cr30Mo2	高纯铁素体不锈钢，脆性转变温度低，耐卤离子应力腐蚀破坏性好，耐腐蚀性与纯镍相当，并具有良好的韧性、加工成形性和可焊性。主要用于化学加工工业（醋酸、乳酸等有机酸，苛性钠浓缩工程）成套设备，食品、石油精炼、电力、水处理和污染控制等用热交换器、压力容器、罐和其他设备等
12Cr13	半马氏体型不锈钢，经淬火回火处理后具有较高的强度、韧性，良好的耐蚀性和机械加工性能。主要用于韧性要求较高且具有不锈性的受冲击载荷的零部件，如刃具、叶片、紧固件、水压机阀、热裂解抗硫腐蚀设备等；也可制作在常温条件耐弱腐蚀介质的设备和部件
30Cr13	马氏体型不锈钢，较 12Cr13 和 20Cr13 钢具有更高的强度、硬度和更好的淬透性，在室温的稀硝酸和弱的有机酸中具有一定的耐蚀性，但不及 12Cr13 和 20Cr13 钢。主要用于高强度部件，以及在承受高应力载荷并在一定腐蚀介质条件下的磨损件，如 300℃以下工作的刃具、弹簧，400℃以下工作的轴、螺栓、阀门、轴承等
05Cr15Ni5Cu4Nb	该钢除具有高强度外，还有较高的横向韧性和良好的可锻性，耐蚀性与 05Cr17Ni4Cu4Nb 钢相当。主要用于具有高强度、良好韧性，又要求有优良耐蚀性的服役环境，如高强度锻件、高压系统阀门部件、飞机部件等
07Cr15Ni7Mo2Al	该钢以质量分数为 2% 的钼取代 07Cr17Ni7Al 钢中质量分数为 2% 的铬的半奥氏体沉淀硬化不锈钢，使之耐还原性介质腐蚀能力有所改善，综合性能优于 07Cr17Ni7Al 钢。用于宇航、石油化工和能源等领域有一定耐蚀要求的高强度容器、零件和结构件

2. 耐热钢

耐热钢属于特殊质量合金钢，是指在高温下具有良好的化学稳定性和较高强度的钢。钢的耐热性包括在高温下对氧化作用的抗力和在高温下对机械载荷作用的抗力。一般来说，钢材的强度随温度的升高会逐渐下降，而且不同的钢材在高温条件下其强度下降的程度是不同的。为此，在耐热钢中加入铬、硅、铝等合金元素，使钢的表面在高温下能生成一层致密的高熔点氧化膜，防止继续氧化，是提高钢的抗氧化性和抗高温气体腐蚀的主要元素。另外，加入钛、钨、钒、铌、钼等合金元素，可以阻碍晶粒长大，提高耐热钢的高温热强性。耐热钢按组织特征分为奥氏体型耐热钢、铁素体型耐热钢、马氏体型耐热钢和沉淀硬化型耐热钢。常用耐热钢的牌号、主要化学成分、热处理规范和力学性能见表4—4—18，其特性和应用见表4—4—19。

表4—4—18　　常用耐热钢的牌号、化学成分、热处理规范和力学性能

［摘自国家标准《耐热钢棒》（GB/T 1221—2007）］

类型	牌号	化学成分		热处理（℃）	力学性能				
		w_C（%）	w_{Cr}（%）		$R_{P0.2}$（MPa）	R_m（MPa）	A（%）	Z（%）	硬度 HBW
奥氏体型	26Cr18Mn12Si2N	0.22～0.30	17.0～19.0	固溶处理 1 100～1 150 快冷	≥390	≥685	≥35	≥45	≤248
奥氏体型	45Cr14Ni14W2Mo	0.40～0.50	13.0～15.0	退火处理 820～850 快冷	≥315	≥705	≥20	≥35	≤248
铁素体型	022Cr12	0.03	11.0～13.5	退火处理 700～820 空冷或缓冷	≥195	≥360	≥22	≥60	≤183
铁素体型	16Cr25N	0.20	23.0～27.0	退火处理 780～880 快冷	≥275	≥510	≥20	≥40	≤201
马氏体型	14Cr11MoV	0.11～0.18	10.0～11.5	淬火 1 050～1 100 空冷 回火 720～740 空冷	≥490	≥685	≥16	≥55	—
马氏体型	40Cr10Si2Mo	0.35～0.45	9.00～10.5	淬火 1 010～1 040 油冷 回火 720～760 空冷	≥685	≥885	≥10	≥35	—

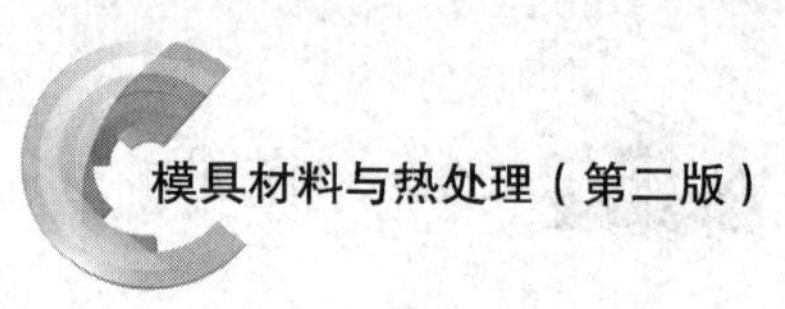

续表

类型	牌号	化学成分		热处理（℃）	力学性能				
		w_C（%）	w_{Cr}（%）		$R_{P0.2}$（MPa）	R_m（MPa）	A（%）	Z（%）	硬度HBW
沉淀硬化型	05Cr17Ni4Cu4Nb	0.07	15.0～17.5	固溶1 020～1 060快冷	—	—	—	—	≤363
				时效480空	≥1 180	≥1 310	≥10	≥40	≥375
				时效550空	≥1 000	≥1 070	≥12	≥45	≥331
				时效580空	≥865	≥1 000	≥13	≥45	≥302
				时效620空	≥725	≥930	≥16	≥50	≥277

表4—4—19　　常用耐热钢的主要特性和应用

牌号	主要特性和应用
26Cr18Mn12Si2N	有较高的高温强度和一定的抗氧化性，并且有较好的抗硫及抗增碳性。用于吊挂支架、渗碳炉构件、加热炉传送带、料盘、炉爪等
45Cr14Ni14W2Mo	中碳奥氏体型阀门钢，在700℃以下有较高的热强性，在800℃以下有良好的抗氧化性能。用于制造700℃以下工作的内燃机，柴油机重负荷进、排气阀和紧固件，500℃以下工作的航空发动机及其他产品零件。也可作为渗氮钢使用
022Cr12	比022Cr13含碳量低，焊接部位弯曲性能、加工性能、耐高温氧化性能好。常用于汽车排气处理装置、锅炉燃烧室、喷嘴等
16Cr25N	耐高温腐蚀性强，1 082℃以下不产生易剥落的氧化皮。常用于抗硫气氛，如燃烧室、退火箱、玻璃模具、阀、搅拌杆等
14Cr11MoV	铬钼钒马氏体耐热钢，有较高的热强性，良好的减振性和组织稳定性。用于透平叶片和导向叶片等
40Cr10Si2Mo	铬硅钼马氏体阀门钢，经淬火回火后使用。因含有钼和硅元素，高温强度抗蠕变性能和抗氧化性能比40Cr13好。用于制作进、排气阀门，鱼雷，火箭部件，预燃烧室等
05Cr17Ni4Cu4Nb	添加铜和铌元素的马氏体沉淀硬化钢，作燃气透平压缩机叶片、燃气透平发动机周围材料等

提示

由于某些牌号的不锈钢在高温下具有良好的化学稳定性和较高的强度，因此，在某些特定条件下也可作为耐热钢使用，如06Cr19Ni10、06Cr18Ni11Nb、06Cr13Al、10Cr17、13Cr13Mo、05Cr17Ni4Cu4Nb等。

七、耐磨钢

耐磨钢是指具有良好耐磨损性能的钢铁材料的总称。耐磨钢种类繁多，大体上可分为高锰钢、中低合金耐磨钢、耐磨蚀钢和特殊耐磨钢等。目前已有相关的国家标准：《奥氏体锰钢铸件》（GB/T 5680—2010）、《工程机械用高强度耐磨钢板》（GB/T 24186—2009）、《耐磨铸钢件》（GB/T 26651—2011）等。在实际生产中，一些通用的合金钢，如不锈钢、轴承钢、合金工具钢和合金结构钢等也都在特定的条件下作为耐磨钢使用，由于它们来源方便，性能优良，故在耐磨钢的使用中也占有一定的比例。下面主要介绍奥氏体锰钢及其铸件的化学成分、热处理特点和应用。

对于工作时承受很大压力、强烈冲击和严重磨损的机械零件，目前工业中多采用奥氏体锰钢来制造。列入国家标准 GB/T 5680—2010 的奥氏体锰钢共有 ZG120Mn13、ZG120Mn13Cr2 等 10 个牌号。其中，含碳量 w_C 一般为 0.75% ~ 1.35%，含锰量为 6% ~ 19%。奥氏体锰钢的铸态组织是奥氏体和网状碳化物，脆性大又不耐磨，故不能直接使用，必须对其进行水韧处理。水韧处理是将奥氏体锰钢加热到 1 000 ~ 1 100℃高温，保温一段时间，使钢中碳化物全部溶入奥氏体中，然后在水中快冷，使碳化物来不及析出，从而得到单相奥氏体组织。水韧处理后硬度并不高（180 ~ 220HBW）。当它受到剧烈冲击或较大压力作用时，表面因塑性变形而迅速产生冷变形强化，并伴有马氏体相变，使表面硬度急剧提高到 52 ~ 56HRC。因此，奥氏体锰钢具有高的耐磨性，而心部仍为奥氏体，具有良好的韧性，以承受强烈的冲击力。常用奥氏体锰钢及其铸件经水韧处理后的力学性能见表4—4—20。

表 4—4—20　常用奥氏体锰钢及其铸件的力学性能（摘自 GB/T 5680—2010）

牌号	力学性能			
	下屈服强度 R_{eL}（MPa）	抗拉强度 R_m（MPa）	断后伸长率 A（%）	冲击吸收能 KU_2（J）
ZG120Mn13	—	≥685	≥25	≥118
ZG120Mn13Cr2	≥390	≥735	≥20	—

奥氏体锰钢最大的特点有两个：一是外来冲击越大，其自身表层耐磨性越高；二是随着表面硬化层的逐渐磨损，新的冷变形硬化层会连续不断形成。奥氏体锰钢特别适用于制作长时间经受高冲击物料磨损的耐磨构件。奥氏体锰钢不易切削加工，但其铸造性能好，可铸成复杂形状的铸件，故奥氏体锰钢一般是铸造后经热处理再使用。奥氏体锰钢常用于坦克和工程机械的履带、挖掘机铲齿、破碎机的颚板、铁路道岔、防弹钢板等，如图 4—4—7 所示。

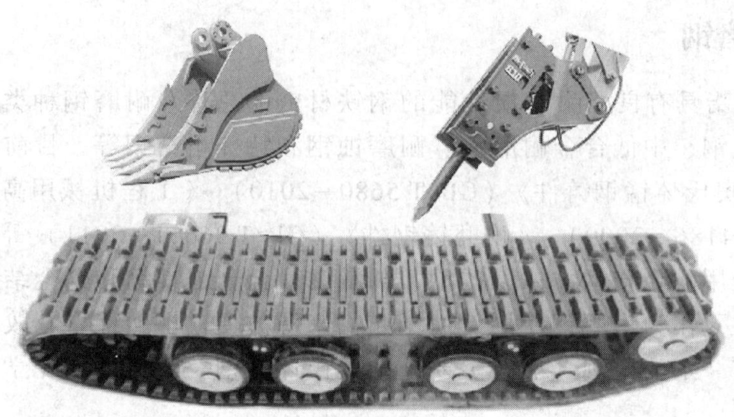

图 4—4—7　奥氏体锰钢的应用

提示

随着现代工业的高速发展和科学技术的突飞猛进，奥氏体锰钢已成为磁悬浮列车、凿岩机器人、新型坦克等先进设备中首选的耐磨材料。许多新型材料和现代表面工程技术在性价比上无法与奥氏体锰钢相比。但必须注意的是只有在受到剧烈冲击或较大压力的情况下，奥氏体锰钢表面才会产生加工硬化，显示出高的耐磨性，否则奥氏体锰钢是不耐磨的。

第五章 模具材料基础知识

模具是机械制造工业中用来成形各种工业产品（毛坯或零件）的一种重要工艺装备。工业产品大批量生产和新产品开发都离不开模具，用模具生产制件所达到的高精度、高复杂程度、高一致性、高生产率和低耗能、低耗材，使模具工业在制造业中的地位越来越重要。现在模具技术已成为衡量一个国家产品制造水平的重要标志之一。

随着产品更新换代越来越快，新产品不断涌现。模具的使用范围已越来越广，对模具的要求也越来越高。模具性能的好坏与寿命的长短直接影响产品的质量和经济效益，而模具的性能和寿命取决于模具材料的选择、热处理和表面处理技术。因此，目前世界各国都在开发模具新材料，不断摸索、掌握模具热处理新工艺和表面强化新技术，以提高模具的性能并延长其使用寿命。

第一节　模具材料的发展和分类

目前随着我国科学技术的飞速进步，模具技术和制造方式发生了根本性的变化，已经从传统的手工设计、从有经验的钳工师傅为主导的技艺型生产方式转变为以数字化、信息化、自动化生产为特征的现代模具工业生产方式。

一、模具材料的发展概况

随着电子、机械、轻工、国防等工业的不断发展，尤其是汽车工业和电子工业的飞速发展，对模具的需求量与日俱增，给模具工业带来了广阔的前景和新的挑战。根据现代工业的发展趋势，工业产品的特征是：小型化多功能性产品和大型产品的结构越来越复杂；加工精度和表面质量的要求越来越高；在高温、高速、高摩擦和腐蚀性环境中工作的产品对高性能材料的需求越来越多，高性能工程材料的使用也越来越广泛。

1. 国外模具材料发展现状

近年来，工业生产技术日新月异，各种新材料层出不穷，模具的工作条件要求日益苛刻，对模具材料的性能、质量、品种等方面的要求不断提高，发达国家开发了各种具有不同特性、适应不同要求的新型模具材料，不但增加了品种，而且提高了质量，主要有以下特点：

（1）研制出先进的、各种类型的冷作模具钢、热作模具钢，并有较完整的系列。

（2）塑料模具钢高速发展并系列化。

（3）模具钢的品种、规格迅速向多样化、精料化、制品化方向发展。

（4）模具钢性能高级化。

（5）研究和开发新型模具材料。

2. 我国模具材料发展现状和趋势

（1）发展现状

近年来，为适应现代工业产品发展的需要，我国的模具生产发展迅速，已成为国民经济的基础工业。我国模具工业的迅猛发展带动了国内模具材料的产量、品种、规格和品质水准的提高，我国在模具材料的研制、开发、应用、强韧化处理和表面强化技术方面取得了显著成效。但国产模具材料无论是在品种还是在质量上仍难以满足国内模具市场的需要，与发达国家相比还存在着不小的差距：

1）钢种系列化程度低。

2）钢种产品结构不合理。

3）模具钢冶金质量低、成材率低。

4）模具新材料宣传和推广力度不够。

（2）发展趋势

1）不断完善、改进现有模具钢的性能。今后我国模具钢技术的发展应注重积极引进、开发高性能钢种，加强系列化、标准化工作，向精料化、高级化方向发展，发展专业化生产，采用先进工艺和设备，增加品种、提高质量、降低成本，使我国模具钢产品迅速达到世界先进水平。

2）开发和应用高性能模具新材料。

二、模具材料的分类方法

模具材料的品种繁多，分类方法也不尽相同，下面介绍两种主要的分类方法。

1. 按模具类别分

按模具类别不同，可将模具材料分为冷作模具材料、热作模具材料、塑料模具材料等，如图 5—1—1 所示。

2. 按材料类别分

按材料类别不同，可将模具材料分为钢铁材料、非铁金属材料、非金属材料等，如图 5—1—2 所示。

- 模具材料
  - 冷作模具材料：冷冲裁模具用钢、冷挤压模具用钢、冷镦模具用钢、拉丝模具用钢等
  - 热作模具材料：热锻模具用钢、热挤压模具用钢、压铸模具用钢、热冲裁模具用钢等
  - 塑料模具材料：渗碳型塑料模具用钢、调质型塑料模具用钢、淬硬型塑料模具用钢、预硬型塑料模具用钢、时效硬化型塑料模具用钢等
  - 其他模具材料
    - 铸铁
    - 有色金属及其合金
    - 硬质合金
    - 非金属材料

图 5—1—1　模具材料按模具类别不同进行分类

- 模具材料
  - 钢铁材料
    - 结构钢
      - 渗碳钢
      - 调质钢
      - 轴承钢
      - 弹簧钢
    - 工具钢
      - 碳素工具钢
      - 低合金工具钢
        - 高碳低合金工具钢
        - 中碳低合金模具钢
      - 中合金工具钢
        - 高碳中铬模具钢
        - 含锰量较高的空冷微变形钢
      - 高合金工具钢
        - 高速钢
        - 高碳高铬模具钢
        - 中碳Cr—W—Mo—V钢
        - 铬氮模具钢
        - 沉淀硬化模具钢
    - 特殊钢
      - 基体钢
      - 耐热钢
      - 沉淀硬化不锈钢
      - 马氏体时效钢
    - 铸铁
  - 非铁金属材料
    - 钢结硬质合金
      - TiC基
      - WC基
    - 硬质合金
    - 铜基合金
    - 难熔合金
    - 高温合金
    - 低熔点合金
  - 非金属材料
    - 陶瓷
    - 橡胶
    - 塑料

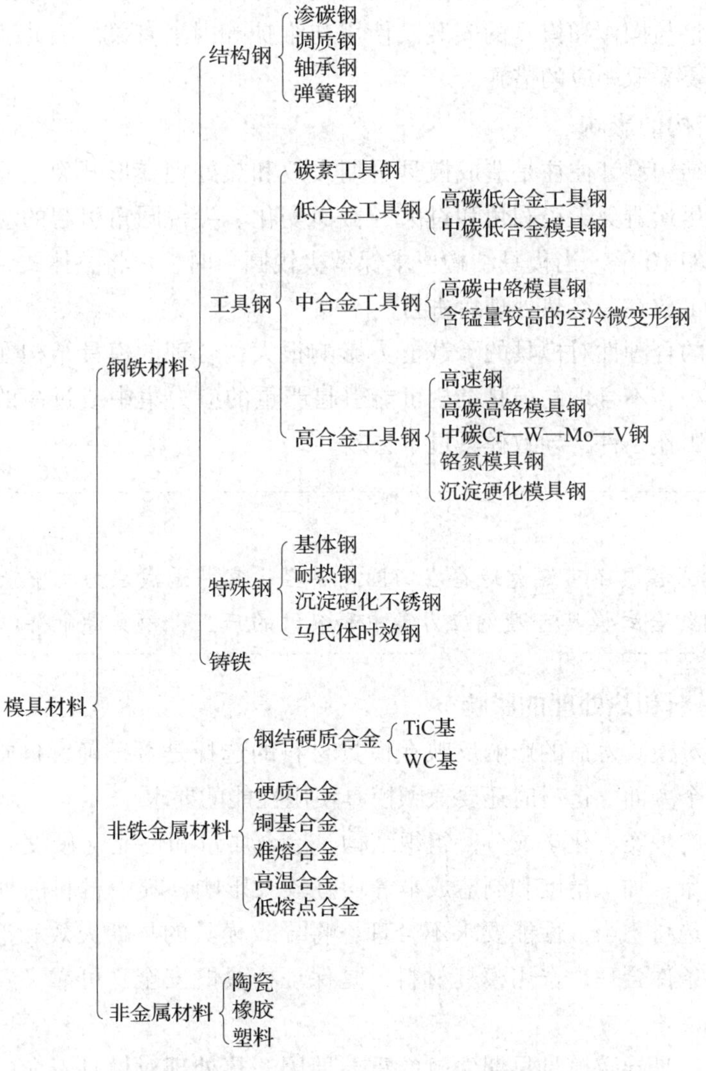

图 5—1—2　模具材料按材料不同进行分类

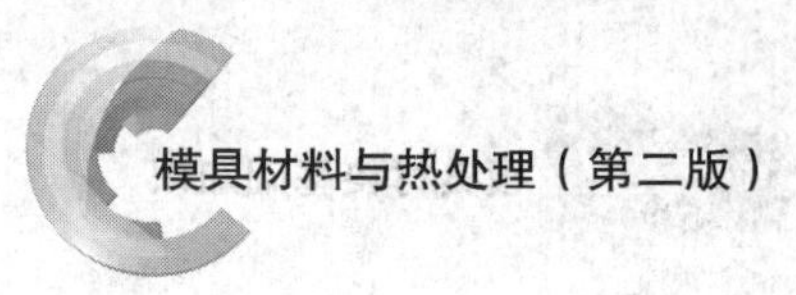

第二节　模具寿命与选材

一、影响模具寿命的因素

模具的质量包括模具的精度、表面结构要求和模具寿命三个方面。模具的精度和表面结构要求主要由加工决定，而模具的寿命取决于设计、加工、材料、热处理和使用操作等多种因素，其中材料和热处理是影响模具使用寿命最重要的内在因素。

模具的使用寿命与模具的结构设计、模具材料和热处理、模具制造过程、工作条件、机床的调整与操作和模具的安装、使用与维护等因素有关。因此，要延长模具的使用寿命，需要采取相应的措施。

1. 模具结构的影响

不合理的结构设计往往是造成模具早期失效和热处理变形开裂的重要原因。模具的结构设计应尽量避免尖锐圆角和过大的截面变化。尖锐圆角引起的应力集中可超过平均计算应力的10倍。当模具结构要求保留尖锐圆角时，可将整体式结构改成组合式或将圆角的加工放在最终热处理后进行。

模具结构的合理性对模具的承载能力影响很大，合理的模具结构在工作时受力均匀，应力集中小；不合理的模具结构可能引起严重的应力集中或过高的工作温度，从而恶化模具的工作条件，导致模具过早失效。

提示

1. 整体式模具不可避免地存在凹圆角半径，容易造成应力集中产生裂纹。
2. 采用组合式模具可避免应力集中和裂纹的产生，模具寿命得以延长。

2. 模具材料和热处理的影响

模具材料对模具寿命的影响反映在模具材料的选择是否正确、材质是否良好和使用是否合理三个方面。选材时还要兼顾模具使用性能的要求。

模具材料的种类、化学成分、组织结构、冶金质量和性能（硬度）对模具的承载能力、使用寿命、加工精度和制造成本等均有较大影响，其中材料的种类和硬度影响最为明显。若选材不当，性能要求不合理，将导致模具的早期失效和浪费。因此，根据模具的工作条件合理地选用模具材料，是保证模具既安全、可靠又经济合理的关键因素。

热处理不当是导致模具早期失效的重要原因。热处理对模具寿命的影响主要反映在热处理技术要求不合理和热处理质量不良两个方面。统计资料表明，由于选材和热处理不当，致使模具早期失效的情况约占70%。

3. 模具制造过程的影响

模具制造过程包括模具毛坯的锻造、零件的切削加工、电加工和模具的热处理等环节，模具制造过程对模具寿命影响很大。

（1）模具毛坯的锻造

高碳钢和高碳合金钢是制造模具的主要材料。由于冶金技术等方面的原因，材料内部不同程度地存在成分和组织的偏析、碳化物粗大且不均匀、晶粒粗大等缺陷，造成钢材性能下降。因此，模具毛坯采用锻造工艺的目的主要是消除材料内部缺陷，使模具获得所需要的组织结构、使用性能以及一定的形状和尺寸。

（2）模具零件的加工

模具毛坯经锻造后一般需经过切削加工和电火花加工等工序。这些加工中的质量问题，尤其是加工表面的质量，显著影响模具的耐磨性、断裂抗力、疲劳强度和热疲劳抗力等性能。

1）切削加工的影响。经过锻造和退火的模具毛坯，一般都存在一定厚度的脱碳层，必须通过切削加工把脱碳层全部去除，否则，残留的脱碳层会使模具的力学性能受到很大影响，从而造成模具早期失效。

切削加工是被切削材料在刀具作用下经挤压、撕裂而形成切屑的过程。在这个过程中，零件表面的金属层产生弹性变形和塑性变形，使零件表层产生加工硬化的现象。形成的硬化层越厚，加工硬化程度越高，对零件性能的影响越大。

切削加工后模具零件的表面粗糙度对其疲劳强度有明显的影响，实践证明，精磨表面的疲劳强度最高。切削加工时还要注意尺寸的准确性，以保证尺寸过渡处的圆角半径或圆弧连接处不留接刀痕。当零件加工后，若表面留有切削痕，或者加工过程中造成表面划伤，甚至把刀具碎片扎入零件表面，都会造成表面不连续而引起应力集中，诱发裂纹萌生，从而产生疲劳裂纹源。

另外，切削加工中留下的毛刺也会产生应力集中，使模具的疲劳强度和抗热疲劳能力明显降低。

2）电火花加工的影响。现代模具广泛使用电火花进行精加工。在电火花加工过程中，由于受瞬时高温作用和工作液快速冷却作用，材料已加工表面发生化学成分和组织结构的变化，形成加工变质层。电火花加工表面变质层大致分为熔化凝固层和热影响层。

熔化凝固层在模具材料的最表层。表层金属被快速熔化又快速凝固，形成硬度很高的白亮层。熔化凝固层是由马氏体、残余奥氏体和共晶型碳化物组成的树枝状铸造组织。研究表明，熔化凝固层所含有的非回火马氏体组织中存在着显微裂纹。模具在工作中承受载荷时，这些显微裂纹很可能发展成为宏观裂纹，从而降低模具的韧性和断裂抗力，甚至导致模具失效。

电火花加工表面受热应力影响而产生的残余拉应力会与模具零件原有的残余应力

叠加，因此，模具经电火花加工后应重新回火，以消除内应力，但回火温度不能超过电火花加工前的最高回火温度。

4. 模具工作条件的影响

影响模具寿命的工作条件主要包括成形件的材质和温度、设备特性、冷却与润滑等。

（1）成形件的材质和温度

1）材质。成形件的材质有金属和非金属、固体和液体之分。非金属材料、液态材料的强度低，所需的成形力小，模具受力小，因此模具使用寿命较长。金属件成形模比非金属件成形模的寿命短。对固态金属件而言，金属件强度越高，所需变形力越大，模具所承受的力也越大，因此模具使用寿命较短。

工件与模具的亲和力越大，在成形过程中越容易与模具产生黏着磨损，模具的使用寿命越短。坯料的表面状态对模具的受力、磨损也有较大的影响。例如，冲裁模在冲裁表面光亮、性能均匀的冷轧钢板时，冲头受力均匀，使用寿命较长；而冲裁表面粗糙的相同厚度的热轧钢板时，冲头使用寿命较短。

2）温度。温度影响材料的强度，同时也影响模具与工件接触面的情况。在成形高温工件时，模具因受热而升温，随着温度的上升，模具的强度下降，易产生塑性变形。

（2）设备特性

1）设备的精度与刚度。模具成形件的力是由设备提供的，在成形过程中，设备运动部位（滑块）相对导轨做运动，同时，设备因受力将产生弹性变形。设备运动部分的导向精度高，上、下不易错移，不易出现附加的横向载荷和转矩，模具磨损均匀，则模具使用寿命长。一般来说，随着注塑机、机械压力机、模锻锤导向精度的下降，其相应的模具使用寿命也会缩短。

设备刚度高，在成形过程中的弹性变形小，模具上、下模可较好地保证正确的配合状态。设备成形过程中的弹性变形在成形过程结束的瞬时会释放，造成上、下模的瞬时抖动。设备刚度越低，弹性变形越大，这种抖动越大，模具的不均匀磨损速度越快。为了克服设备弹性变形对模具工作精度的影响，精密冲裁时，冲裁力应小于设备吨位的50%；普通冲裁时，冲裁力应不超过设备吨位的80%。

2）设备的速度。设备施加给模具和工件上的力是在一段时间内逐渐增加的，设备的速度影响力施加的过程。设备的速度越高，模具在单位时间内受到的冲击力越大（冲击能量越大）；时间越短，冲击能量越来不及传递和释放，容易集中在局部，造成局部应力超过模具材料的屈服强度或抗拉强度。因此，设备速度越高，模具越易产生塑性变形或断裂失效。

（3）冷却与润滑

1）冷却。热作模具因受工件的热量影响而温度升高，模具强度下降。为减少热量，避免模具温度过高、强度太低而产生塑性变形，在使用过程中应及时冷却模具。

模具的冷却方式分为内冷和外冷两种。内冷的冷却方式较缓和，模具温差小，冷却效果好，模具寿命长，但模具结构复杂。外部冷却的冷却效果显著，但模具内外温差大，模具表面经受较大的急热急冷变化之后，易产生疲劳磨损或疲劳断裂，模具使用寿命随之变短。

2）润滑。模具与工件相对运动表面间的润滑剂在一定程度上阻碍坯料向模具传热，从而降低模具温度。同时可减少模具与工件的直接接触，进而减少磨损，降低成形力，对延长模具寿命非常有利。润滑的效果因采用的润滑剂和润滑方式的不同而不同，例如，不锈钢表壳模用机油润滑，使用寿命只有80件；而用二硫化钼润滑时，使用寿命可达10 000件。

不适当部位的润滑对工艺和模具都会产生危害。另外，若润滑剂燃烧后转化成高压气体，会使模具表面产生气蚀磨损。因此，只有根据工艺和模具的结构特点合理选用润滑剂和润滑方式，才能延长模具使用寿命。

5. 机床的调整与操作

材质优良、结构设计正确、冷热加工良好、热处理合理的模具，如果机床调整和操作不当，仍然可能在服役过程中早期失效。机床调整和操作因素包括机床的精度、刚度、间隙调整、定位不准和偶然过载等。认真对待这些因素将有助于发现模具失效的真正原因，生产过程中模具使用寿命的较大波动常常与机床调整和操作因素有关，必须给予足够的重视。

6. 模具的安装、使用与维护

模具的安装及使用对模具使用寿命的影响很大。例如，安装精度高、正确使用润滑剂、对热作模具采用适当的冷却措施等都可有效地延长模具的使用寿命。另外，从模具的使用来看，根据模具的工作状况，选用具有适当强度和韧性匹配的模具，从而使模具寿命延长；通过适当热处理与表面处理，使模具内部韧性提高、模具表面强度和耐磨性提高，能有效地提高模具的整体性能并延长其使用寿命。

（1）对模具进行适当的去应力退火

热作模具服役一段时间后，存在较大的内应力。过大的内应力与工作载荷带来的应力相叠加很容易达到破坏应力水平，造成模具的塑性变形与断裂。为了降低模具中的内应力引起的失效概率，当模具使用一段时间后，将模具卸下并进行去应力退火，从而达到消除或降低模具中的内应力的效果，是延长模具使用寿命的有效途径。

中间去应力退火应比模具退火温度低30～50℃，去应力退火的间隔时间和次数与成形件材料的质量和模具材料有关。对于铝合金零件压铸模，在达到预计模具使用寿命的30%和60%时分别进行两次去应力退火，可使模具使用寿命延长50%。

（2）超前修模，及时消除隐患

模具服役一段时间（仍能正常服役）后，为了延长模具总寿命，把模具拆卸下来进行修理称为超前修模。

模具服役一段时间后，会不同程度地出现小的塑性变形、微裂纹和不均匀磨损。一旦出现这些现象，模具会加快失效。例如，塑性变形出现后，载荷更集中于另一局部，加速某一部分的塑性变形；微裂纹出现后，在工作应力的作用下，会迅速扩展到临界值，很快造成断裂。因此，提前消除隐患，有利于延长模具总寿命。

（3）加强模具的管理

从广义上说，模具的管理是指模具在制造和使用等过程中要严格按规程要求进行；在生产中则指模具在安装、调试、拆卸、运行、保管及入库时的防锈处理等要遵守规程，避免因人为疏忽而带来模具的损伤。

严格遵守模具的操作规程，例如，模具安装前，应检查模具的技术状态是否完好，并把设备调到正确的位置（如冲床应调整好闭合高度等），安装时必须严格按照装模顺序进行，并把模具装在正确位置后紧固。热作模具在作用前应进行预热，中途停工时应保温，以防止因热应力引起开裂。

在模具的使用过程中，应随时清除杂物并定期检查模具的紧固件是否松动，如有松动现象，应及时紧固，使用完后应清理杂物后再合模。

模具进库保管时，应在滑动表面和某些需防锈的部位涂上润滑油，其他部位涂上涂料。

二、模具材料的选用原则

模具材料的选用有三个原则。一是工艺性能原则：材料的工艺性能应满足模具生产工艺的要求。二是使用性能原则：材料的使用性能应满足模具的使用要求。对大量机器工件和工程构件，主要是力学性能；对一些特殊条件下工作的工件，则必须根据要求考虑材料的物理、化学性能。三是经济性原则：必须考虑材料的经济性。采用便宜的材料，把总成本降至最低，取得最大的经济效益，使产品在市场上具有最强的竞争力。

1. 工艺性能原则

模具的制造一般都要经过锻造、切削加工、热处理等工序。模具材料应满足模具制造工艺方法的要求，即选择具有良好加工工艺性能的材料，以便于制造。尤其在大批量生产时，材料的易加工性显得更为突出。

为保证模具的制造质量，降低生产成本，其选用的材料应具有良好的可锻性、退火工艺性、切削加工性，较小的氧化、脱碳敏感性，良好的淬硬性、淬透性，较低的淬火变形开裂倾向和良好的可磨削性。

2. 使用性能原则

根据模具的工作条件、使用寿命要求、失效形式和可靠性的高低等，提出材料的强度、硬度、塑性和韧性等性能的要求。同时还要考虑尺寸效应和主要的、关键的性能指标，使所选材料满足模具使用性能的要求。

根据使用性能选材的步骤是：通过对工件工作条件和失效形式的全面分析，确定工件对使用性能的要求；利用使用性能与实验室性能的相应关系，将使用性能具体转化为实验室力学性能指标；根据工件的几何形状、尺寸和工作中所承受的载荷，计算出工件中的应力分布；根据工作应力、使用寿命或安全性与实验室性能指标的关系，确定对实验室性能指标要求的具体数值；利用相关手册并根据使用性能选材。

（1）耐磨性

坯料在模具型腔中塑性变形时，沿型腔表面既流动又滑动，使型腔表面与坯料间产生剧烈摩擦，从而导致模具因磨损而失效。所以，材料的耐磨性是模具最基本、最重要的性能之一。

硬度是影响耐磨性的主要因素。一般情况下，模具工件的硬度越高，磨损量越小，耐磨性也越好。此外，耐磨性还与材料中碳化物的种类、数量、形态、大小和分布有关。

（2）强韧性

模具的工作条件大多十分恶劣，有些常承受较大的冲击负荷，从而导致脆性断裂。为防止在工作时突然脆断，模具要具有较好的强度和韧性。

模具的韧性主要取决于材料的含碳量、晶粒度和组织状态。

（3）疲劳断裂性能

模具工作过程中，循环应力的长期作用往往导致疲劳断裂。其形式有小能量多次冲击疲劳断裂、拉伸疲劳断裂、接触疲劳断裂和弯曲疲劳断裂。

模具的疲劳断裂性能主要取决于其强度、韧性、硬度和材料中夹杂物的含量。

（4）高温性能

当模具的工作温度较高时，硬度和强度会下降，导致模具早期磨损或产生塑性变形而失效。因此，模具材料应具有较高的抗回火稳定性，以保证模具在工作温度下具有较高的硬度和强度。

（5）抗热疲劳性能

有些模具在工作过程中处于反复加热和冷却的状态，型腔表面受拉、压变应力的作用，引起表面龟裂和剥落，增大摩擦力，阻碍塑性变形，降低了尺寸精度，从而导致模具失效。冷热疲劳是热作模具失效的主要形式之一，这类模具应具有较高的抗热疲劳性能。

（6）耐蚀性

有些模具（如塑料模）在工作时，其中的氯、氟等元素受热后分解析出 HCl 和 HF 等强侵蚀性气体，侵蚀模具型腔表面，加大其表面粗糙程度，加剧磨损失效。

3. 经济性原则

从模具制造的总成本上考虑，所选材料应经济实用，加工过程简单，成品率高，成本低。在满足使用性能和寿命要求的前提下，应尽可能选用价格低的材料，以降低模具的制造成本。

在进行模具材料选择时，根据模具的使用条件和要求，材料的主要性能除必须与模具的使用条件要求相适应外，还应考虑选用模具材料的价格和通用性。

一般情况下，当生产的工件批量很大，模具的尺寸较小时，模具材料在模具制造费用中所占的份额很小，材料的价格可不作为主要考虑的指标，可以尽量选择比较高

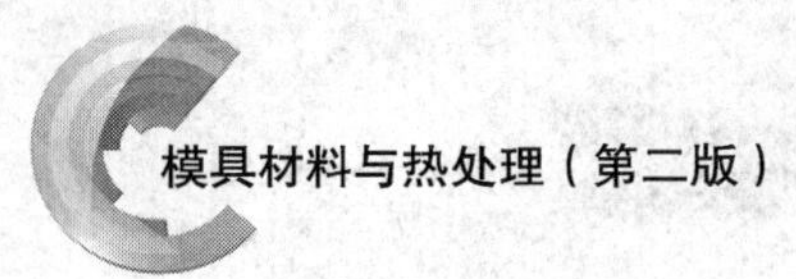

级的适用模具材料。而对于大型或特大型形状较简单的模具，由于模具材料的费用将在模具总成本中占较大的份额，所以，应选用价格较低的模具材料，或者模具本体选用价格低的材料，而在模具的关键工作部位，如型腔或刃口处，采用镶块或堆焊的方法将高级模具材料镶或堆焊上去，既能提高模具的使用寿命，又能降低材料费用。

模具材料的通用性也是选用模具材料时必须考虑的因素。除了特殊要求以外，尽可能采用大量生产的通用型模具材料。目前，通用型模具钢技术比较成熟，积累的生产工艺和使用经验较多，性能数据也比较完整，便于在设计和制造过程中参考。

第六章 冷作模具材料

冷作模具是指在常温下对金属或非金属材料进行压力加工或其他加工所使用的模具。典型的冷作模具主要分为冲裁模、拉拔及成形模、挤压模、冷镦模等。其原理都是在常温下对工件材料施力，使其产生变形或分离，从而获得具有一定形状、尺寸和性能的成品件。由于各类冷作模具的工作条件不同，所以所用的材料也各不相同。

第一节　冷作模具材料和性能要求

冷作模具种类繁多、结构复杂，在使用中主要受到压缩、拉深、弯曲、冲击、摩擦等机械力的作用。因此，要求冷作模具材料应在相应的热处理后，具有高的变形抗力，断裂抗力，耐磨损、抗疲劳、不咬合的能力。

一、常用冷作模具的特点

1. 冷冲裁模

冷冲裁模主要用于各种板材的冲切和成形，包括落料模、冲孔模、切边模等。它是依靠冲裁模的刃口完成冷冲压加工中的分离工序，冲裁模的主要工作部位是凸模（或冲头）和凹模的刃口。在冲压力作用下，靠它们对金属坯料施加压力，使其产生弹性变形、塑性变形和分离等过程。如图 6—1—1 所示，在弹性变形阶段，凸模端面的中间部分与坯料脱离，压力都集中在刃口附近的狭小范围内，刃口主要承受正压力。在塑性变形和分离阶段，凸模切入坯料，同时金属坯料被挤入凹模洞口，使模具的刃口端面和侧面产生挤压和摩擦。因此，对冷冲裁模材料要求具有高的耐磨性、冲击韧性和抗疲劳断裂性能。

2. 拉拔及成形模

拉拔及成形模是指将板材或棒材进行延伸或压迫使之成为具有一定尺寸和形状的

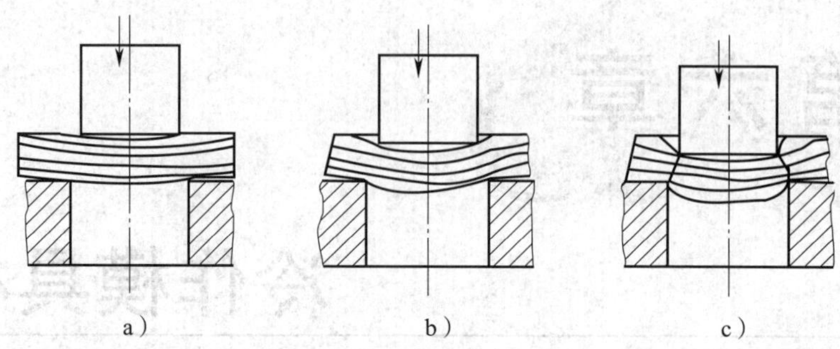

图 6—1—1　冲裁模工作过程

a）弹性变形阶段　b）塑性变形阶段　c）分离阶段

产品的模具。它包括拉深模、胀形模、弯曲模、拉丝模和拔管模等，依靠拉拔及成形模具使金属坯料产生塑性变形而获得所需的形状。如图 6—1—2 所示，拉深模的主要工作零件也是凸模和凹模，但拉深模的凸模、凹模和压边圈的工作部位均无锋利的尖角，模具工作零件的受力不像冷冲裁模那样限定在较小的范围内，一般较少出现应力集中现象。而且凸模与凹模之间的工作间隙较大，模具在工作时不易产生偏载，所承受的冲击力较小。凸模主要承受正压力和摩擦力，而凹模需承受被加工材料变形时的径向张力和摩擦力。因此，对拉拔及成形模具材料要求具有高的硬度和耐磨性。

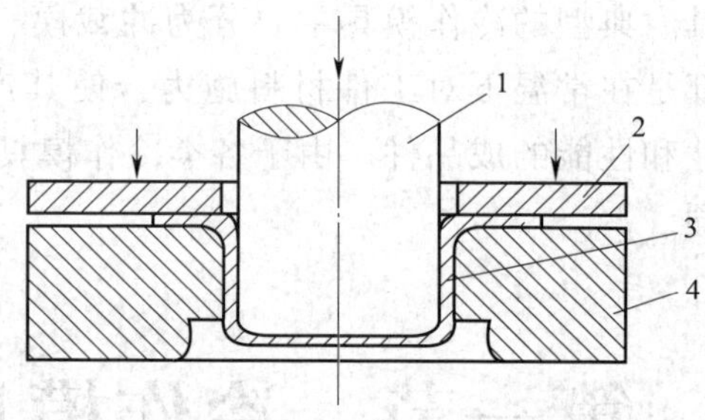

图 6—1—2　冷拉深模工作原理

1—凸模　2—压边圈　3—工件　4—凹模

3. 冷挤压模

冷挤压模是指使金属坯料在强大而均匀的近似于静挤压力的作用下，产生塑性变形流动而形成产品的模具。冷挤压加工是靠模具来控制金属流动，靠金属体积的大量转移来成形零件的。如图 6—1—3 所示，根据金属流动状况冷挤压分为正挤压、反挤压、复合挤压和径向挤压等。冷挤压时坯料在模具中受三向压应力而使变形抗力显著增大，这使得模具所受的应力远比一般冲压模大，冷挤压钢材时，模具所受的应力常达 2 000 ~ 2 500 MPa。例如，制造一个直径 38 mm、壁厚 5 mm、高 100 mm 的低碳钢杯形件，采用拉延方法加工时，最大变形力仅为 17 t，而采用冷挤压方法加工时，则需变形力 132 t，这时作用在冷挤压凸模上的单位压力达 2 300 MPa 以上。模具除需要具有高强度外，还需有足够的冲击韧性和耐磨性。此外，金属坯料在模具中强烈的塑性变形，会使模具温度升高至 200 ~ 300℃，因此，模具材料还需要一定的回火稳定性。

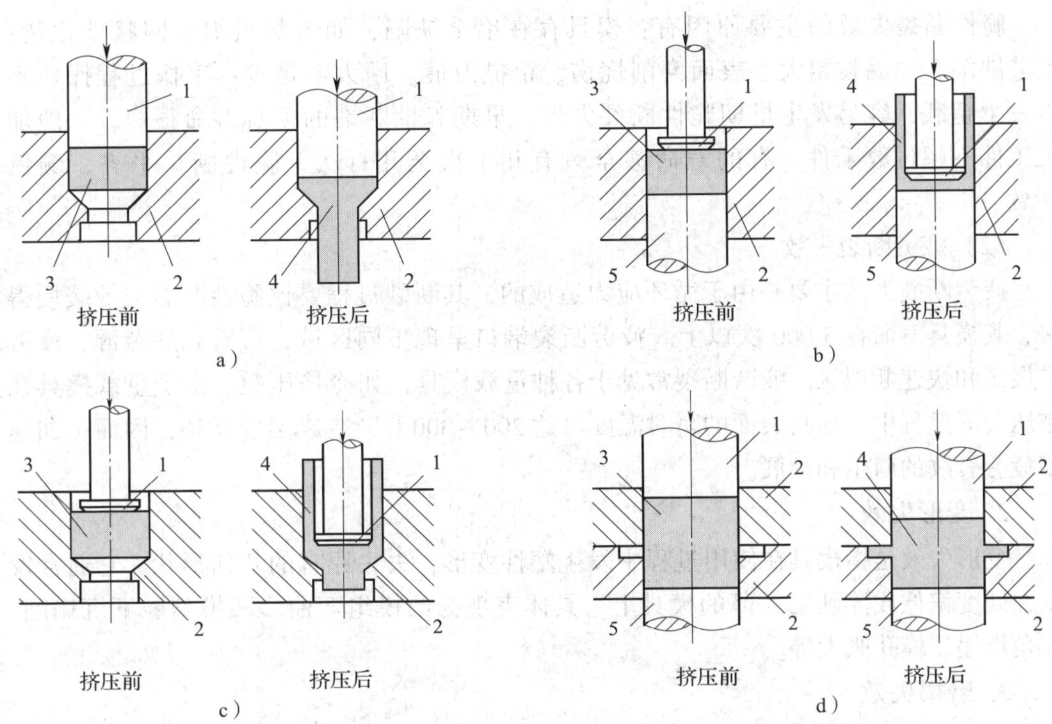

图 6—1—3　冷挤压模工作原理

a）正挤压　b）反挤压　c）复合挤压　d）径向挤压

1—凸模　2—凹模　3—坯料　4—制件　5—顶料杆

4. 冷镦模

冷镦模是指在冲击力的作用下将棒材镦成具有一定尺寸和形状的产品的模具，主要用来加工各种形状的螺钉、铆钉、螺栓和螺母等的毛坯。在冷镦加工过程中，冲击频率高，冲击力大。金属坯料受到强烈镦击的同时，模具也同样受到短周期冲击载荷的作用。由于是在室温条件下工作，其塑性变形抗力大，凸模承受巨大的冲击压力和摩擦力，而凹模则承受较大的冲胀力，并产生强烈的摩擦。因此，冷镦模应具有较高的强度和足够的冲击韧性与耐磨性。

二、冷作模具常见的失效形式

1. 断裂失效

断裂失效是指模具在使用中突然出现裂纹或发生破损而失效，按其损坏情况可分为局部破损（剥落、崩刀、掉牙等）和整体性破损（如碎裂、断裂、胀裂、劈裂等）。它们的特点是：破损大多产生在受力最大的工作部位，或是在截面变化的应力集中处。按断裂过程的特征，断裂失效可分为脆性断裂失效和疲劳断裂失效两种形式。

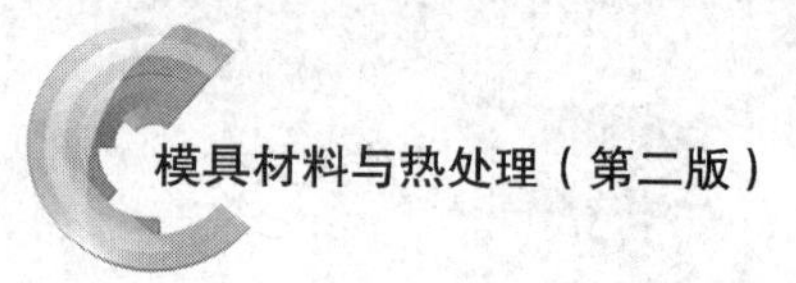

（1）脆性断裂失效

脆性断裂失效的主要原因有：模具存在冶金缺陷，如带状组织和网状碳化物；工艺缺陷，如晶粒粗大、表面磨削烧伤、粗糙刀痕、回火不足等；工作过程操作不当发生超载，容易发生早期脆性断裂失效。早期脆性断裂的模具寿命很短，一般加工工件不超过数千件，有的寿命甚至只有几十次至几百次。脆性断口平齐，颜色一致。

（2）疲劳断裂失效

疲劳断裂失效主要是由于循环应力造成的，其断裂过程要比脆性断裂失效缓慢得多，其模具寿命在5 000次以上。疲劳断裂端口呈现不同区域，可看到疲劳源、疲劳扩展区和快速断裂区。疲劳断裂常见于各种重载模具，如冷挤压模。由于重载模具在施压变形过程中，模具表面的瞬时温度可达200～300℃，造成温度循环，因而也加速了疲劳裂纹的萌生和扩展。

2. 变形失效

变形失效是指模具在使用过程中发生塑性变形，失去原有的几何形状。它通常发生在硬度偏低或淬硬层太薄的模具上，具体表现为凸模组弯曲、凹模型腔下沉塌陷、棱角堆塌、模孔胀大等。

3. 磨损失效

冷作模具在工作时，坯料沿着模具表面滑动又流动，使模具与坯料间产生很大的摩擦力，造成模具表面被划出或多或少的凹凸痕迹，这些痕迹与坯料表面的凹凸不平处相咬合，在模具表面逐渐产生了机械破损而磨损。如果在凹凸模之间夹有细而硬的夹杂物，如氧化物等，将导致模具磨损加剧，致使模具和坯料表面刮伤或黏着等。

在模具中常遇到的磨损形式有磨料磨损、黏着磨损、腐蚀磨损和疲劳磨损等。模具工作部分与被加工材料之间摩擦而引起的物质损耗能使刃口变钝，棱角变圆，平面变凹或变凸，使模具的形状、尺寸发生变化，如冲裁模的刃口变钝、工作表面出现沟槽等。

4. 咬合失效

当坯料与模具表面接触时，在高压摩擦下，润滑油膜破坏，发生咬合。此时，金属坯料“冷焊”在模具型腔表面，使后续加工的工件表面被冷焊在型腔表面的金属瘤划出道痕，造成工件表面粗糙度值变大，甚至出现沟槽。

在弯曲、拉深、冷挤压等成形中，咬合是最常见的一种失效形式。当工件表面出现划痕时，模具必须进行研磨与抛光，特别是在拉深成形中出现咬合现象时，模具必须经过修整后才能继续生产。

被拉深材料的性质对咬合现象有很大的影响，例如，镍基合金、奥氏体不锈钢、精密合金等，对模具表面有较强的咬合倾向。因此，在拉深上述材料时，应特别注意避免发生咬合失效。

三、冷作模具材料的使用性能要求

由于冷作模具在工作中受到拉深、弯曲、压缩、冲击、疲劳、摩擦等机械力的作用，其正常的失效形式主要是磨损、脆断、变形、咬合等。因此，对冷作模具材料使用性能的基本要求是：

1. 良好的耐磨性

冷作模具在工作时，模具与坯料之间产生很大的摩擦，在这种摩擦的作用下，模具表面会划出一些微观凹凸痕迹，使模具表面逐渐产生切应力，造成机械破损而磨损。为防止模具过早磨损而失效，冷作模具材料必须具备良好的耐磨性。它是最基本、最重要的性能之一。

材料的硬度和组织是影响模具耐磨性能的主要因素。为提高冷作模具的抗磨损能力，通常要求模具硬度应高于工件硬度的30%。材料的组织要求为回火马氏体或下贝氏体，其上面分布着细小、均匀的粒状碳化物。为达到此目的，冷作模具材料的含碳量一般应在0.60%以上。

2. 高强度

模具材料的强度是指模具在工作过程中抵抗变形和断裂的能力。强度指标主要包括拉伸屈服强度和压缩屈服强度。其中压缩屈服强度对冷作模具冲头材料的变形抗力影响最大。为了获得高的强度，在材料选定的情况下，可通过适当的热处理工艺进行强化。

3. 足够的韧性

模具材料的韧性要根据模具具体工作条件来决定。受冲击载荷较大的模具、易受偏心弯曲载荷的模具和有应力集中的模具等，都必须具备足够的韧性，以防止模具脆性断裂而失效。一般工作条件下的冷作模具，因受到的是小能量多次冲击载荷的作用，其模具的失效形式通常是疲劳断裂，所以对这类冷作模具不必追求过高的冲击韧性。

影响材料韧性的因素很多，材料的化学成分不同，韧性相差很大。即使同一种材料，因组织状态、晶粒大小和内应力状态的不同，其韧性也不相同。一般通过细化晶粒、减少碳化物偏析等方法，提高冷作模具材料的韧性。

4. 良好的抗疲劳性能

由于冷作模具（如冷镦模、冷挤压模、冷冲模）一般是在交变载荷下工作的，所以，此类模具的失效形式多为疲劳破坏。即使工作载荷在允许的屈服强度内，在加工一定数量的坯料后也时常会发生疲劳破坏。所以，为提高模具的使用寿命，要求模具材料应具备较高的抗疲劳性能。

影响疲劳抗力的因素很多，例如，钢中带状和网状碳化物、粗大晶粒，模具表面的微小刀痕、凹槽以及截面尺寸突然变化和表面脱碳等，都能导致疲劳抗力降低。

5. 良好的抗咬合能力

当冲压材料与模具表面接触时，在高压摩擦下润滑油膜被破坏。此时，被冲压件金属“冷焊”在模具型腔表面形成金属瘤，从而在成形工件表面划出道痕。咬合抗力就是对发生“冷焊”的抵抗能力。影响咬合抗力的主要因素是成形材料的性质，例如，镍基合金、奥氏体不锈钢等材料都有较强的咬合倾向。

四、冷作模具材料的工艺性能要求

为使冷作模具获得良好的综合力学性能，满足使用要求，冷作模具材料还必须具备适宜的冷、热加工工艺性能。

1. 可锻性

采用锻造工艺不仅减小了模具的机械加工余量，更重要的是可以改善材料中夹杂物与碳化物的形态、大小和分布状态，细化晶粒，形成有利的纤维组织，消除材料内部的组织缺陷。为了获得良好的锻造质量，要求模具材料应具备较好的塑性，热锻变形抗力小，锻造温度范围宽，晶粒不易长大，锻裂、冷裂及析出网状碳化物的倾向性小。

2. 可切削加工性

大部分冷作模具都需切削加工成形，故模具材料应具有较好的可切削加工性能。实际上，大多数冷作模具材料的可切削加工性能均较差。为了改善切削加工性能，应采用合理的热处理工艺。对于表面质量要求较高的模具，可选用含 S、Ca 等元素的易切削模具材料。

3. 可磨削性

为了保证冷作模具的尺寸精度以及获得较小的表面粗糙度值，许多模具都必须经过磨削加工。因此，对冷作模具材料的可磨削性要求是：对砂轮质量和冷却条件不敏感，不易发生磨伤与磨裂。一般模具材料中的 Si、Ca 和稀土元素可改善其可磨削性。

4. 热处理工艺性

热处理工艺性主要包括淬硬性与淬透性、回火稳定性、过热敏感性、脱碳倾向、淬火变形与开裂倾向等。

（1）淬硬性与淬透性

淬硬性主要取决于钢材中的含碳量。淬透性主要取决于钢材的化学成分、合金元素含量和淬火前的组织状态。对于冷作模具材料必须具备良好的淬硬性和淬透性，以保证冷作模具能在适宜的冷却介质中淬火硬化，淬火后易获得高而均匀的硬度（58～64HRC），并获得较深的淬硬层。对于形状复杂的小型模具，也常采用高淬透性的模具材料制造，这是为了使其淬火后能获得较均匀的应力状态，避免开裂或较大的变形。

（2）回火稳定性

回火稳定性反映了冷作模具受热软化的抗力，可以用软化温度（保持硬度 58HRC

的最高回火温度）和二次硬化硬度来评定。回火稳定性越高，钢材的热硬性越好，在相同硬度的情况下，其韧性也较好。所以对于受到强烈挤压和摩擦的冷作模具，要求模具材料应具有较高的回火稳定性。一般对于高强韧性模具材料，二次硬化硬度应不低于60HRC，对于高承载模具材料应不低于62HRC。

（3）过热敏感性和脱碳倾向

模具材料在热处理时，其加热温度应控制在一定范围内，过热可能会引起奥氏体晶粒长大，导致随后得到粗大的马氏体，降低模具的韧性，增加模具早期断裂的危险性。同时还可能导致模具表面产生脱碳现象，降低模具的耐磨性和疲劳寿命。所以，要求冷作模具材料的过热敏感性和脱碳倾向要小。

（4）淬火变形和开裂倾向

模具材料的淬火变形和开裂倾向是由材料特性和热处理工艺决定的。材料特性所引起的尺寸变化是指在加热、冷却过程中产生的热应力和组织应力导致的膨胀与收缩等变化。其变化大小与材料的纤维方向、化学成分、碳化物含量、残余奥氏体量等因素有关。由热处理工艺引起的翘曲、扭曲、开裂等问题，可通过控制加热方法、加热温度、冷却方法等热处理工序达到一定程度的改善。对于一些形状复杂的精密冷作模具，因淬火后难以修整，故一般选择微变形和淬火开裂倾向小的材料。

第二节　冷作模具钢的性能和热处理工艺

冷作模具材料主要用于制造对冷态下的坯料进行压制成形的模具，如冷冲模、拉深模、压印模、搓丝模、冷镦模和冷挤压模等。冷作模具一直是应用非常广泛的一类模具，其产值占模具总产值的1/3以上。随着冷作模具材料的迅速发展和新材料的不断出现，对冷作模具材料的性能也提出了更高的要求。为适应这些要求，在各种碳素工具钢、合金工具钢、高速工具钢、轴承钢、不锈耐热钢等广泛应用的基础上，我国已研发并初步建立起接近世界先进水平的冷作模具钢系列，目前已纳入国家标准《工模具钢》（GB/T 1299—2014）的有19个钢种。

一、冷作模具钢的化学成分

冷作模具钢按其所制造模具的工作条件，应具有高的硬度、强度、耐磨性、足够的韧性，以及高的淬透性、淬硬性和其他工艺性能。为此，冷作模具钢一般碳的质量分数较高，以形成大量碳化物，获得高硬度和高耐磨性，加入Cr、Mo、W、V等合金元素，以提高耐磨性、淬透性和耐回火性。冷作模具钢的牌号、主要化学成分见表6—2—1。

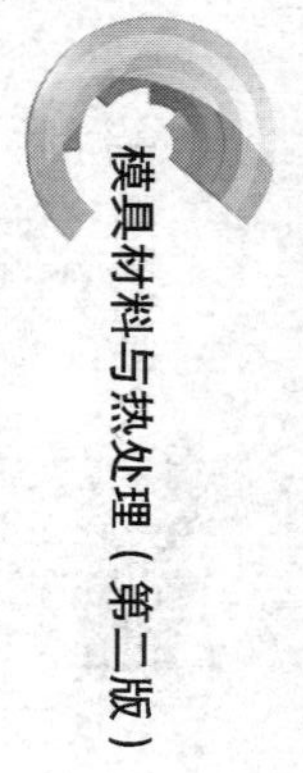

表 6—2—1　冷作模具钢的牌号和主要化学成分（摘自 GB/T 1299—2014）

序号	牌号	化学成分（质量分数）（%）							
		w_C	w_{Si}	w_{Mn}	w_{Cr}	w_W	w_{Mo}	w_V	其他
1	9Mn2V	0.85～0.95	≤0.40	1.70～2.00	—	—	—	0.10～0.25	—
2	9CrWMn	0.85～0.95	≤0.40	0.90～1.20	0.50～0.80	0.50～0.80	—	—	—
3	CrWMn	0.90～1.05	≤0.40	0.80～1.10	0.90～1.20	1.20～1.60	—	—	—
4	MnCrWV	0.90～1.05	0.10～0.40	1.05～1.35	0.50～0.70	0.50～0.70	—	0.05～0.15	—
5	7CrMn2Mo	0.65～0.75	0.10～0.50	1.80～2.50	0.90～1.20	—	0.90～1.40	—	—
6	5Cr8MoVSi	0.48～0.53	0.75～1.05	0.35～0.50	8.00～9.00	—	1.25～1.70	0.30～0.55	—
7	7CrSiMnMoV	0.65～0.75	0.85～1.15	0.65～1.05	0.90～1.20	—	0.20～0.50	0.15～0.30	—
8	Cr8Mo2SiV	0.95～1.03	0.80～1.20	0.20～0.50	7.80～8.30	—	2.00～2.80	0.25～0.40	—
9	Cr4W2MoV	1.12～1.25	0.40～0.70	≤0.40	3.50～4.00	1.90～2.60	0.80～1.20	0.80～1.10	—
10	5Cr4W3Mo2VNb	0.60～0.70	≤0.40	≤0.40	3.80～4.40	2.50～3.50	1.80～2.50	0.80～1.20	w_{Nb}=0.20～0.35
11	6W6Mo5Cr4V	0.55～0.65	≤0.40	≤0.60	3.70～4.30	6.00～7.00	4.50～5.50	0.70～1.10	—
12	W6Mo5Cr4V2	0.80～0.90	0.15～0.40	0.20～0.45	3.80～4.40	5.50～6.75	4.50～5.50	1.75～2.20	—
13	Cr8	1.60～1.90	0.20～0.60	0.20～0.60	7.50～8.50	—	—	—	—
14	Cr12	2.00～2.30	≤0.40	≤0.40	11.50～13.00	—	—	—	—
15	Cr12W	2.00～2.30	0.10～0.40	0.30～0.60	11.00～13.00	0.60～0.80	—	—	—
16	7Cr7Mo2V2Si	0.68～0.78	0.70～1.20	≤0.40	6.50～7.50	—	1.90～2.30	1.80～2.20	—
17	Cr5Mo1V	0.95～1.05	≤0.50	≤1.00	4.75～5.50	—	0.90～1.40	0.15～0.50	—
18	Cr12MoV	1.45～1.70	≤0.40	≤0.40	11.00～12.50	—	0.40～0.60	0.15～0.30	—
19	Cr12Mo1V1	1.40～1.60	≤0.60	≤0.60	11.00～13.00	—	0.70～1.20	0.50～1.10	w_{Co}≤1.00

二、典型冷作模具钢的特性和热处理工艺

1. 高碳低合金冷作模具钢（CrWMn 钢）

（1）特性

CrWMn 钢是 9CrWMn 冷作模具钢的改进型，提高了 C、Cr、W 元素的含量，所以有更高的淬透性，且淬火变形小，因而习惯称作微变形钢。由于加入了质量分数为 1.20% ~1.60% 的钨元素，形成碳化物，所以，在淬火和低温回火后比 9SiCr 钢具有更高的硬度和耐磨性。此外，钨元素有助于保存细小晶粒，使钢获得较好的韧性并减小过热敏感性。但该钢对形成网状碳化物比较敏感，这种碳化物网使工模具刃部有剥落的危险，从而缩短工具、模具的使用寿命，一般可通过锻后正火予以改善。

（2）工艺性能

1）临界点。Ac_1 =750℃；Ac_{cm} =940℃；Ar_1 =710℃；Ms =255℃。

2）锻造工艺。钢锭始锻温度为 1 100 ~1 150℃，终锻温度为 800 ~880℃，锻后空冷到 650 ~700℃再缓冷。钢坯始锻温度为 1 050 ~ 1 100℃，终锻温度为 800 ~850℃，锻后空冷到 650 ~700℃再缓冷。

3）退火工艺。一般锻后均需等温球化退火，加热温度为 790 ~830℃，保温，700 ~720℃等温后炉冷至 550℃以下再空冷。如果锻后有较严重的网状碳化物析出，则在球化退火前应先进行一次正火处理，正火温度为 930 ~950℃，然后空冷。

4）淬火工艺。预热温度为 650 ~700℃，淬火温度为 800 ~830℃，保温后油冷至室温，硬度大于等于 62HRC。

5）回火工艺。回火温度为 150 ~200℃，保温 2 h，炉冷，硬度为 60 ~62HRC。强调硬度取上限，强调韧性取下限。

（3）应用范围

CrWMn 钢是使用较为广泛的冷作模具钢，主要用于制造要求变形小，形状较复杂的轻载冲裁模、拉深模、弯曲模、翻边模等。

2. 无 Cr 高碳低合金冷作模具钢（9Mn2V 钢）

（1）特性

9Mn2V 钢是冷作模具钢中唯一不含 Cr 元素的经济型钢种，综合力学性能比碳素工具钢好，具有较高的硬度和耐磨性，淬透性很好，淬火时变形较小。由于钢中含有一定量的钒元素，细化了晶粒，减小了过热敏感性。碳化物不均匀性比 CrWMn 钢好。

（2）工艺性能

1）临界点。Ac_1 =736℃；Ac_{cm} =765℃；Ar_1 =652℃；Ms =125℃。

2）锻造工艺。始锻温度为 1 130 ~1 160℃，终锻温度为 800 ~850℃，锻后空冷到 650 ~700℃再缓冷。

3）退火工艺。不完全退火加热温度为750～770℃，保温后炉冷至500℃以下再空冷；等温球化退火加热温度为760～780℃，保温，680～700℃等温后炉冷至500℃以下再空冷。

4）淬火工艺。预热温度为600～650℃，淬火温度为780～810℃，保温后油冷至室温，硬度大于等于62HRC。

5）回火工艺。回火温度为150～200℃，保温2 h，炉冷，硬度为60～62HRC。强调硬度取上限，强调韧性取下限。

（3）应用范围

9Mn2V钢适用于制造各种精密量具、样板，以及一般要求的尺寸较小的冲模、冷压模、雕刻模、落料模、剪刀等，也可用于制造机床的丝杠等结构件。

3. 高Cr耐磨冷作模具钢 （Cr12MoV钢）

（1）特性

Cr12MoV钢属于高碳高铬类型莱氏体钢，同系列的高碳高铬冷作模具钢还有Cr12、Cr12W、Cr12Mo1V1等，简称为Cr12型钢。Cr12MoV钢具有良好的淬透性，截面尺寸在400 mm以下可以完全淬透，且具有很高的耐磨性，淬火时体积变化小，高温抗氧化性能好。其含碳量比Cr12钢低很多，且加入了钼、钒元素，因此，钢的热加工性能、冲击韧性和碳化物分布都得到了明显改善，该钢综合性能优良、适应性广。

Cr12MoV钢在结晶过程中形成大的共晶网状碳化物（其中碳化物质量分数为20%左右，共晶温度约为1 150℃），这些碳化物都很硬、很脆。虽经开坯轧制，碳化物有一定程度的破碎，但碳化物沿轧制方向呈带状、网状、块状、堆集状分布，偏析程度随钢材直径增大而增大。

（2）工艺性能

1）临界点。Ac_1 = 810℃；Ar_1 = 760℃。

2）锻造工艺。预热温度为750～850℃。钢锭加热温度为1 100～1 150℃，始锻温度为1 050～1 100℃，终锻温度为850～900℃，锻后缓冷（坑冷或砂冷）。钢坯加热温度为1 050～1 100℃，始锻温度为1 000～1 050℃，终锻温度为850～900℃，锻后缓冷（砂冷或炉冷）。

3）退火工艺。一般采用等温球化退火，加热温度为850～870℃，保温2～4 h，等温温度为740～760℃，保温4～6 h后以小于30℃/h的冷却速度冷至500℃以下再空冷。

4）淬火与回火工艺。在选择热处理工艺时，一般应根据工件要求而定。采用低温淬火+低温回火工艺，可获得高的硬度和韧性，但抗压强度较低；采用中温淬火+中温回火工艺，可以获得最好的强韧性，较高的断裂抗力；采用高温淬火+高温回火工艺，可以获得良好的热硬性，其耐磨性、硬度也较高，但抗压强度和断裂韧度较低。Cr12MoV冷作模具钢的常用淬火、回火工艺见表6—2—2。

表 6—2—2　　Cr12MoV 冷作模具钢的常用淬火、回火工艺

工艺方案	淬火（℃）				回火（℃）		硬度 HRC
	第一次预热	第二次预热	淬火温度	冷却介质	回火温度	冷却方式	
低温淬火低温回火	550～660	840～860	950～1 000	油	180～200	空冷	60～64
中温淬火中温回火			1 020～1 040	油	400～425	空冷	57～59
高温淬火高温回火			1 080～1100	油	500～520	空冷	48～61

（3）应用范围

Cr12MoV 冷作模具钢具有良好的淬透性和耐磨性，淬火体积变化小，是应用范围最广、数量最大的冷作模具钢，广泛用于制作形状复杂、高精度或重载冷作模具，如切边模、滚边模、量规、拉丝模、搓丝板、螺纹滚模，以及要求高耐磨的冷冲模和冲头等。

提示

为了减轻或消除 Cr12MoV 钢共晶碳化物分布不均匀性等方面的不良影响，通常需要对原材料进行锻造。Cr12 型钢均属高碳高合金钢，其导热性能差，塑性低，变形抗力大，锻造温度范围窄，因此，在锻造过程中，加热和冷却的速度不宜过快，以免在模具坯料截面上造成温差过大而开裂。同时，要严格控制锻造温度，如果停锻温度过高，引起晶粒长大粗化，发生碳化物聚集，则可能使钢的力学性能降低；如果停锻温度过低，则因钢的塑性较差，应力增大，易导致坯料开裂而报废。锻打时坚持多向、多次镦拔，才能保证击碎碳化物。

4. 冷作模具用高速钢（W6Mo5Cr4V2 钢）

（1）特性

W6Mo5Cr4V2 钢是钨钼系通用型高速钢的代表钢。它是含有多种合金元素的高合金钢，属莱氏体型钢，具有高强度、高抗压性、高耐磨性、高热稳定性、高淬透性以及足够的塑性和韧性。与 Cr12MoV 钢相比，其韧性、扭转性和耐磨性稍差，其他性能都优于 Cr12MoV 钢。

（2）工艺性能

1）临界点。$Ac_1=835℃$；$Ar_1=810℃$；$Ac_3=885℃$；$Ar_3=770℃$；$Ms=180℃$。

2）锻造工艺。由于 W6Mo5Cr4V2 钢中含有大量的钨、钼、铬、钒等合金元素，

铸造组织中含有大量莱氏体共晶碳化物，这种碳化物不能靠正常的热处理方法予以消除，即使采用高温长时间扩散退火也难以改善碳化物的不均匀分布。尤其是大截面钢的碳化物往往呈现严重的带状和网状，降低了钢热处理后的基体硬度、强度和韧性。因此，用于制造模具的高速钢都要经过改锻，并通过反复镦拔来改善碳化物的分布，锻造比越大，碳化物分布越均匀。W6Mo5Cr4V2 钢的锻造工艺见表 6—2—3。

表 6—2—3　　W6Mo5Cr4V2 冷作模具钢的锻造工艺

材料类型	加热温度（℃）	始锻温度（℃）	终锻温度（℃）	锻后冷却方式
钢锭	1 180 ~ 1 190	1 080 ~ 1 100	≥950	砂冷或堆冷
钢坯	1 140 ~ 1 150	1 040 ~ 1 080	≥900	砂冷或堆冷

3）退火工艺。高速钢退火既是为了降低硬度以利于切削加工，也是为淬火做组织准备和消除锻造加工中产生的内应力。高速钢退火温度不宜过高，否则不仅不能进一步降低钢的硬度，反而会增加氧化和脱碳倾向。W6Mo5Cr4V2 钢易氧化、脱碳，应采用装箱或在保护气氛下退火。一般锻后退火加热温度为 840 ~ 860℃，保温 2 ~ 4 h，缓慢冷至 500℃以下再空冷，或炉冷至室温。锻后等温退火加热温度为 840 ~ 860℃，保温 2 ~ 4 h，炉冷至 740 ~ 760℃，保温 4 ~ 6 h，炉冷至 500℃以下再空冷。

4）淬火工艺。预热温度为 730 ~ 840℃，加热淬火温度为 1 210 ~ 1 230℃，在盐浴中保温 5 min 或在控制气氛中保温 5 ~ 15 min 后油冷至室温，硬度≥62HRC。

5）回火工艺。回火温度为 540 ~ 560℃（盐浴或控制气氛），保温 2 h，空冷。回火三次，硬度为 62 ~ 66HRC。

（3）应用范围

W6Mo5Cr4V2 钢除用于制造各种类型的普通工具外，还可以制作大型及热塑成形刀具。由于其强度高、耐磨性好，还可以制作高负荷下的耐磨零件，如冷挤压模具等，但必须适当降低淬火温度以满足强度和韧性的要求。

提示

W6Mo5Cr4V2 钢高温回火时，由于 Mo、V、W 元素碳化物的析出，会增加二次硬化效应，同时残余奥氏体转变为马氏体，出现二次淬火现象，回火硬化峰值出现在 560℃左右。

高速钢必须经过三次以上的回火，其主要原因是前次回火冷却过程中残余奥氏体转变成“淬火”马氏体，必须经再次回火才能消除前次回火时产生的组织应力，经三次回火后奥氏体的体积分数才能降到 2% ~ 3%，硬度达到 64HRC 以上。

5. 含 Nb 基体钢（6Cr4W3Mo2VNb 钢）

（1）特性

6Cr4W3Mo2VNb 钢是一种含铌基体钢，因平均含碳量为 65%，故也简称 65Nb 钢。该钢合金元素 Cr、W、Mo、V 的含量设计取自高速钢 W6Mo5Cr4V2 淬火后的基体成分，合金元素在模具钢中的作用与高速钢中相似。在钢中还加入少量强碳化物形成元素铌，与钢中的碳形成高稳定性的 NbC，阻止淬火加热时奥氏体晶粒的长大。与不含 Nb 钢比较，奥氏体晶粒细化温度提高 40～50℃，Nb 还部分溶解于 Cr、W、Mo、V 元素的碳化物中，增强其稳定性，使淬火后基体的含碳量降低，显著提高钢的强韧性，并改善钢的工艺性能。

6Cr4W3Mo2VNb 钢属高韧性冷作模具钢，其韧性比母体高速钢 W6Mo5Cr4V2 和高碳高铬钢都有较大幅度的提高。在压力低于 2 450 MPa 的冷挤压模、冷镦模上应用时，使用寿命比高速钢和高碳高铬钢成倍提高。

（2）工艺性能

1）临界点。Ac_1 = 810～830℃；Ar_1 = 740～760℃；Ms = 220℃。

2）锻造工艺。65Nb 钢属莱氏体钢，需进行锻造，此钢的变形抗力比高铬钢、高速钢低，碳化物均匀性好，具有良好的锻造性能，但该钢的导热性较差。因此，锻造时必须缓慢加热，保证烧透，锻后及时退火。对于镦坯，尤其是大规格坯料，改锻后应进行反复镦拔，使原有带状或网状碳化物破碎、细化、分布均匀。对于带刃口的模具，如切边模，经反复镦拔后，基本上克服了刃口剥落现象，其寿命比仅经拔长的模具提高 3～4 倍。6Cr4W3Mo2VNb 钢的锻造工艺见表 6—2—4。

表 6—2—4　　6Cr4W3Mo2VNb 冷作模具钢的锻造工艺

材料类型	加热温度（℃）	始锻温度（℃）	终锻温度（℃）	锻后冷却方式
钢锭	1 140～1180	1 100～1150	≥900	缓冷（砂冷或堆冷）
钢坯	1 120～1150	1 080～1120	850～900	缓冷（砂冷或堆冷）

3）退火工艺。一般采用等温球化退火，加热温度为 850～870℃，保温 3～4 h，等温温度为 730～750℃，保温 5～6 h 后炉冷至 500℃以下再空冷，退火硬度为 217HBW。若将等温时间延至 9 h，硬度可进一步降低至 187HBW 左右，这就为模具的冷挤压成形提供了条件，所以用 6Cr4W3Mo2VNb 钢制作的模具零件可以采用冷挤压成形工艺，这是 6Cr4W3Mo2VNb 冷作模具钢的最大优点。

4）淬火与回火工艺。6Cr4W3Mo2VNb 冷作模具钢正常淬火温度为 1 080～1 180℃，淬火预热温度为 820～850℃，淬火加热时间应保证碳化物充分溶解并均匀化，同时不使晶粒长大，通常在盐浴炉中加热系数以 15～20 s/mm 为宜。冷却方式应根据模具形状和对变形的要求，选用油冷、油淬—空冷或分级淬火等。一般回火温度为 520～580℃，并采用二次回火。由于淬火温度范围宽，所以，选择不同的淬火温度可满足不同模具的强度和韧性要求，6Cr4W3Mo2VNb 冷作模具钢的参考热处理工艺规范见表 6—2—5。该钢经不同温度淬火，在回火过程中均有二次硬化现象，其硬度峰值均出现在 520 ~ 540℃处，6Cr4W3Mo2VNb 冷作模具钢在不同温度淬火、回火后的硬度值见表 6—2—6。

表 6—2—5　　6Cr4W3Mo2VNb 冷作模具钢参考热处理工艺规范

工艺方案		Ⅰ	Ⅱ	Ⅲ	Ⅳ
淬火	预热温度（℃）	820 ~ 850	820 ~ 850	820 ~ 850	820 ~ 850
	淬火温度（℃）	1 140 ~ 1 160	1 120 ~ 1 140	1 080 ~ 1 120	1 160 ~ 1 180
	加热系数（min/mm）	15	20	20	15
	冷却方式	油冷	油淬—空冷，分级	油冷	油淬—空冷
回火	回火温度（℃）	520 ~ 540	540 ~ 560	540 ~ 580	560 ~ 580
	保温时间（min）	60 ~ 90	60 ~ 90	60 左右	60 ~ 90
硬度 HRC		61 ~ 63	58 ~ 60	57 ~ 59	59 ~ 61
应用举例		不锈钢表壳冷挤模	十字槽螺钉冲头	电子管阳极冲头	螺栓切边模

表 6—2—6　　6Cr4W3Mo2VNb 冷作模具钢在不同温度淬火、回火后的硬度值

淬火温度（℃）	1 080		1 120		1 160	
回火次数 / 回火温度（℃）	1	2	1	2	1	2
220	60.9	61.2	60.7	60.8	61.8	61.7
300	58.4	58.7	59.3	59.3	59.5	59.0
350	58.2	58.3	59.0	59.3	59.2	59.6
400	58.6	58.3	59.2	59.0	59.3	59.6
450	59.1	59.4	59.4	59.9	59.5	60.3
500	60.4	60.1	61.2	61.4	61.3	61.8
520	59.9	60.1	61.9	62.3	61.8	62.6
540	59.7	60.2	61.9	62.2	62.2	62.5
560	59.4	58.5	61.0	60.4	61.8	61.5
580	58.3	58.3	60.4	60.5	60.2	60.5
600	56.5	55.5	58.6	58.0	59.0	59.1

（3）应用范围

6Cr4W3Mo2VNb 钢是一种高韧性的冷作模具材料，它不仅具有高速钢的高硬度和高强度，而且具有比高速钢更高的韧性和疲劳强度。其工艺性能良好，热处理工艺范围宽，通过不同淬火温度和回火温度的组合，可得到所需的综合力学性能。其广泛用于制作各类冷作模具，特别适用于复杂、大型或难变形金属的冷挤压模具和受冲击负荷较大的冷镦模具，也可用于制作温热挤压模具。由于 6Cr4W3Mo2VNb 钢抗压强度和耐磨性略有不足，故不能用于挤压力超过 2 500 MPa 的钢铁材料挤压模具和要求高耐磨的模具。

6. 火焰淬火冷作模具钢（7CrSiMnMoV 钢）

（1）特性

7CrSiMnMoV 钢又称火焰钢，是我国新发展起来的一种值得推广应用的新钢种。可采用氧—乙炔等火焰将材料表面加热至淬火温度，然后空冷即可获得 60HRC 以上的硬度，为大型、复杂形状和高精度冷作模具的机械加工和热处理带来了很大方便，同时，提高了模具的精度、质量和寿命。

7CrSiMnMoV 钢的淬火温度范围宽，过热敏感性小，淬透性良好，淬火后变形小。与 9Mn2V、CrWMn、Cr12MoV 等其他常用冷作模具钢相比，其强韧性占明显优势。火焰淬火能使钢的表面获得高硬度，心部具有高的韧性，且模具不易发生开裂等现象，同时表面硬化层形成压应力，可显著提高钢的疲劳强度，延长模具使用寿命。

（2）工艺性能

1）临界点。$Ac_1 = 776℃$；$Ac_3 = 834℃$；$Ar_1 = 694℃$；$Ar_3 = 732℃$；$Ms = 211℃$。

2）锻造工艺。由于 7CrSiMnMoV 钢的合金含量较低，无大量过剩碳化物，塑性变形抗力低，故该钢锻造性能较好。由于此钢淬透性好，若高温锻造后空冷相当于淬火，其表面硬度可达 50HRC 以上。因此，锻造后的锻件应埋入干灰中缓慢冷却。该钢的锻造工艺见表 6—2—7。

表 6—2—7　7CrSiMnMoV 冷作模具钢的锻造工艺

材料类型	加热温度（℃）	始锻温度（℃）	终锻温度（℃）	锻后冷却方式
钢锭	1 150 ~ 1 200	1 100 ~ 1 150	800 ~ 850	缓冷（灰冷）
钢坯	1 100 ~ 1 150	1 050 ~ 1 100	800 ~ 850	缓冷（灰冷）

3）退火工艺。为防止脱碳，7CrSiMnMoV 钢的退火应在保护气氛中进行。一般退火加热温度为 840 ~ 860℃，保温 1 ~ 2 h，以 20 ~ 30℃/h 的冷却速度至 500℃以下再空冷。若要求获得满意的粒状珠光体组织，可进行等温退火，加热温度为 820 ~ 840℃，保温 1 ~ 2 h，680 ~ 700℃等温 3 ~ 6 h 后炉冷至 500℃以下再空冷。退火硬度为 217 ~ 241HBW。

4）淬火工艺。7CrSiMnMoV 钢既可采用整体淬火，又可采用火焰淬火。整体淬火预热温度为650～700℃，淬火温度为870～900℃，保温后油冷或空冷至室温，硬度为58～63HRC。火焰淬火预热温度为180～200℃，用氧—乙炔火焰加热表面至900～1 000℃，空冷至室温，硬度为60～64HRC。

5）回火工艺。回火温度为140～160℃，保温2 h，炉冷，硬度为58～62HRC。强调硬度取上限，强调韧性取下限。

（3）应用范围

7CrSiMnMoV钢具有较高的淬透性，空冷时即可淬硬，淬火变形较小，而且可采用火焰淬火，其设备简单、操作方便、生产率高，并解决了大型模具表面局部淬火的难题。因此，7CrSiMnMoV冷作模具钢常用来制造尺寸较大、形状复杂、截面较厚的大型冷作模具，如薄板冲孔模、成形模、弯曲模、切边模、冷挤压模等。

7. 高强韧性冷作模具钢（7Cr7Mo2V2Si钢）

（1）特性

7Cr7Mo2V2Si钢是我国上海材料研究所研制的新型高强韧性耐磨冷作模具钢，最初是针对冷镦模具而研制的，故按其用途又称为LD钢（即“冷镦”两个字汉语拼音的首字母），该系列钢分LD1、LD2等，但在实际应用中以LD1为最佳，其余较少推广应用，故仍用LD代号表示。

7Cr7Mo2V2Si钢中Si元素与部分Cr、Mo元素主要用来提高钢的淬透性，同时固溶于基体中强化基体组织，并提高钢的回火稳定性。V元素和部分Cr、Mo元素与C形成各自的碳化物，作组织中的强化相，提高钢的强度、硬度和耐磨性，同时细化晶粒，改善钢的韧性。该钢在奥氏体化时，少量Mo、V元素随其碳化物少量地固溶于奥氏体中，进一步提高了钢的淬透性，冷却后存在于基体组织中，进一步强化基体组织和改善钢的回火稳定性。Mo元素还可以消除钢的回火脆性。由于该钢含碳量不是很高，又加入Cr、Mo、V元素且含量较高，故该钢在保持较高韧性的情况下，其抗压强度、抗弯强度、耐磨性等较65Nb钢优良，它不仅具有高强度、高韧性和高耐磨性，而且冷、热加工的工艺性优良，热处理变形小，通用性强。

（2）工艺性能

1）临界点。$Ac_1=856$℃；$Ac_3=915$℃；$Ar_1=720$℃；$Ar_3=806$℃；$Ms=105$℃。

2）锻造工艺。7Cr7Mo2V2Si钢的热塑性比高碳高铬钢好，锻造性能类似于65Nb钢，加热过程宜缓慢，确保热透。锻造时应反复镦拔，以保证碳化物完全破碎，获得均匀分布的碳化物，为以后的热处理创造条件，并有利于模具使用寿命的提高。通常钢锭的加热温度应控制在1 150℃以下，否则易锻裂，终锻温度不低于900℃，锻后缓冷（坑冷或砂冷）；钢坯的加热温度应控制在1 130℃以下，终锻温度不低于850℃。

3）退火工艺。7Cr7Mo2V2Si钢的脱碳敏感性比高碳高铬钢强，宜采用真空炉或控制气氛炉进行退火，若在普通加热炉中退火，应采取保护措施。一般退火加热温度为840～860℃，保温2～3 h，以不超过30℃/h的冷却速度至500℃以下再空冷。也可采用等温退火，加热温度为 840 ~ 860℃，保温 2 ~ 3 h，750 ~ 770℃等温 4 ~ 6 h 后炉冷至 500℃以下再空冷。退火硬度为 220 ~ 255HBW。

4）淬火、回火工艺。7Cr7Mo2V2Si 钢淬火加热时应采取防止氧化脱碳措施，通常在 550℃、850℃下两次预热，淬火温度可在 1 100 ~ 1 150℃范围内选择，油冷或空冷，硬度为 62 ~ 64HRC。若采用真空淬火，加热温度比盐浴淬火的加热温度低 20℃，既能获得细晶粒，又能提高其硬度。

7Cr7Mo2V2Si 钢的回火温度为 530 ~ 570℃，回火 2 ~ 3 次，每次 1 ~ 2 h，硬度为 57 ~ 63HRC。具体的淬火、回火工艺应根据模具的服役条件来选择，对于要求以强韧性为主的模具，宜选择下限淬火温度（1 100℃左右）和 550℃左右回火；对于要求高耐磨且在冲击载荷下工作的模具，则宜选择较高的淬火温度（1 150℃左右）和 560℃左右回火。

（3）应用范围

与 Cr12 型钢和 W6Mo5Cr4V2 钢相比，7Cr7Mo2V2Si 钢具有更高的强度和韧性，而且有较好的耐磨性，应用范围较广，适宜制造承受高负荷的冷挤、冷镦、冷冲等模具。

三、其他冷作模具钢的特性和应用

随着我国工业的不断发展和壮大，对模具的使用工作条件也提出了更高、更苛刻的要求，进一步促进了我国冷作模具材料的研发与系列化进程。除上述较典型的冷作模具钢外，其他冷作模具钢的热处理工艺规范、主要特性和应用见表 6—2—8。

表 6—2—8　　其他冷作模具钢的热处理工艺规范、主要特性和应用

牌号	淬火		硬度 HRC 不低于	主要特性和应用
	淬火温度（℃）	冷却方法		
9CrWMn	800 ~ 830	油冷	62	具有一定的淬透性和耐磨性，淬火变形较小，碳化物分布均匀且颗粒细小。适宜制作截面不大但变形复杂的冷冲模
MnCrWV	790 ~ 820	油冷	62	国际广泛采用的高碳低合金油淬钢，具有较好的淬透性、热处理变形小、硬度高、耐磨性好。适宜制作钢板冲裁模、剪切刀、落料模、量具和热固性塑料成形模等
7CrMn2Mo	820 ~ 870	空冷	61	空淬钢，热处理变形小。适宜制作需要接近尺寸公差的制品，如修边模、塑料模、压弯工具、冲切模和精压模等

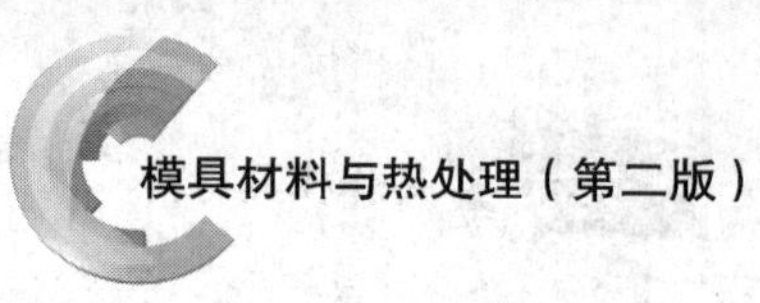

续表

牌号	淬火		硬度 HRC 不低于	主要特性和应用
	淬火温度（℃）	冷却方法		
5Cr8MoVSi	1 000 ~ 1 050	油冷	59	该钢是美国 ASTM A681 中 A8 冷作工模具钢的改良钢种，具有良好的淬透性、韧性、热处理尺寸稳定性。适宜制作硬度在 55 ~ 60HRC 的冲头和冷镦模具，也可用于制作非金属刀具材料
Cr8Mo2SiV	1 020 ~ 1 040	油冷或空冷	62	高韧性、高耐磨性钢，具有较好的淬透性和耐磨性，淬火时尺寸变化小。适宜制作冷剪切模、切边模、滚边模、量规、拉丝模、搓丝板、冷冲模等
Cr4W2MoV	960 ~ 980 或 1 020 ~ 1040	油冷	60	具有较好的淬透性、淬硬性、耐磨性和尺寸稳定性。适宜制作各种冲模、冷镦模、落料模、冷挤压凹模和搓丝板等工模具
6W6Mo5Cr4V	1 180 ~ 1 200	油冷	60	低碳高速钢型的冷作模具钢，其碳和钒元素的含量比 W6Mo5Cr4V2 钢低，不仅有类似高速钢的硬度、耐磨性和强度，还具有比高速钢好的韧性。主要用于制作钢铁材料冷挤压模具
Cr8	920 ~ 980	油冷	63	具有较好的淬透性和耐磨性，与 Cr12 钢相比具有较好的韧性。适宜制作要求耐磨性较好的各类冷作模具
Cr12	950 ~ 1 000	油冷	60	相当于美国 ASTM A681 中的 D3 冷作工模具钢，具有良好的耐磨性。适宜制作受冲击载荷较小，且要求高耐磨性的冷冲模和冲头、冷剪切刀、钻套、量规、拉丝模、压印模等
Cr12W	950 ~ 980	油冷	60	莱氏体钢，具有较好的耐磨性和淬透性，但塑性、韧性较低。适宜制作高强度、高耐磨性，且受热温度为 300 ~ 400℃ 的工具和模具，如钢板深拉伸模、拉丝模、螺纹搓丝板、冷冲模、剪切刀、锯条等

续表

牌号	淬火		硬度 HRC 不低于	主要特性和应用
	淬火温度（℃）	冷却方法		
Cr5Mo1V	(790±15)℃预热，(940±6)℃（盐浴）或（950±6)℃（炉控气氛）加热，保温5～15 min 油冷；（200±6)℃回火一次，2 h		60	空淬钢，具有良好的空淬性，耐磨性介于高碳油淬模具钢和高碳高铬耐磨型模具钢之间，其韧性较好，通用性强。特别适宜制作既要求好的耐磨性，又要求好的韧性的工模具，如下料模和成形模、轧辊、冲头、压延模和滚丝模等
Cr12Mo1V1	(820±15)℃预热，（1 000±6)℃（盐浴）或（1 010±6)℃（炉控气氛）加热，保温 10～20 min 空冷；(200±6)℃回火一次，2 h		59	莱氏体钢，具有较好的淬透性、淬硬性和耐磨性，高温抗氧化性能好，热处理变形小。适宜制作各种高精度、长使用寿命的冷作模具、刃具和量具，如形状复杂的冲孔凹模、冷挤压模、滚丝轮、搓丝板、冷剪切刀和精密量具等

提示

为满足我国冷作模具材料的使用，国家标准《工模具钢》（GB/T 1299—2014）增加了 8 个冷作模具用钢牌号，即 MnCrWV、7CrMn2Mo、5Cr8MoVSi、Cr8Mo2VSi、W6Mo5Cr4V2、Cr8、Cr12W、7Cr7Mo2V2Si。

第三节 冷作模具材料的选用

模具材料对模具的正常使用、模具使用寿命和成本有着直接的影响，选择冷作模具材料时应综合考虑模具的种类、结构、工作条件、制件材质、制件复杂程度、加工精度、生产批量等诸多因素。而对于模具材料本身，则要考虑它的综合力学性能和工艺性能等，同时兼顾材料的经济性。

一、冷作模具选材的基本原则

1. 满足模具的使用性能

根据冷作模具的实际工作条件，确定模具材料应具备的主要性能指标。

（1）承受大负荷的重载模具，应选用高强度材料；承受强烈摩擦和磨损的模具，应选用硬度高、耐磨性好的材料；承受冲击载荷大的模具，应选用韧性高的材料。

（2）形状复杂、尺寸精度要求高的模具，应选用微变形材料。

（3）结构复杂、尺寸较大的模具，应采用淬透性好、变形小的材料。

（4）对于小批量或新产品试制，可选用一般材料（如碳素工具钢等）；当生产批量大或自动化程度高时，宜选用高性能冷作模具材料。

2. 满足模具材料的工艺性能

材料的工艺性能对模具最终的力学性能起着决定作用，为便于模具的加工与制造，一般模具材料应具有优良的锻造性能和切削加工性能，即锻造的温度范围宽，容易被切削加工。对尺寸较大、精度较高的重要模具，还应具有较好的淬透性、抗氧化脱碳性和较小的淬火变形及开裂倾向等。对于要求焊接加工的模具，材料应有较好的焊接性。

提示

冷作模具的制造工艺路线

模具的成形加工和热处理工序安排对模具的质量有很大影响，在制定与实施热处理工艺时，必须予以考虑。通常冷作模具的制造工艺路线有以下几种：

一般成形冷作模具：锻造→球化退火→机械加工成形→淬火与回火→钳工修配。

成形磨削及电加工冷作模具：锻造→球化退火→机械粗加工→淬火与回火→精加工成形（凸模成形磨削，凹模电加工）→钳工修配。

复杂冷作模具：锻造→球化退火→机械粗加工→高温回火或调质→机械加工成形→钳工修配。

3. 经济性

冷作模具材料发展迅速，品种繁多，应用广泛。选用时应结合实际条件，在满足前两项要求的前提下，尽可能选用价格低廉、货源丰富的一般材料，少用或不用特殊、稀缺和贵重材料。

二、典型冷作模具材料的选用

1. 冲裁模的选材

冲裁模主要用于各种板材的落料与冲孔，模具的工作部位是凸、凹模的刃口。根据制件板材的厚度，冷冲裁模具可分为薄板冲裁模（板厚≤1.5 mm）和厚板冲裁模（板厚>1.5 mm）两种。对于薄板冲裁模，要求模具用钢具有高的耐磨性；对于厚板冲裁模，除要求高的耐磨性、抗压屈服强度外，还应具有高的强韧性，以防模具崩刃或断裂。不同冲裁模的硬度要求见表6—3—1。

表6—3—1　　不同冲裁模的硬度要求

名称	单式硅钢片冲模	级进式硅钢片冲模	薄钢板冲模	厚钢板冲模	修边模	剪刀	直径5 mm以下凸模
	HRC						
凸模	58~62	56~60	56~60	56~58	50~55	52~56	54~58
凹模	58~62	57~61	56~60	56~58	50~55	—	—

（1）薄板冲裁模的选材

国内长期以来用于薄板冲裁模的材料主要有T10A、CrWMn、9Mn2V、Cr12、Cr12MoV钢等。

碳素工具钢T10A由于淬透性和耐磨性差、淬火变形和开裂难以控制等原因，只适用于冲裁总量较少、冲压件形状简单、尺寸较小的模具。

CrWMn、9Mn2V钢是高碳低合金钢，淬火操作简便，淬透性优于碳素工具钢，变形易控制，但耐磨性和韧性仍较差，若锻造控制不当，易产生网状碳化物，模具易崩刃，应用于中等批量、工件形状较复杂的冲裁模具。

Cr12、Cr12MoV钢为高碳高铬钢，耐磨性较好，淬火时变形很小，淬透性好，可用于大批量制件的模具，如硅钢片冲裁模。但该类钢存在碳化物不均匀性，易产生碳化物偏析，冲裁时容易出现崩刃或断裂，因而使用寿命也并不高。Cr12钢含碳量较高，碳化物分布不均匀比Cr12MoV钢严重，脆性更大一些。

为了弥补上述传统冷作模具钢性能的不足，国内先后研究开发了一系列性能较好的冲压模具用钢，如Cr12Mo1V1、Cr4W2MoV、7CrSiMnMoV钢等，可大幅度提高模具使用寿命。

Cr12Mo1V1钢与Cr12MoV钢相比，由于钢中Mo、V元素含量的增加，细化了晶粒，改善了碳化物的分布状况，因此，其强韧性、耐磨性和抗回火稳定性有所提高，并可用深冷处理，提高硬度和改善尺寸稳定性。故用Cr12Mo1V1钢制作的冲裁模具寿命要高于用Cr12MoV钢制作的模具。

Cr4W2MoV钢是为替代Cr12型钢而研制的，碳化物均匀性好，耐磨性高于Cr12MoV，适用于制作形状复杂、尺寸精度要求高的冲压模具，可用于硅钢片冲裁模。

7CrSiMnMoV钢为空淬微变形低合金火焰淬火钢，可以利用火焰进行局部淬火，淬硬模具刃口部分。7CrSiMnMoV钢具有良好的淬透性和淬硬性（可达60HRC以上），强度和韧性较高，崩刃后能补焊，可代替 CrWMn、Cr12MoV 钢制作形状复杂的冲裁模。

（2）厚板冲裁模的选材

厚板冲裁模承受的冲压力高于薄板冲裁模，为重载冲裁模，易磨损、崩刃和断裂，所以，要求模具材料应具有好的耐磨性和强韧性。传统的重载冲裁模具用钢主要有 T8A、Cr12MoV、W6Mo5Cr4V2 等。

碳素工具钢 T8A 虽然淬透性、韧性比 T10A 钢有所改善，但易残存网状碳化物，热硬性差，只能用于制件较少的中厚板冲裁模。

W6Mo5Cr4V2 钢属冷作模具用高速工具钢，具有很高的硬度、抗压强度和耐磨性，但韧性较低，工作时有可能产生崩刃或断裂，而且价格较贵，建议采用低温淬火、快速加温淬火等工艺措施来改善其韧性。对于制件批量较大的厚板冲裁模，可用 W6Mo5Cr4V2 钢做凸模，用 Cr12MoV 钢做凹模。这类钢耐磨性、抗压强度好，基本能满足使用要求，但韧性较低，碳化物分布不均匀，模具寿命也不很理想。为克服传统的重载冲裁模具用钢的缺点，目前在许多企业广泛使用 6W6Mo5Cr4V、6Cr4W3Mo2VNb、7Cr7Mo2V2Si 等，使模具寿命得到大幅提高。

2. 拉深模的选材

拉深模具的失效主要为黏附磨损和磨粒磨损，并以黏附磨损为主。因此，选用的模具材料必须具有较高的耐磨性和抗黏附性能，以及足够的强度。同时还应考虑被拉深制件的材质、板料厚度、尺寸形状和生产批量的大小等因素。通常根据拉深材料的强度和厚度不同，可将拉深模分为轻载拉深模和重载拉深模两类。

（1）轻载拉深模的选材（拉深薄钢板或铜、铝合金）

生产批量较小时，对于形状简单的筒形浅拉深件，可选用 T10A 或铸铁；对于形状复杂的中小型拉深制件，可选用 CrWMn、9Mn2V 钢。

生产批量较大时，可选用 6Cr4W3Mo2VNb、Cr12MoV 钢。

（2）重载拉深模的选材（拉深厚钢板、反拉深、变薄拉深）

生产批量较小时，可选用 T10A、CrWMn 钢。

生产批量较大时，可选用 Cr12、Cr12MoV、Cr12Mo1V1、Cr5Mo1V 钢等。

提示

拉深不锈钢、高镍合金钢、耐热钢板等材料时，容易发生黏附和拉毛，首选模具材料为铝青铜，或选用 Cr12Mo1V1 钢并经表面渗氮处理。

拉深大型制件（如汽车覆盖件）时，模具材料可选用合金铸铁或高强度球墨铸铁。球墨铸铁能够浸入润滑油，组织中的石墨具有自润滑作用，能有效地减轻拉深中的摩擦，而且成本较低、容易加工。高强度球墨铸铁可以采用双介质延迟冷却马氏体等温淬火，以获得较高的强度和韧性，硬度为 55 ~ 58HRC。

3. 挤压模的选材

在冷挤压模具中，受力最大的部分是凸、凹模，因此，凸、凹模材料的选择对冷挤压工艺能否奏效至关重要。被挤压的材料不同，变形抗力也会有所不同，对模具材料的要求也不同。一般选择冷挤压模具材料时应注意以下几点：

（1）碳素工具钢（如 T10A）淬硬性、强韧性和耐磨性较差，使用中易折断、弯曲和磨损，有时挤压模具会被压成鼓形，故只适于制作挤压应力较小、批量不大的正挤压模具。

（2）Cr12 型钢是正挤压模具普遍采用的钢种，但在使用中因韧性低、碳化物偏析严重，其脆断倾向大，因而正逐步被新型冷作模具钢替代。

（3）W6Mo5Cr4V2 冷作模具用高速钢的抗压强度、耐磨性在冷作模具钢中最高，特别适宜制作承受高挤压负荷的反挤压凸模，但与 Cr12 型钢有同样的问题，即韧性低、易脆断。生产中常用低温淬火来提高该类钢的断裂抗力。

（4）6Cr4W3Mo2VNb、6W6Mo5Cr4V、7Cr7Mo2V2Si 等基体钢用于冷挤压模具效果十分显著，但对于大批量生产的冷挤压模具，这类钢的耐磨性还略有欠缺。对于大批量生产的冷挤压模具，用硬质合金或钢结硬质合金可大幅提高模具的使用寿命。

4. 冷镦模的选材

冷镦模工作时，凸模受到强烈的冲击，其承受的最大压应力超过 2 500 MPa。凹模型腔承受冲击性胀模力，其型腔表面受到强烈摩擦，易出现磨损沟痕，将导致应力集中部位发生开裂。为此，冷镦模必须具备高硬度、高强度、高耐磨性和高的冲击韧度，以提高模具在冲击载荷下的断裂抗力和疲劳抗力。

一般载荷冷镦模通常用于生产形状简单、负荷较小、变形量不大、冷镦速度不很高的低碳钢或中碳钢冷镦件。其凸模可选用 T10A、Cr4W2MoV 钢制造；凹模可选用 T10A、Cr5Mo1V、Cr12Mo1V1、6Cr4W3Mo2VNb 钢等。

重载冷镦模用于生产变形量较大、形状较复杂、强度较高的合金钢或中高碳钢冷镦件。这类模具通常采用 Cr12 型钢或 6Cr4W3Mo2VNb、7Cr7Mo2V2Si 等新型冷作模具钢。由于新型模具钢具有较高的淬透性和淬硬性，具有很高的抗压屈服强度、耐磨性和较好的韧性，因此，用新型冷作模具钢制作的冷镦模，其使用寿命可成倍延长。

三、典型冷作模具的热处理特点

在模具材料选定之后，必须配以正确的热处理，才能保证模具的使用寿命。按照热处理目的的不同，热处理工艺分为预备热处理和最终热处理两大类。预备热处理是指为改善材料切削加工性能、消除内应力和为最终热处理准备良好的金相组织而进行的热处理工艺（如退火、正火、时效、调质等）。最终热处理是指使零件获得必要的性能（如适合的硬度、韧性、强度等），达到最终的服役条件而进行的热处理工艺

（一般为淬火和回火），它是保证模具寿命的重要工序。

1. 冲裁模的热处理特点

冷冲裁模的工作条件、失效形式、性能要求不同，其热处理特点也不同。

（1）薄板冲裁模

对于薄板冷冲裁模，应具有高的精度和耐磨性。因此，在工艺上应保证模具热处理变形小、不开裂并有高的硬度。通常根据模具材料的类型采用不同的减少变形的热处理方法。

1）碳素工具钢薄板冲裁模的热处理

①双介质淬火。碳素工具钢淬透性较低，为获得所需硬度和淬硬层，淬火速度要快，常采用双介质淬火工艺，即盐水—油或碱水—油双介质淬火。但双介质淬火易淬裂，难以控制变形，为此常采取以下措施：对易淬裂的边、孔部位或易变形的部位，可采取螺栓堵孔、包扎铁皮等防护措施；对小型冷冲裁模，可采用低温淬火、低温长时间回火等以减少变形；若只需刃口、棱角部位硬化的，可升高炉温，快速加热，严格控制加热时间，避免整体透烧；对易变形的凸模，可采用局部淬火、整体回火。另外，应用预冷淬火也可避免边孔开裂，减轻胀缩变形等。

②碱浴淬火。可减少变形量，防止开裂，但小孔和窄槽内壁难以硬化，大、中型模具淬硬层过薄。

③等温淬火。可使钢在保持高硬度的同时具有更好的强韧性配合，有效地减少热处理变形。

④碳化物超细化处理。通过碳化物超细化处理，获得细小粒状碳化物，提高小能量多次冲击疲劳断裂强度、抗弯强度、抗压强度和耐磨性，并得到较好的韧性和塑性，延长模具的使用寿命。

2）低合金薄板冲裁模的热处理。与碳素工具钢比较，它具有淬裂和变形敏感性低，淬硬层深，窄槽、小孔可充分硬化，耐磨性较好等特点，但此类钢易形成网状碳化物，淬火后型腔易胀大，型腔内尖角处易淬裂，为此可采取以下措施：

①增加工艺孔和局部包扎铁皮，以促使各部位在冷却过程中均匀降温，避免淬火开裂，减少淬火变形。

②采取低温淬火和恒温延迟冷却淬火，可防止淬裂，减少变形，提高韧性。

③对于形状较匀称、孔距精度要求较高的冲裁模，运用快速加热、分级淬火工艺，效果较好。

④合理选用淬火冷却方式：油冷适用于形状简单的冷冲裁模，可促使凹模型腔收缩，但淬裂和翘曲倾向较强，对韧性不利；热油淬火可减少变形和翘曲；硝盐淬火可减少翘曲倾向，应注意硝盐配比和含水量的控制；碱浴淬火可提高大、中截面模具的淬火硬度，克服型腔膨胀的趋势。也可用油冷—热浴复合淬火等方法。

⑤回火时要避开回火脆性区，可进行两次回火，以最大限度地消除残余应力。部分钢种在220～320℃时回火，有明显的体积膨胀与型孔胀大现象，对于回火时不允许

发生型腔胀大的模具，应避开此温度区间回火。

3）高碳高铬合金钢薄板冲裁模的热处理

①淬火加热温度。应根据模具使用要求来选择淬火加热温度。当模具要求变形小及具有一定韧性时，应采用较低温度淬火；当要改善钢的热硬性和淬透性，提高模具使用温度时，应采用高温淬火工艺。选用淬火温度的高低时还需相应的回火温度与之配合。

②保温时间。保温时间影响模具的淬火变形。模具几何形状简单，厚薄相差不大时，在盐浴炉中每毫米按6～10 s计算；对于形状复杂、厚薄相差大的模具，则需经实践和经验控制。

③冷却方式。油冷是最常用的方式，但淬裂倾向大，易翘曲，采用热油淬火，效果较好，通常油温为50～80℃，模具本身的温度冷却到150～200℃时，从油中取出空冷；风冷、空冷或箱冷是冷却作用较缓和的方式，但需注意保证各部位均匀降温；硝盐分级或等温淬火是Cr12型冷作模具钢基本的淬火冷却方式，可调节模具型腔胀缩趋势，避免在空冷中脱碳，分级淬火介质的温度在300～400℃时模具变形最小，分级或等温淬火也可在电炉中进行，同时可获得良好的微变形效果。

④回火。回火一般在160～200℃进行，主要是为了消除淬火应力，通过回火温度的调整也可调节模具尺寸的变化。

⑤深冷处理。采用深冷处理能延长冲裁模的使用寿命。由于某些高碳高铬合金钢的 Ms 点很低，模具淬火至室温后保留较多的残余奥氏体，为使其转变成马氏体以提高硬度、耐磨性和尺寸稳定性，可进行深冷处理。

对于形状简单的工件，淬火后可立即进行深冷处理；形状复杂的工件，在淬火后立即回火，然后进行冷处理，以减小工件的变形或开裂。深冷处理的温度一般为－60～－40℃，对要求耐磨性高的模具采用－80～－60℃。深冷处理时，不得将淬火时未冷到常温的工件放入低温箱，否则将引起开裂。淬火工件深冷处理以前在常温下允许停留的时间取决于钢的奥氏体稳定化敏感程度。

（2）厚板冲裁模

实践证明，崩刃和折断是厚板冲裁模最早出现的失效形式。为此，提高模具的强韧性和耐磨性是延长模具寿命的关键。通常可采用细化奥氏体晶粒、碳化物，获得板条马氏体、下贝氏体和复相组织，合理选择回火工艺等方法对模具进行强化。

1）低温、短时、快速加热工艺。高碳钢采用低温、短时、快速加热工艺，可获得更多的板条状马氏体（低碳板条状马氏体具有较好的强韧性），使模具断裂抗力得以提高，并能减少模具的崩刃现象。

2）等温淬火。这种工艺的目的是减少变形，通过等温淬火后获得的组织为下贝氏体，它代替了普通淬火的片状马氏体，因而有较好的强韧性。例如，用Cr12MoV钢制作的冲裁模，采用1 000℃加热，260℃等温150 min，220℃回火工艺后，其模具使用寿命能得到较大延长。

3）循环超细化处理。将冷作模具钢以较快的速度加热到 Ac_1 或 Ac_{cm} 以上的温度，经短时间停留后立即淬火冷却，如此循环多次。由于每加热一次晶粒都得到一次细化，同时在快速奥氏体化过程中又保留了相当数量的未溶细小碳化物，循环次数一般控制在 2～4 次，经处理后的模具使用寿命可延长 2～3 倍。

4）细化碳化物处理。将钢加热到超过 Ac_{cm} 点的高温，使二次碳化物充分固溶后，进行淬火和高温回火，使碳化物弥散析出，得到微细碳化物。然后再进行低温淬火和回火，可获得细小的马氏体组织和微细碳化物，以达到提高强韧性和耐磨性的目的。

除上述方法以外，还可利用表面热处理方法来提高冲裁模的强韧性和耐磨性，如碳氮共渗、渗硼、化学气相沉积处理、表面电火花强化处理等。

提示

对于成形后需要进行线切割的冲裁模热处理时，应注意以下几点：

（1）为使线切割模具尺寸相对稳定，并使表面组织有所改善，模具经线切割后必须及时进行回火，回火温度应不高于淬火后的回火温度。

（2）由于模具表面和心部冷却速度不同，所以模具表面和心部的硬度也有差别。为保证模具型腔在线切割后具有高硬度，必须在淬火时确保工件有足够的淬硬层。

（3）为减小线切割变形和开裂，应使热处理后的内应力处于最小状态。为此，该类模具常采用分级淬火、多次回火或高温回火等方法。

2. 拉深模的热处理特点

制件拉深时，模具所受的冲击力很小，主要要求模具应具有高的强度、硬度、良好的耐磨性和抗黏附性能。为了保证拉深模的使用性能要求，在制定和实施热处理工艺时应注意以下几点：

（1）在拉深模成形淬火过程中，往往会产生表面脱碳和形成托氏体组织而造成软点，使模具的表面硬度和耐磨性显著降低，模具表面易出现拉毛现象。因此，在热处理过程中应防止模具表面产生氧化和脱碳。例如，用箱式电阻炉加热时，为防止模具氧化及脱碳，应进行装箱保护，即在模具四周填些保护剂，最常用的保护剂有木炭、铸铁屑等。同时也应防止因磨削而引起的二次回火，导致模具表面硬度降低。

（2）有些模具材料（如 T10A、CrWMn 等）经淬火后表面硬度较高，但所含高硬度的合金碳化物较少，耐磨性不够高，在较大的表面压力下，由于被拉深材料的流动与模具型腔表面硬的微峰剧烈摩擦，形成了加工硬化结点，加剧了被拉深材料与型腔的咬合和磨损。为提高拉深模表面的抗磨损和抗黏附能力，可采用渗氮、镀硬铬等方法，使模具表面形成均匀致密的强化层，这种强化层能有效地起到提高表面硬度和减少磨损的作用。

提示

在制件拉深过程中，对模具和被拉深材料加以良好的润滑，可以使模具的拉毛和黏附情况得到改善。对于有多道拉深工序的制件，因塑性变形易引起加工硬化，应及时进行工序间退火，也可有效地防止模具拉毛及磨损。

3. 冷挤压模的热处理特点

冷挤压时，由于制件材料是在高压力下迫使金属流动而产生塑性变形，故模具承受的压力很大，摩擦剧烈。这就需要冷挤压模应具有高的硬度、强韧性、耐磨性、抗压强度和一定的耐热疲劳性及足够的回火抗力。为了保证冷挤压模的性能要求，在制定及实施热处理工艺时应注意以下几点：

（1）对于易断裂或胀裂的冷挤压模具，一般采用常规工艺的下限温度或低于下限温度进行淬火，以便获得尺寸细小的马氏体，再经回火就可以得到高的强韧性。这对要求具有高韧性、而磨损又不是主要失效形式的冷挤压模具十分有益。

（2）对于用高碳高合金钢制作的冷挤压模具，淬火后残余奥氏体量较多，一般应采用较长时间的回火或多次回火，以便控制和稳定残余奥氏体量，消除应力，提高模具韧性，稳定尺寸。

（3）对于以脆性破坏（折断、劈裂或脱帽）为主、韧性不足的冷挤压模具，常采用等温淬火工艺，其等温温度一般控制在 *Ms* 以上 20～50℃范围内，经等温淬火后再采用二次回火以减少内应力和脆性，促使残余奥氏体转化为回火马氏体。

（4）为使冷挤压模具获得高的表面硬度和表面残余压应力，常对模具表面进行渗氮、渗硼、氮碳共渗、镀硬铬等强化处理工艺。实践证明，经表面强化处理后的模具不仅改善了表面应力状态，而且其耐磨性和抗咬合能力也显著增加。例如，用W6Mo5Cr4V2 钢制作的活塞销冷挤压凸模，经气体氮碳共渗后，其寿命提高了两倍以上。

（5）冷挤压模具在使用过程中，挤压载荷的交变作用常引起模具成形部位应力集中和疲劳。为消除使用过程中产生的应力，可在使用一段时间后再进行低温去应力回火。

提示

由于碳化物是脆性相，其不均匀分布会增加钢的脆性，而且这种缺陷是不可能用提高淬火加热温度的方法来解决的，故常用改锻方法得以改善。目的就是破碎、细化和重新分布原有的带状和网状碳化物，以使在模具的工作部分获得均匀分布的细颗粒金相组织。如 Cr12 钢碳化物粗大时，横向比纵向强度低 30%～40%，塑性低 50%～70%。

4. 冷镦模的热处理特点

冷镦时，由于坯料受到冲击压力而产生塑性变形，并在模具中使坯料重新分布及转移，从而形成所需要的形状，为此，冷镦模要承受巨大的冲击力和强烈的冲击摩擦。实践证明，冷镦模主要的失效形式是开裂和折断，即由韧性不足导致的失效占80%以上。因此，如何通过热处理工艺获得高强韧性和高耐磨性是延长冷镦模使用寿命的关键。

（1）对于用碳素工具钢制作的冷镦凹模常采用喷水淬火方法。喷水淬火与整体淬火相比，模具的韧性高、硬度均匀，可避免过早开裂。另外，碳素工具钢冷镦模在最终热处理前再进行一次完全退火，其寿命可显著延长。

（2）为减缓冷镦模在周期性冲击力作用下内应力的产生和集中，必须回火充分。回火保温时间应在2 h以上，并进行多次回火，使其内应力全部释放出来。特别是整体淬火的合金钢冷镦模更需如此。

（3）采用中温淬火、中温回火工艺，可获得最佳的强韧性配合，这样冷镦模的断裂抗力会明显提高。

（4）采用快速加热工艺，可使模具获得细小的奥氏体晶粒，不仅能减少淬火变形，而且可以提高模具的韧性。

（5）为了提高冷镦模的耐磨性和抗咬合性，通常可采用渗硼等表面强化处理方法来提高模具的使用寿命。通过渗硼，在模具表面形成硬度高达1 100HV以上的硼化层，同时模具基体也得到进一步强化。

四、冷作模具材料应用实例

1. 扇形硅钢片冷冲裁模

图6—3—1所示为某硅钢片冷冲裁模具（凹模），该模具由于形状复杂，凸凹模间隙小，精度要求高，故采用Cr12MoV冷作模具钢制成，其设计硬度为58～62HRC，使用寿命为20万件以上，但实际生产不到1万件，凸模外缘即出现裂纹和小的崩刃，经过刃磨修复后虽能继续使用，但发现裂纹有明显扩展的迹象，生产不到2万件便已失效。

（1）失效分析

1）经查该冷作模具钢的化学成分均在规定的范围内。将失效模具适当处理后，观察脆断的断口特征，发现其断口呈银灰色，宏观组织细密、均匀，未见气孔、夹渣、非金属夹杂物和晶粒特别粗大等现象。由此判断，该模具的过早失效不是由材料的化学成分引起的。

2）通过查看模具生产的技术资料得知，该模具的加工工艺路线为：下料→锻造→球化退火→机械加工→淬火+低温回火→平磨→线切割加工→成形组装。其中的锻造工艺为：始锻温度为1 000～1 100℃，终锻温度为800～850℃，锻造方法为一般轴向镦粗—拔长法；热处理工艺如图6—3—2所示。由此判断，该模具的加工路线在工序安排上基本符合Cr12MoV冷作模具钢的加工规范。

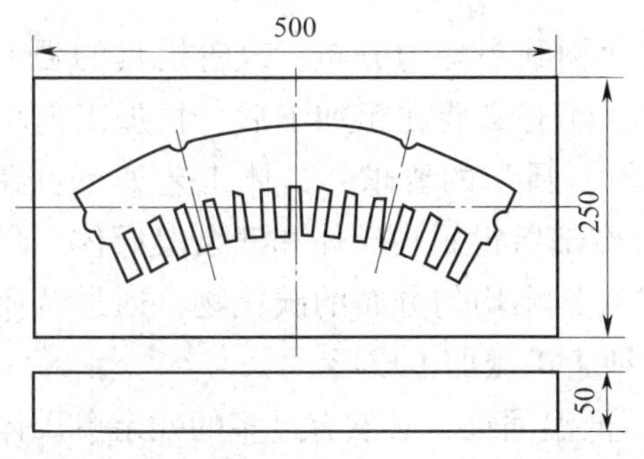

图 6—3—1 某硅钢片冷冲裁模凹模

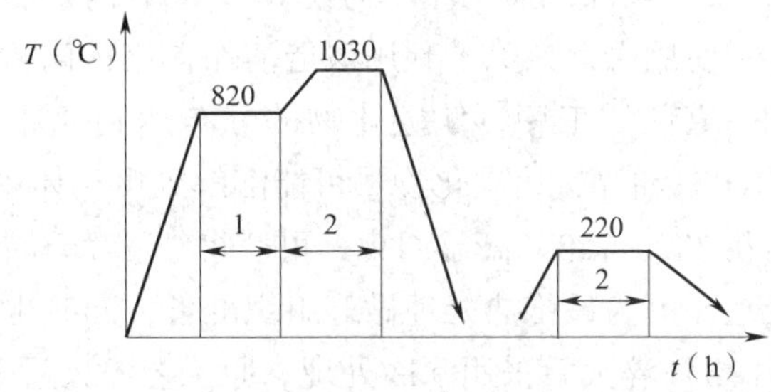

图 6—3—2 某硅钢片冷冲裁模原热处理工艺

3）通过从失效模具裂纹的不同部位取样进行金相显微组织分析得知，在裂纹附近存在明显的带状碳化物分布区，而且在带状组织中还存在有粗大的碳化物分布。用这样的坯料制成的模具会产生组织的不均匀和力学性能的各向异性，增加淬火裂纹和使用脆断的倾向。带状碳化物区是一个脆性区，其强度低，塑性、韧性差，不能承受大的冲击力，裂纹很容易在这里萌生与扩展，并容易产生应力集中，所以，成为模具产生裂纹和磨损的主要原因。

由以上分析说明：其一，该模具虽经改锻，但仍没有完全消除组织中的带状碳化物和粗大、不均匀的碳化物组织，易引起热处理畸变与裂纹，同时会造成材料强度、硬度、耐磨性和韧性的降低，使模具在使用过程中必然会造成刃部的磨损，增加磨削修刃的频率，导致模具的早期失效。其二，Cr12MoV 钢经 1 030℃油淬和 220℃低温回火后，仍然存在残余内应力，磨削过程中还会引起附加应力，当总的拉应力超过模具的断裂抗力时，便会引起磨削裂纹。其三，模具在中间磨削修刃时，表面薄层的瞬间温度可达 900 ~ 1 100℃，此温度保持十分之几秒钟后，热量即被下层金属带走，加之冷却液的冷却，使表面层的残余奥氏体发生马氏体转变，将产生残余内应力，为产生磨削裂纹创造了条件，残余奥氏体向马氏体转变的过程中还会引起尺寸的膨胀，使凸凹模的间隙发生变化，也会造成模具的早期失效。

（2）改进措施

为减小 Cr12MoV 钢中碳化物的含量，提高碳化物的均匀度，降低残余奥氏体的数量，提高硅钢片冷冲模的质量，延长其使用寿命，可采取以下措施：

1）改进锻造工艺。由于 Cr12MoV 钢的导热性和塑性较低，高温变形抗力较高，锻造温度范围窄，锻造性能很差，因此，始锻温度确定为 1 030 ~ 1 060℃，终锻温度确定为 840 ~ 880℃，锻造时应反复镦粗、拔长多次，锤击过程中要把握好始锻、终锻时轻击，中间过程重击，严格进行三向循环镦拔，在最后火次时，要特别控制锻造变形量和锤击力度，变形量要小，锤击要轻。当锻造温度降到 850℃后，继续进行无变形量轻锤击；当锻件温度降到 750℃时，停止锻造，并淬入 60℃热油中，油温升至 200℃后转入 600℃ ×2 h 回火。经上述处理后，可使碳化物细化，分布均匀，同时可减少 Cr12MoV 钢的内应力和裂纹倾向。

2）增加调质工序。为使 Cr12MoV 钢中的碳化物细小均匀分布，改善模具的强韧性和使用寿命，除了利用锻造消除碳化物偏析外，还有必要在粗加工后、精加工前增加一道调质工序，使碳化物的分布达到“小、匀、圆”的要求，具体工艺如下：在 1 100℃油淬，使碳化物尽可能溶解到奥氏体中，冷却后得到马氏体和残余奥氏体；然后在 700 ~780℃高温回火，可获得细粒状珠光体和细小均匀分布的碳化物；通过调质处理，可为最终热处理做好组织准备，同时也有利于机械加工成形。

3）淬火后采用深冷处理。原工艺淬火后采用低温回火，必然有过多的残余奥氏体存在，这是造成模具硬度不高、产生磨削内应力、磨削裂纹及引起模具尺寸发生变化的根本原因。而减少残余奥氏体的有效方法是深冷处理，其具体工艺如图 6—3—3 所示，1 100℃油淬后，先经 100℃热水 1 h 处理，然后进行 -196℃ ×2 h 深冷处理，深冷处理后进行 520℃ ×2 h 高温回火。将淬火温度从 1 030℃升高到 1 100℃是为了使奥氏体中溶入较多的碳和其他合金元素，淬火后可减少组织中块状碳化物的生成。深冷处理可使 Cr12MoV 钢中的残余奥氏体降低到最低程度，还能促使从淬火形成的马氏体中析出高度弥散的、和基体保持共格联系的超细微碳化物，显著提高模具的硬度和尺寸稳定性。在随后的 520℃高温回火过程中，可使碳化物进一步从马氏体中弥散析出，产生二次硬化，实现碳化物呈颗粒状均匀分布，提高模具的强韧性、硬度和耐磨性。

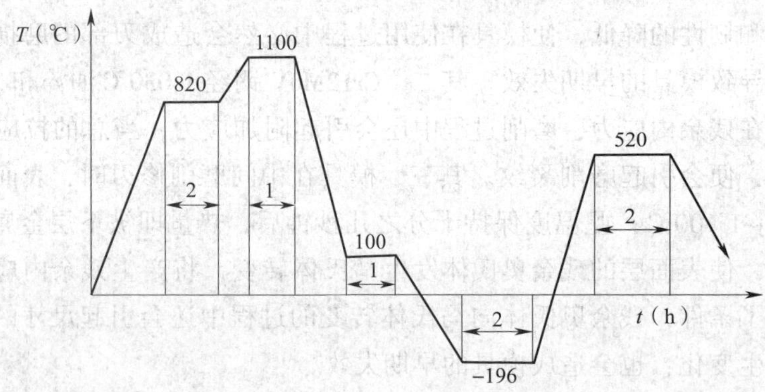

图 6—3—3　改进后硅钢片冷冲裁模最终热处理工艺

实践证明，通过采取上述措施后，可以显著地提高材料的力学性能和模具的使用寿命，从而达到其设计要求。

2. 不锈钢方形手表壳冷挤压模

由于冷挤压具有加工精度高、节约原材料、生产效率高，可加工形状复杂的、难以切削加工的零件，故在制造业中应用较为广泛，但对模具要求高。例如，某厂大批量生产一种不锈钢方形手表壳，该表壳形状较为复杂，材料为 06Cr19Ni10 钢。原用于表壳冷挤压成形的凸模、凹模均采用高速钢 W18Cr4V 制成，其使用寿命极短，主要表现在挤压 400 件左右时就会在凸模表带销成形部位的根部产生裂纹，导致模具失效。

（1）失效分析

1）模具其他部位无明显磨损现象。

2）对裂纹处进行断面分析，没有发现原始裂纹存在，钢的碳化物不均匀性级别小于3级，晶粒度为10级，硬度为63HRC。

3）通过查阅模具生产的相关技术资料得知，该W18Cr4V钢的化学成分均在国家标准《高速工具钢》（GB/T 9943—2008）规定的范围内，其热处理规范符合要求。

分析结果表明，高速钢W18Cr4V的质量没有问题，而是钢的抗弯强度、韧性不能满足工作要求而使模具产生裂纹。要解决这个问题，可从两个方面考虑，即修改模具结构或选用强韧性更高的钢材来制作模具，而修改模具结构将会给挤压后的表壳加工带来很大的困难，因此，决定选用强韧性高的钢材来制造凸模而保留原模具结构。

（2）选材

高强韧性冷模钢具有最佳的强韧性配合，此类钢主要包括基体钢和低合金高强度钢，如6W6Mo5Cr4V、6Cr4W3Mo2VNb、7Cr7Mo2V2Si钢等。这几种钢的抗弯强度都可达5 000 MPa以上，远高于高速钢W18Cr4V，但在此强度下，7Cr7Mo2V2Si钢的冲击韧性值比6W6Mo5Cr4V钢高出近一倍。而7Cr7Mo2V2Si钢与6Cr4W3Mo2VNb钢相比，在保持高韧性的情况下，其抗压、抗拉、抗弯强度和耐磨性均较高。因此，选用7Cr7Mo2V2Si冷作模具钢制作凸模。

（3）工艺要点

1）锻造。凸模毛坯尺寸为45 mm×50 mm×80 mm，采用ϕ50 mm棒料下料，反复镦拔三次，以保证碳化物完全破碎，使其获得均匀分布的碳化物，为后续热处理创造良好的条件。并要求成品毛坯的钢材流线方向与凸模尺寸80 mm方向垂直，与尺寸50 mm方向平行，这样可使钢材流线方向与模具易裂部位承受的最大拉应力方向平行，以保证凸模在工作状态时具有更高的强韧性。锻造加热过程要缓慢，保证充分透烧，加热温度不宜过高，应严格控制在1 130℃以下，否则容易锻裂，终锻温度不低于850℃，锻后砂冷。

2）预备热处理。采用等温球化退火工艺，如图6—3—4所示，加热温度应在Ac_1～Ac_3之间，等温温度在Ar_1以下，以获得粒状珠光体组织。

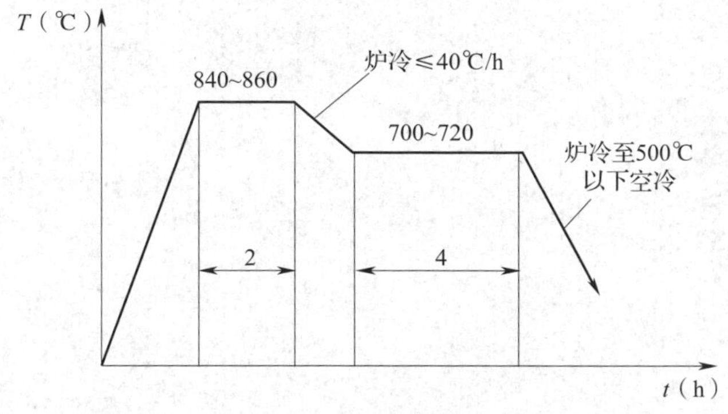

图6—3—4 7Cr7Mo2V2Si钢凸模退火工艺

3）最终热处理。7Cr7Mo2V2Si 冷作模具钢不同的淬火、回火温度会使钢的性能产生差异，为使表壳挤压凸模获得最佳的强韧性配合，采用 1 150℃淬火，550℃ ×2 h 回火 3 次，具体工艺如图 6—3—5 所示。

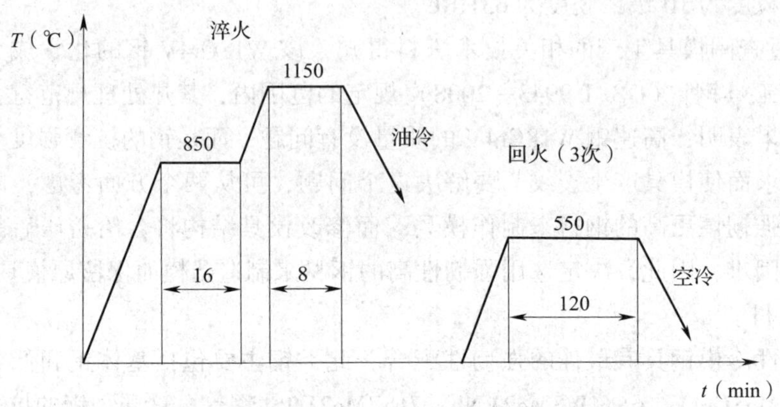

图 6—3—5　7Cr7Mo2V2Si 钢凸模淬火、回火工艺

实践证明，用 7Cr7Mo2V2Si 冷作模具钢制作的方形手表壳冷挤压凸模，经上述锻造和热处理工艺后，其使用寿命均超过 1.5 万件，比用高速钢 W18Cr4V 制作的凸模寿命提高了 40 倍以上。

热作模具材料

热作模具是指对加热到再结晶温度以上的金属材料进行压力加工所使用的模具。典型的热作模具主要分为锤锻模、压力机锻模、热挤压模、压铸模和热冲裁模五大类。其工作特点是：外力作用使加热的固态金属材料产生一定的塑性变形，或者使高温的液态金属铸造成形，从而获得各种所需形状的零件或精密毛坯。由于各类热作模具的工作条件差别较大，所以，只有根据各类热作模具的工作条件和失效形式，选择性能合适的模具材料，才能保证模具具有较长的工作寿命。

第一节　热作模具材料和性能要求

热作模具在使用中与热态金属相接触，反复受热和冷却，承受冲击载荷或高压作用。因此，要求热作模具材料应具有较高的硬度、热硬性和耐磨性，一定的强度、韧性和较高的热疲劳抗力。

一、常用热作模具

1. 锤锻模

锤锻模是指在模锻锤上使用的热成形模具，图 7—1—1 所示为锤锻模的工作原理示意图。锤锻模的上模与锤头固定，下模与工作台的模座固定，工作时上模随锤头向下运动，与下模合模形成模锻件。它在工作过程中不仅要承受巨大的冲击载荷和摩擦载荷，同时又受高温（锻造钢件时，模具型腔的瞬间温度可高达 600℃以上）和冷却（为减轻锤锻模的热负荷，通常在模具工作间歇时对模具进行冷却，来控制模具温度的升高）的反复作用，使模具容易产生应力集中和热疲劳裂纹。

锤锻模在上述复杂的条件下工作，其失效形式也复杂多样，主要有型腔部分的模壁断裂、型腔表面热疲劳、塑性变形、磨损和锤锻模燕尾的开裂等。所以，锤锻模材料要求具有较好的高温强度和韧性、良好的耐磨性和一定的硬度，还要有优良的耐冷热疲劳、耐机械疲劳性。此外，锤锻模尺寸较大，还要求它有高的淬透性、良好的工艺性和抗氧化性。

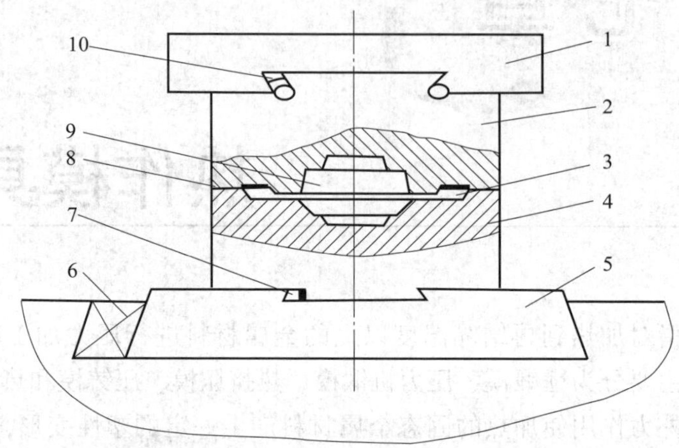

图 7—1—1　锤锻模的工作原理

1—锤头　2—上模　3—飞边槽　4—下模　5—模座

6、7、10—紧固楔铁　8—分模面　9—型腔

2. 压力机锻模

压力机锻模在工作时要承受巨大的压力，当模具在曲柄压力机和水压机上工作时，所承受的压力主要是静压力，而冲击力较小。与锤锻模相比，炽热的金属坯料在型腔中停留的时间更长，压力机锻模的型腔温度明显比锤锻模高，受热更严重，所以，其内部的热应力和它的变化幅度均大于锤锻模。同时，模具型腔表面所受的氧化腐蚀也更严重。

因此，压力机锻模的失效形式主要有脆性断裂、冷热疲劳、塑性变形、磨损和模具型腔的表面氧化腐蚀失效等。压力机锻模的材料要求具有较高的耐热疲劳性、热稳定性、热强性和良好的韧性和耐磨性。

3. 热挤压模

热挤压模是指使被加热的金属在高温压应力状态下成形的一种模具。热挤压模工作时承受压缩应力和弯曲应力，脱模时承受一定的拉应力，另外还受到冲击载荷的作用。模具与炽热金属接触时间较长，使其受热温度比锤锻模更高，尤其当用于加工黑色金属（钢、铸铁）和难熔金属时，工作温度高达 600 ~ 800℃。为防止模具的温度升高，影响加工质量和模具寿命，需对模具（特别是凸模）进行冷却（工件脱模后，每次用润滑剂和冷却介质涂抹模具的工作表面），从而使模具经常受到急冷、急热的交替作用。

因此，热挤压模的失效形式主要有断裂、冷热疲劳、塑性变形、磨损和模具型腔表面的氧化失效等。要求热挤压模材料具有较高的耐热疲劳性、热稳定性、热强性及良好的韧性和耐磨性。

4. 压力铸造模 （简称压铸模）

压铸模是指在压铸机上、高压下使液态金属压铸成形的一种模具，图 7—1—2 所示为压铸模工作原理示意图。压铸模的型腔表面主要承受液态金属的压力、冲刷、侵蚀和高温作用，每次压铸脱模后，还要对型腔表面进行冷却、润滑，使模具承受频繁的急热、急冷作用。由于被压铸金属的材料不同，其熔化温度的差别也大，导致压铸模的工作条件和使用寿命有很大差别。熔化温度越高的材料，模具的使用寿命越短。例如，锌合金的熔化温度为400～430℃，铝合金的熔化温度为600～700℃，铜合金的熔化温度为900～1 100℃，黑色金属（钢、铸铁）的熔化温度为1 200～1 600℃。铜合金压铸模的使用寿命远比铝合金及锌合金压铸模使用寿命短，而铸铁合金压铸模的使用寿命更短，往往压铸几百次后就失效了。

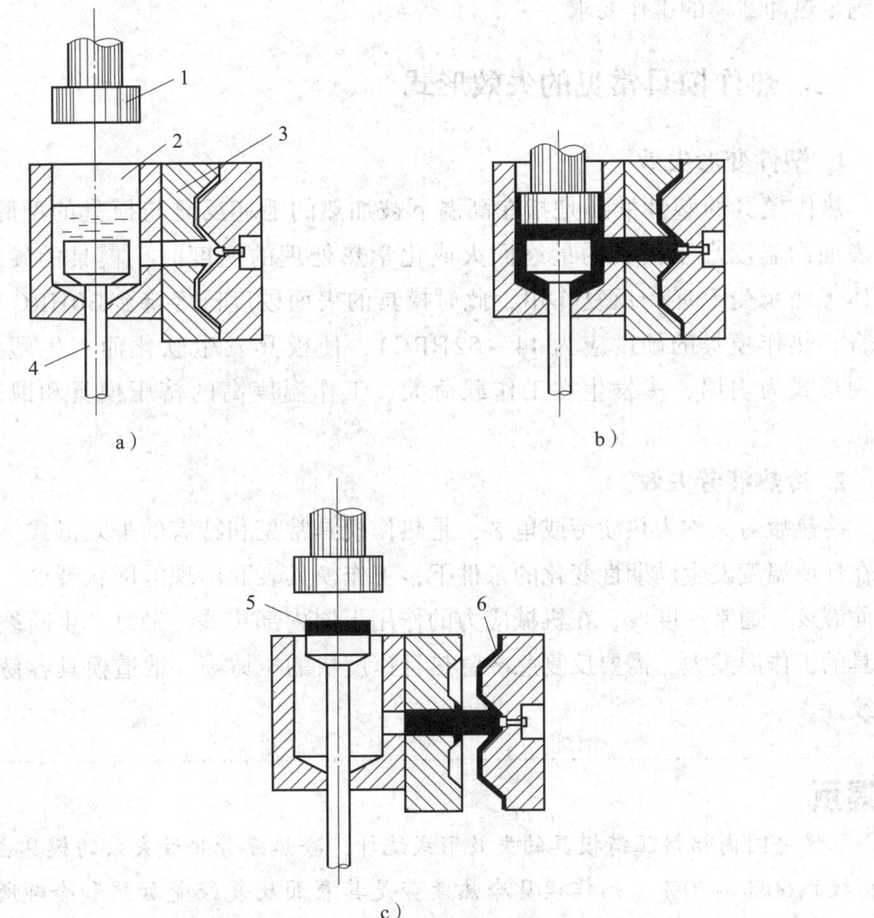

图7—1—2 压铸模的工作原理

a）合型并注入金属液 b）加压凝固成型 c）开型取出铸件

1—工作活塞 2—压缩室 3—压铸模定模 4—下活塞 5—剩余金属 6—铸件

各种压铸模的主要失效形式为冷热疲劳，而铝合金压铸模除冷热疲劳失效外，还经常因黏模而影响其正常工作。因此，主要要求压铸模材料具有较高的耐热性、导热性、淬透性和良好的高温力学性能、耐热疲劳性、耐腐蚀性和抗氧化性等。

5. 热冲裁模

热冲裁模是指主要用于冲切模锻件的飞边和连皮的模具。它主要由凸模和凹模组合而成，工作时模具的刃口部分承受挤压、摩擦和一定的冲击载荷，同时还因为金属坯料上的传热而升温，但由于所使用的锻压设备不同，所加工的金属坯料的尺寸不同，使各类热冲裁模的刃口部位所承受的热载荷与机械载荷有很大的区别。因此，其失效形式主要有刃口的热磨损失效、崩刃失效、卷边失效和断裂失效。

在热作模具中，热冲裁模的工作温度较低，因此对材料性能的要求也相对较宽。除了应具有高的耐磨性、良好的强韧性和加工工艺性外，几乎所有的热作模具材料均能满足热冲裁模的工作要求。

二、热作模具常见的失效形式

1. 塑性变形失效

热作模具的塑性变形是指在高温下被加热的毛坯反复与模具的型腔长期接触，当表面的温度高于模具的最终回火或化学热处理的温度时，模具的硬度下降，其基体无法承受毛坯的反复作用，此时模具的表面硬度已经降到30HRC以下（一般而言，热作模具的硬度应为44～52HRC），使模具发生软化而产生塑性变形，其表现形式为坍塌，多发生在工作载荷大、工作温度高的挤压模具和锻造模具凸起部位。

2. 冷热疲劳失效

冷热疲劳又称为热疲劳或龟裂，是热作模具常见和特有的失效形式。冷热疲劳是指在环境温度发生周期性变化的条件下，工作模具表面出现的网状裂纹。此裂纹属于表面裂纹，通常深度浅，在机械应力的作用下向内部扩展，最终产生断裂失效。热作模具的工作温差大，需要反复急冷急热且速度快的压铸模、锻造模具容易出现热疲劳裂纹。

提示

根据国内铝材压铸模具的失效形式统计，冷热疲劳导致失效的模具占失效模具总数的60%～70%。热作模具冷热疲劳是其表面反复经受加热和冷却所产生的应力引起疲劳的结果。热疲劳裂纹的形态与模具的工作条件有关。压铸模具形成龟裂的因素很多，主要为浇注温度和模具的预热温度之差，温差越大冷却速度越快，则热疲劳裂纹越容易产生；其次与热循环的速度、模具的热处理工艺和表面处理也有密切的关系。

3. 热磨损失效

热磨损是指模具工作部位和被加工材料之间发生相对运动而产生的损耗，即尺寸超差和表面损伤（如拉伤、飞边等）。模具的工作温度、材料的硬度、合金元素和润滑条件等均会影响模具的磨损，可见，相对运动剧烈和凸起部位的模具，如热挤压冲头等，容易出现热磨损失效。

热作模具型腔内的磨损失效是由于模具表面与被加工高温工件之间的摩擦无法得到润滑，被高温工件氧化，模具型腔表层被回火软化，低硬度又加剧了磨损，严重的磨损将使模具无法加工出合格产品而报废失效。

4. 断裂失效

断裂失效是指材料本身的承载能力不足以抵抗工作载荷而出现的材料断裂，包括脆性断裂、韧性断裂、疲劳断裂和腐蚀断裂等。断裂和开裂失效占热锻造模具失效总数的 20% ~30%，占压铸模失效总数的 10% 左右。由于断裂造成的模具报废危害性大，所以受到广泛重视。一般而言，热作模具的断裂与工作载荷过大、材料的热处理、选材不当和应力集中等几个方面有关，一般起源于模腔尖角处或应力集中处，多发生在热挤压冲头和凸起部位的根部等位置。

5. 腐蚀失效

腐蚀是热作模具特有的损坏形式。腐蚀包括冲蚀、熔蚀和浸蚀。

压铸模具在工作过程中，熔融金属被注入型腔，会对被高温金属液冲刷的模具部位产生冲蚀。除了冲蚀外，在液体金属与模具表面直接接触的部位还存在浸蚀和熔蚀的问题。压铸模具与热锻模具容易形成冲蚀，而且压铸模具的损坏程度也较大。受到冲蚀的模具，表面凹凸不平、棱角变钝，严重影响铸件的几何形状、尺寸精度和表面质量，导致模具过早失效。

三、热作模具材料的使用性能要求

热作模具在工作中既有力的作用又有温度的作用，模具的工作条件复杂，对模具材料的特性要求也更加严格。为了满足热作模具的使用要求，对热作模具材料的基本要求是:

1. 硬度和热硬性

硬度是模具钢的主要技术指标之一。模具钢必须有足够高的硬度才能在高应力作用下保持形状、尺寸不变。热作模具钢根据其工作条件，一般要求硬度为 40 ~55HRC。在高温状态下工作的热作模具，要求保持其组织和性能的稳定，具有抗软化的能力，从而在 550 ~600℃仍保持足够高的硬度，这种性能称为热硬性，它是热作模具的重要性能指标之一，实际上反映了钢的高回火稳定性。加入 Cr、W、Si 等合金元素可以提高钢的回火稳定性，即提高钢的热硬性。

2. 耐磨性

耐磨性是影响模具使用寿命的一个主要因素，模具在工作条件下承受大的压应力和摩擦力，要求模具在强烈摩擦条件下保持形状、尺寸精度不变，持久耐用。模具的磨损主要有机械磨损、氧化磨损、熔融磨损等。在一定范围内，提高钢的硬度有利于提高钢的耐磨性，但硬度达到一定值之后，这种作用就不明显了。模具钢的高耐磨性

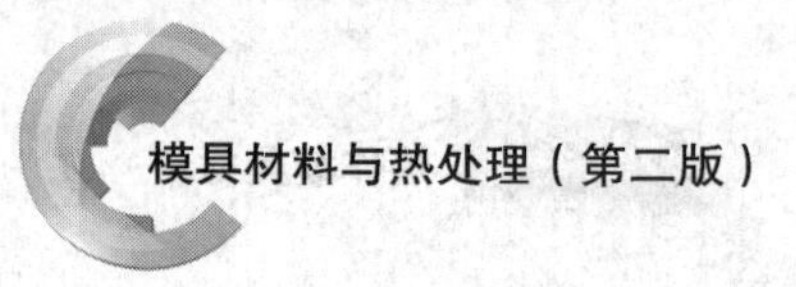

要求其不仅硬度要高，而且硬化相的分布要合理。

3. 强度和韧性

模具在使用过程中，承受较大的载荷以及冲击、弯曲、扭转等作用，承受重负荷的模具由于强度、韧性不足容易发生断裂、崩刃等现象，使模具提前损坏。因此，模具应该具有一定的强度和韧性。模具钢的化学成分、纯净度、热处理工艺等因素都会对其韧性产生影响。钢的韧性、强度、耐磨性往往是相互矛盾的，提高钢的韧性，可能导致强度、耐磨性降低。因此，要合理地选择材料和热处理工艺，使钢的强度、韧性、耐磨性实现最佳配合。

4. 热疲劳性

热作模具工作时除了承受周期性载荷作用之外，还要承受高温和周期性的急冷急热变化。热交变应力易使热作模具材料发生疲劳破坏，导致模具龟裂。一般说来，影响钢热疲劳性能的主要因素有：

（1）钢的导热性

钢的导热性高，可使模具表层金属受热程度降低，从而减小钢的热疲劳倾向性。一般认为钢的导热性与含碳量有关，含碳量高时其导热性低，所以，热作模具钢不宜采用高碳钢，在生产中通常采用中碳钢。含碳量过低，会导致钢的硬度和强度下降，也是不好的。

（2）钢的临界点

通常钢的临界点（Ac_1）越高，钢的热疲劳倾向性越低。因此，一般通过加入合金元素 Cr、W、Si 等来提高钢的临界点，从而提高钢的抗热疲劳性。

四、热作模具材料的工艺性能要求

为使热作模具获得良好的综合力学性能，满足使用要求，热作模具材料还必须具备适宜的冷、热加工工艺性能。

1. 加工性

热作模具材料的加工性主要包括冷加工中的切削加工性能和热加工中的锻压加工性能两种。它主要取决于钢的化学成分和热处理工艺等。

2. 淬透性和淬硬性

热作模具对这两种性能的要求根据其工作条件不同而有所侧重。对于小型模具，由于尺寸小，容易淬透，所以只要求高的硬度，偏重于高淬硬性；对于尺寸较大的模具，如果截面未淬透，则回火后未淬透部分的屈服强度和韧性会显著降低，从而影响模具使用寿命，所以其淬透性更为重要。

3. 热处理变形性

热作模具在热处理时，尤其是在淬火过程中，要产生体积、形状变化，为保证模具质量，要求模具钢的热处理变形小，各方向变化近似，且组织稳定。它主要取决于热处理工艺和钢的冶金质量等。

4. 脱碳敏感性

脱碳敏感性是指钢铁材料在热处理过程中表面碳元素是否易于逸出的特性。热作模具如果在无保护气氛下加热，其表面会产生氧化、脱碳现象，会使其硬度、耐磨性、使用性能和使用寿命降低。因此，要求模具钢的氧化、脱碳敏感性弱。对于某些氧化、脱碳敏感性强的热作模具钢，可采用特种热处理，如真空热处理、可控气氛热处理等。

第二节　热作模具材料的性能及热处理

热作模具材料主要用于制造对高温状态下的金属进行热成形的模具，如热锻模、热挤压模、压铸模和热冲裁模等。用于制造热作模具的材料主要有热作模具钢、硬质合金和高温合金等。其中热作模具钢应用最多，其含碳量一般为 0.3% ~0.6%，有良好的强度、硬度和韧性。添加镍、钨、钼、铬、钒等合金元素，可以提高钢的淬透性和耐高温性能。目前已纳入国家标准（GB/T 1299—2014）的有 22 个钢种。

一、热作模具钢的化学成分

热作模具钢大多数为合金工具钢，少数采用高温合金和硬质合金。为满足热作模具较好的韧性、导热性和合金量的要求，这类模具钢的含碳量都偏低，多为 0.3% ~0.6% 的中碳成分，属亚共析钢。随锻压机械能力的加大，加工件形状的复杂化和尺寸精度要求的提高以及加工材料的种类增多、加工难度的增大，模具趋向大型化、高精度、高性能，材料趋向多元合金化和合金总含量增大，热作模具钢大量采用 Cr、W、Mo、Ni、V、Si、Mn 等合金元素，其中 Cr、Mn、Si、Mo 元素的添加可提高淬透性，Mo、W、V 元素的添加可增加抗热性和耐磨性，而 Cr、Mn、Si 元素的添加又可获得很好的抗氧化性。具体热作模具钢的牌号、主要化学成分见表 7—2—1。

二、典型热作模具钢的特性和常用热处理工艺

1. 低耐热高韧性热作模具钢 5CrNiMo 的特性和热处理工艺

（1）特性

低耐热高韧性热作模具钢 5CrNiMo 中含碳量一般为 0.5% ~0.6%，属于亚共析钢。合金元素总质量分数在 3% 左右，因合金元素总量不高，所以钢的热稳定性较差，只宜在 400℃ 以下的工况下工作。5CrNiMo 与其他热作模具钢相比，其耐热性能低，但是有高的冲击韧度和疲劳强度，属高韧性钢类别。由于含有 Mo 元素，钢对回火脆性不敏感。加热到 500℃ 时仍能保持硬度在 300HBW 左右。同时还具有好的导热性、抗氧化性和加工工艺性。淬透性较好，一般厚度不超过 250 mm 的模具都能淬透，否则心部会出现中温转变产物。

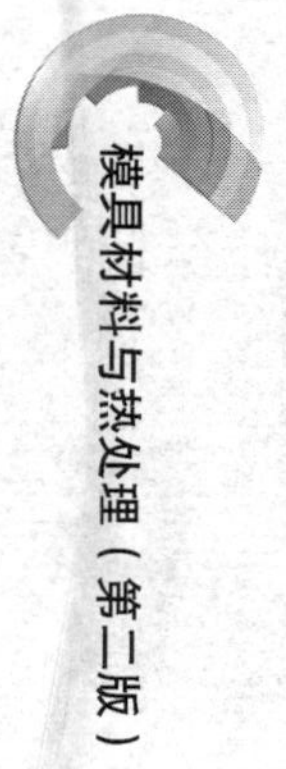

表 7—2—1　热作模具钢的牌号和主要化学成分（摘自 GB/T 1299—2014）

序号	牌号	化学成分（质量分数）（%）								
		w_C	w_{Si}	w_{Mn}	w_{Cr}	w_W	w_{Mo}	w_{Ni}	w_V	其他
1	5CrMnMo	0. 50 ~ 0. 60	0. 25 ~ 0. 60	1. 20 ~ 1. 60	0. 60 ~ 0. 90	—	0. 15 ~ 0. 30	—	—	—
2	5CrNiMo	0. 50 ~ 0. 60	≤0. 40	0. 50 ~ 0. 80	0. 50 ~ 0. 80	—	0. 15 ~ 0. 30	1. 40 ~ 1. 80	—	—
3	4CrNi4Mo	0. 40 ~ 0. 50	0. 10 ~ 0. 40	0. 20 ~ 0. 50	1. 20 ~ 1. 50	—	0. 15 ~ 0. 35	3. 80 ~ 4. 30	—	—
4	4Cr2NiMoV	0. 35 ~ 0. 45	≤0. 40	≤0. 40	1. 80 ~ 2. 20	—	0. 45 ~ 0. 60	1. 10 ~ 1. 50	0. 10 ~ 0. 30	—
5	5CrNi2MoV	0. 50 ~ 0. 60	0. 10 ~ 0. 40	0. 60 ~ 0. 90	0. 80 ~ 1. 20	—	0. 35 ~ 0. 55	1. 50 ~ 1. 80	0. 05 ~ 0. 15	—
6	5Cr2NiMoVSi	0. 46 ~ 0. 54	0. 60 ~ 0. 90	0. 40 ~ 0. 60	1. 50 ~ 2. 00	—	0. 80 ~ 1. 20	0. 80 ~ 1. 20	0. 30 ~ 0. 50	—
7	8Cr3	0. 75 ~ 0. 85	≤0. 40	≤0. 40	3. 20 ~ 3. 80	—	—	—	—	—
8	4Cr5W2VSi	0. 32 ~ 0. 42	0. 80 ~ 1. 20	≤0. 40	4. 50 ~ 5. 50	1. 60 ~ 2. 40	—	—	0. 60 ~ 1. 00	—
9	3Cr2W8V	0. 30 ~ 0. 40	≤0. 40	≤0. 40	2. 20 ~ 2. 70	7. 50 ~ 9. 00	—	—	0. 20 ~ 0. 50	—
10	4Cr5MoSiV	0. 33 ~ 0. 43	0. 80 ~ 1. 20	0. 20 ~ 0. 50	4. 75 ~ 5. 50	—	1. 10 ~ 1. 60	—	0. 30 ~ 0. 60	—
11	4Cr5MoSiV1	0. 32 ~ 0. 45	0. 80 ~ 1. 20	0. 20 ~ 0. 50	4. 75 ~ 5. 50	—	1. 10 ~ 1. 75	—	0. 80 ~ 1. 20	—
12	4Cr3Mo3SiV	0. 35 ~ 0. 45	0. 80 ~ 1. 20	0. 25 ~ 0. 70	3. 00 ~ 3. 75	—	2. 00 ~ 3. 00	—	0. 25 ~ 0. 75	—
13	5Cr4Mo3SiMnVAl	0. 47 ~ 0. 57	0. 80 ~ 1. 10	0. 80 ~ 1. 10	3. 80 ~ 4. 30	—	2. 80 ~ 3. 40	—	0. 80 ~ 1. 20	w_{Al} = 0. 30 ~ 0. 70
14	4CrMnSiMoV	0. 35 ~ 0. 45	0. 80 ~ 1. 10	0. 80 ~ 1. 10	1. 30 ~ 1. 50	—	0. 40 ~ 0. 60	—	0. 20 ~ 0. 40	—
15	5Cr5WMoSi	0. 50 ~ 0. 60	0. 75 ~ 1. 10	0. 20 ~ 0. 50	4. 75 ~ 5. 50	1. 00 ~ 1. 50	1. 15 ~ 1. 65	—	—	—
16	4Cr5MoWVSi	0. 32 ~ 0. 40	0. 80 ~ 1. 20	0. 20 ~ 0. 50	4. 75 ~ 5. 50	1. 10 ~ 1. 60	1. 25 ~ 1. 60	—	0. 20 ~ 0. 50	—
17	3Cr3Mo3W2V	0. 32 ~ 0. 42	0. 60 ~ 0. 90	≤0. 65	2. 80 ~ 3. 30	1. 20 ~ 1. 80	2. 50 ~ 3. 00	—	0. 80 ~ 1. 20	—
18	5Cr4W5Mo2V	0. 40 ~ 0. 50	≤0. 40	≤0. 40	3. 40 ~ 4. 40	4. 50 ~ 5. 30	1. 50 ~ 2. 10	—	0. 70 ~ 1. 10	—
19	4Cr5Mo2V	0. 35 ~ 0. 42	0. 25 ~ 0. 50	0. 40 ~ 0. 60	5. 00 ~ 5. 50	—	2. 30 ~ 2. 60	—	0. 60 ~ 0. 80	—
20	3Cr3Mo3V	0. 28 ~ 0. 35	0. 10 ~ 0. 40	0. 15 ~ 0. 45	2. 70 ~ 3. 20	—	2. 50 ~ 3. 00	—	0. 40 ~ 0. 70	—
21	4Cr5Mo3V	0. 35 ~ 0. 40	0. 30 ~ 0. 50	0. 30 ~ 0. 50	4. 80 ~ 5. 20	—	2. 70 ~ 3. 20	—	0. 40 ~ 0. 60	—
22	3Cr3Mo3VCo3	0. 28 ~ 0. 35	0. 10 ~ 0. 40	0. 15 ~ 0. 45	2. 70 ~ 3. 20	—	2. 60 ~ 3. 00	—	0. 40 ~ 0. 70	w_{Co} = 2. 50 ~ 3. 00

提示

低耐热高韧性热作模具钢 5CrMnMo 钢与 5CrNiMo 钢相比较，性能基本类似，但其淬透性、耐热疲劳性和韧性稍差，因此，这种钢适用于制造要求较高强度和耐磨性，而韧性要求不高的各种中、小型锤锻模和部分压力机锻模，也可用于制造工作温度低于 500℃ 的其他小型热作模具。

低耐热高韧性热作模具钢 4CrMnSiMoV 钢是近 20 年来我国在低合金大截面热作模具钢领域发展起来的钢种之一。这种钢具有较高的高温强度，好的抗回火性、耐热疲劳性、韧性、淬透性和冷、热加工性。这种钢适宜制造各种类型的锤锻模和压力机锻模。

（2）工艺性能

1）临界点。$Ac_1=730℃$；$Ac_3=780℃$；$Ar_1=680℃$；$Ms=210℃$。

2）锻造工艺。始锻温度为 1 050 ~ 1 100℃，终锻温度为 800 ~ 850℃，锻后缓冷到 150 ~ 200℃ 再空冷。

3）退火工艺。加热温度为 760 ~ 780℃，保温 4 ~ 6 h，炉冷至 500℃，再空冷。纤维状组织严重的大型模坯，加热温度为 850 ~ 870℃，保温 4 ~ 6 h，炉冷至 680℃，保温4 ~ 6 h，炉冷至 500℃，再空冷。

4）淬火工艺。预热温度为 600 ~ 650℃，淬火温度为 830 ~ 860℃，保温后在空气中预冷至 750 ~ 780℃，再油冷至 150 ~ 180℃ 立即回火。

5）回火工艺。具体回火温度根据模具要求的硬度而定。小型模具要求高的硬度和强度，可以采用相对较低的回火温度。大型模具要求好的韧性，硬度要求相对低些，可以采用较高的回火温度。回火保温时间系数为 3 min/mm，且回火保温时间不少于 2 h，油冷至 150℃ 后空冷。

不同尺寸模具的回火温度与回火后的硬度见表 7—2—2。

表 7—2—2　不同尺寸模具的回火温度与回火后的硬度

钢号	模具类型	回火温度（℃）	硬度 HRC
5CrNiMo	小型模具	490 ~ 510	44 ~ 47
	中型模具	520 ~ 540	38 ~ 42
	大型模具	560 ~ 580	34 ~ 37

（3）应用范围

5CrNiMo 是目前国内用量最大的锻模用钢。它通用性强，对大、中、小型，深、浅型槽的模锻坯料均适用。由于这种钢的淬透性好，更适合用于大批量生产大、中型坯料。

2. 中耐热韧性热作模具钢4Cr5MoSiV1的特性及热处理工艺

（1）特性

中耐热韧性热作模具钢4Cr5MoSiV1是所有热作模具钢中使用最广泛的钢种之一，相当于ASTM A681中H13钢，具有中等耐热性（一般工作温度为600～650℃）、良好的韧性和较好的热强性、热疲劳性能和一定的耐磨性，热处理变形小，可空冷淬硬，又可称为空冷硬化热作模具钢。在最佳淬火、回火热处理工艺状况下具有高强度、高硬度以及良好的韧性和塑性。

提示

在生产实际中，常用的中耐热韧性热作模具钢还有4Cr5MoSiV和4CrW2VSi。

4Cr5MoSiV钢在中温下具有较高的热强度、好的韧性和耐磨性，在工作温度下有较好的耐冷热疲劳性能，热处理时变形较小。这种钢通常用来制造铝铸件用的压铸模、热挤压和穿孔用的工具和芯棒、压力机锻模、塑料模等。

4Cr5W2VSi钢在中温下具有较高的热强度、硬度和耐磨性以及较好的韧性，在工作温度下有较好的耐冷热疲劳性能。常用于制造热挤压用的模具和芯棒，铝、锌等轻金属的压铸模，热顶锻结构钢和耐热钢用的工具。近年来也用做高能高速锤使用的模具。

（2）工艺性能

1）临界点。$Ac_1=875$℃；$Ac_3=935$℃；$Ar_1=760$℃；$Ms=330$℃。

2）锻造工艺。始锻温度为1 050～1 100℃，终锻温度为850～900℃，缓冷（砂冷或坑冷）。

3）退火工艺。加热温度为880～890℃，保温3～4 h后，炉冷至500℃再空冷。

4）淬火工艺。（790±15）℃预热，1 000℃（盐浴）或［1 010（炉控气氛）±6］℃加热，保温5～15 min油冷至室温。

5）回火工艺。采用高温回火。（550±6）℃回火，两次回火，每次回火保温时间系数为3 min/mm，并且每次不能少于2 h，硬度可达48～50HRC。在500℃左右回火时，出现二次硬化现象，回火硬度最高，但是回火韧性最差，所以应避免在500℃附近回火。

（3）应用范围

4Cr5MoSiV1是一种强、韧兼备的质优价廉钢种，既可用作热锻模具材料，也可在型腔温度低于600℃的工况下用作压铸模具材料。适宜制作铝、铜和其合金铸件用的压铸模、热挤压模、穿孔用的工具、芯棒、压机锻模、塑料模等。

3. 高耐热性热作模具钢3Cr2W8V的特性及热处理工艺

（1）特性

高耐热性热作模具钢3Cr2W8V是最早用于制造模具的热作模具钢，钢中钨元素的质量分数为8%左右，加适量钒元素，具有较高的高温强度、高温硬度（650℃时硬度为 300HBW 左右）和高的耐磨性，淬透性较好（钢材断面尺寸在 800 mm 以下时可以淬透，断面尺寸小于 150 mm 的模具空冷也能淬透，硬度仍高达 50 ~ 55HRC）。可在 600 ~ 700℃高温下工作。同时有强烈的二次硬化倾向、高的回火抗力和较好的抗疲劳性。但塑性和韧性稍差。

（2）工艺性能

1）临界点。$Ac_1 = 800$℃；$Ac_3 = 850$℃；$Ar_1 = 690$℃；$Ms = 370$℃。

2）锻造工艺。始锻温度为 1 080 ~ 1 120℃，终锻温度为 850 ~ 950℃，锻后空冷至 700℃后缓冷（坑冷或砂冷）。

3）退火工艺。加热温度为 820 ~ 840℃，保温 2 ~ 4 h，炉冷至 500℃以下再空冷。

4）淬火工艺。预热温度为 800 ~ 850℃，淬火温度为 1 075 ~ 1 125℃，保温后空气预冷至 900 ~ 950℃，再油冷至 150 ~ 180℃回火。

5）回火工艺。采用高温回火。560 ~ 580℃回火，两次回火，每次回火保温时间系数为 3 min/mm，并且每次不能少于 2 h，硬度可达 48 ~ 52HRC。

提示

3Cr2W8V 钢退火后硬度一般为 207 ~ 255HBW，故切削性稍差，可采用分级淬火。它是二次硬化钢，在 500 ~ 560℃的温度范围内回火具有强烈的二次硬化倾向，能得到钢的最高硬度值。为提高韧性，可采用二次回火。

3Cr3Mo3W2V 钢和 5Cr4W5Mo2V 钢淬透性高，一般尺寸不大于 150 mm 的模具可以采用空冷。同退火加热一样，3Cr3Mo3W2V 钢和 5Cr4W5Mo2V 钢因含钼元素而容易氧化、脱碳，最好采用可控气氛热处理炉或真空炉加热。

（3）应用范围

3Cr2W8V 钢是我国产量较大的热作模具钢之一，近年来，改进其某些热处理工艺后，用它制造的模具使用寿命大大延长，广泛用于制造压铸模、热挤压模、有色金属成形模等。如平锻机上用的凹凸模、镶块、铜合金挤压模等；还可以制作高温下受力的热金属切刀等。

提示

5Cr4W5Mo2V 钢具有较好的热硬性以及较高的高温强度和耐磨性，可以进行一般的热处理或化学处理，可代替 3Cr2W8V 钢制造某些热挤压模具，也可用于制造精锻模、热冲模、冲头等，使用寿命较长。

三、其他热作模具钢的特性和应用

随着我国工业的不断发展和壮大，对模具的使用条件提出了更高、更苛刻的要求，进一步促进了我国热作模具材料的研发与系列化的进程。除上述较典型的热作模具材料外，其他热作模具用钢的热处理工艺、主要特性和应用见表7—2—3。

表7—2—3　其他热作模具用钢的热处理工艺、主要特性和应用

牌号	淬火		主要特性和应用
	淬火温度（℃）	冷却方法	
5CrMnMo	820～850	油冷	具有与5CrNiMo钢相似的性能，淬透性比5CrNiMo略差，在高温下工作，耐热疲劳性比5CrNiMo差，适宜制作要求具有较高强度和高耐磨性的各种类型的锻造模具
4CrNi4Mo	840～870	油冷或空冷	具有良好的淬透性、韧性和抛光性能，可空冷硬化。适宜制作热作模具和塑料模具，也可用于制作部分冷作模具
4Cr2NiMoV	910～960	油冷	5CrMnMo钢的改进型，具有较高的室温强度和韧性，较好的回火稳定性、淬透性和抗热疲劳性能。适宜制作热锻模具
5CrNi2MoV	850～880	油冷	与5CrNiMo钢类似，具有良好的淬透性和热稳定性。适宜制作大型锻压模具和热剪模具
5Cr2NiMoVSi	960～1 010	油冷	具有良好的淬透性和热稳定性。适宜制作各种大型热锻模
8Cr3	850～880	油冷	具有一定的室温、高温力学性能。适宜制作热冲孔模的冲头，热切边模的凹模镶块，热顶锻模、热弯曲模和工作温度低于500℃、受冲击较小且要求耐磨的工作零件，如热剪刀片等。也可用于制作冷轧工作辊
4Cr5W2VSi	1 030～1 050	油冷或空冷	压铸模用钢，在中温下具有较高的热强度、硬度、耐磨性，较好的韧性和热疲劳性能，可空冷硬化。适宜制作热挤压用的模具和芯棒，铝、锌等轻金属的压铸模，热顶模结构钢和耐热钢用的工具，以及成形某些零件用的高速锤锻模

续表

牌号	淬火		主要特性和应用
	淬火温度（℃）	冷却方法	
4Cr5MoSiV	(790 ± 15)℃ 预热，[1 010（盐浴）或 1 020（炉控气氛） ±6]℃ 加热，保温 5 ~ 15 min 油冷，(550 ±6)℃ 两次回火，每次 2 h		具有良好的韧性、热强性和热疲劳性能，可空冷硬化。在较低的奥氏体化温度下空淬，热处理变形小。空淬时产生氧化皮的倾向较小，且可以抵抗熔融铝的冲蚀作用。适宜制作铝压铸模、热挤压模和穿孔芯棒、塑料模等
4Cr3Mo3SiV	(790 ± 15)℃ 预热，[1 010（盐浴）或 1 020（炉控气氛） ±6]℃ 加热，保温 5 ~ 15 min 油冷，(550 ±6)℃ 两次回火，每次 2 h		相当于 ASTM A681 中的 H10 钢，具有非常好的淬透性、很高的韧性和高温强度。适宜制作热挤压模、热冲模、热锻模、压铸模等
5Cr4Mo3SiMnVAl	1 090 ~ 1 120	油冷	热作、冷作兼用的模具钢。具有较高的热强性、高温硬度、抗回火稳定性，并具有较好的耐磨性、抗热疲劳性、韧性和热加工塑性，模具工作温度可达 700℃，抗氧化性好。用于热作模具钢时，其高温强度和热疲劳性能优于 3Cr2W8V 钢。用于冷作模具钢时，比 Cr12 型和低合金模具钢具有更高的韧性。主要用于轴承行业的热挤压模和标准件行业的冷镦模
4CrMnSiMoV	870 ~ 930	油冷	低合金大截面热锻模具钢，具有良好的淬透性、较高的热强性、耐热疲劳性能、好的耐磨性和韧性，较好的抗回火性能和冷热加工性能等特点。主要用于制作 5CrNiMo 钢不能满足要求的大型锤锻模和机锻模
5Cr5WMoSi	990 ~ 1 020	油冷	具有良好的淬透性和韧性、热处理尺寸稳定性和中等的耐磨性。适宜制作硬度在 55 ~ 60HRC 的冲头。也适宜制作冷作模具、非金属刀具

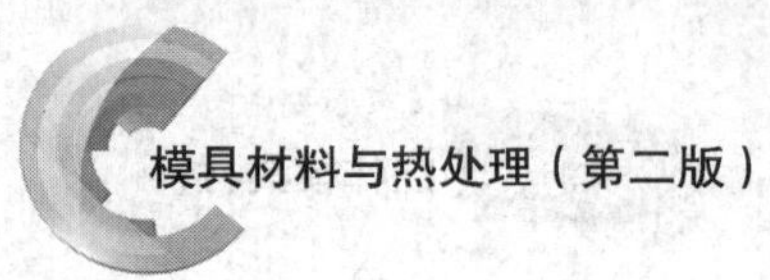

续表

牌号	淬火		主要特性和应用
	淬火温度（℃）	冷却方法	
4Cr5MoWVSi	1 000 ~ 1 030	油冷或空冷	具有良好的韧性和热强性。可空冷硬化，热处理变形小，空淬时产生氧化皮的倾向较小，而且可以抵抗熔融铝的冲蚀作用。适宜制作铝压铸模、锻压模、热挤压模和穿孔芯棒等
3Cr3Mo3W2V	1 060 ~ 1 130	油冷	ASTM A681 中 H10 的改进型钢种，具有较好的强韧性和抗冷热疲劳性能，热稳定性好。适宜制作热挤压模、热冲模、热锻模、压铸模等
5Cr4W5Mo2V	1 100 ~ 1 150	油冷	具有较高的回火抗力和热稳定性，高的热强性、高温硬度和耐磨性，但其韧性和抗热疲劳性能低于 4Cr5MoSiV1 钢。适宜制作对高温强度和抗磨损性能有较高要求的热作模具，可代替 3Cr2W8V
4Cr5Mo2V	1 000 ~ 1 030	油冷	4Cr5MoSiV1 改进型钢，具有良好的淬透性、韧性、热强性、耐热疲劳性，热处理变形小等特点。适宜制作铝、铜及其压铸模具，热挤压模、穿孔用的工具、芯棒
3Cr3Mo3V	1 010 ~ 1 050	油冷	具有较高的热强性和韧性，良好的抗回火稳定性和疲劳性能。适宜制作镦锻模、热挤压模和压铸模等
4Cr5Mo3V	1 000 ~ 1 030	油冷或空冷	具有良好的高温强度、抗回火稳定性和高的抗疲劳性。适宜制作热挤压模、温锻模和压铸模以及其他热成形模具
3Cr3Mo3VCo3	1 000 ~ 1 050	油冷	具有高的热强性、良好的回火稳定性和耐热疲劳性等特点。适宜制作热挤压模、温锻模和压铸模

提示

为满足我国热作模具材料的使用，国家标准 GB/T 1299—2014 增加了 10 个热作模具用钢牌号，即 4CrNi4Mo、4Cr2NiMoV、5CrNi2MoV、5Cr2NiMoVSi、4Cr5MoWVSi、5Cr5WMoSi、4Cr5Mo2V、3Cr3Mo3V、4Cr5Mo3V、3Cr3Mo3VCo3。

第三节　热作模具材料的选用

热作模具种类繁多，工作条件差别很大，影响其使用寿命的因素也有很多，例如，模具在工作中的受力、受热和冷却情况，模具的形状与尺寸，压制件的材质、形变方式、变形量、变形速度和润滑条件等。选择热作模具材料要综合考虑这些因素，合理选用，并且模具钢的纯净度要高、等向性要好、经过炉外精炼和多向锻造，确保热作模具的使用寿命。

提示

热作模具制造工艺路线

锤锻模：下料→锻造→退火→机械粗加工→探伤→成形加工→淬火与回火→钳工修整→抛光。

热挤压模：下料→锻造→预备热处理→机械加工成形→淬火与回火→研磨与抛光。

压铸模：锻造→退火→机械粗加工→稳定化处理→精加工成形→淬火与回火→钳工修整→发蓝处理。

形状复杂、精度要求高的压铸模的制造工艺路线：锻造→退火→粗加工→调质→精加工成形→钳工修整→渗氮（或软氮化）→研磨与抛光。

一、典型热作模具材料的选用

1. 热锻模的选材

热锻模具是在高温、高压、高冲击载荷下工作的，并且经常受到反复的加热和冷却。模具材料必须具有较高的高温屈服强度、高的冲击韧度和断裂韧度，而且锻造模具的尺寸一般都比较大，还要求模具材料具有很好的淬透性。不同类型锻造模的硬度要求见表 7—3—1。

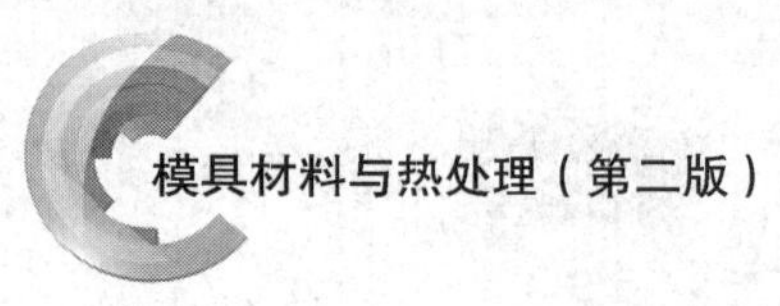

表 7—3—1　　不同类型锻造模的硬度

锻造模类型	锻造模截面尺寸（mm）	模面硬度		燕尾硬度	
		HBW	HRC	HBW	HRC
小型	<250	387～444 364～415	41～47 39～44	321～364	35～39
中型	250～350	364～415 340～387	39～44 37～41	302～340	33～37
大型	350～500	321～364	35～39	286～321	30～35
特大型	>500	302～340	33～37	269～321	28～35

注：表中小型和中型的模面硬度值有两个标准，一般地说，浅型槽和形状简单的模具用高硬度值，而较深型槽或形状复杂的模具用低硬度值。

一般说来，锤锻模有两个问题比较突出，一是工作时受冲击负荷作用，故对钢的力学性能要求较高，特别是对韧性要求较高；二是锤锻模的截面尺寸较大（>400 mm），故对钢的淬透性要求较高，以保证整个模具的组织和性能均匀。锻压模块按截面尺寸大致可分为四类：厚度小于 250 mm 的小型模块；厚度为 250～350 mm 的中型模块；厚度为 350～500 mm 的大型模块；厚度大于 500 mm 的特大型模块。可以根据截面尺寸和工作条件选择钢种。常用的锻压模具用材料见表 7—3—2。

表 7—3—2　　常用的锻压模具用材料

模具类型	工作条件	推荐模具材料
锤锻模	中、小型模块 大型、特大型模块 镶块	5CrMnMo、5CrNiMo、4CrMnSiMoV 5CrNiMo、4CrMnSiMoV、5Cr2NiMoVSi 4Cr5MoSiV1
压力机锻造模具	整体模块 镶块	5CrNiMo、5CrMnMo、4CrMnSiMoV、4Cr5MoSiV1、4Cr5MoSiV、3Cr2W8V、5Cr4W5Mo2V、3Cr3Mo3W2V 4Cr5MoSiV1、4Cr5MoSiV

中、小型锤锻模多选用合金含量较低、冲击韧性好的材料，如 5CrMnMo 钢；大型和型腔复杂的锤锻模通常选用淬透性较高的钢，如 5CrNiMo 钢。5Cr2NiMoVSi 钢耐热疲劳性、冲击性好，适用于制造大截面锤锻模具。4CrMnSiMoV 钢是我国在低合金大截面热作模具领域发展的钢种之一，该钢具有较高的抗回火性能，好的高温强度、耐热

疲劳性能和韧性，适于制造各种类型的锤锻模。

锻造压力机承受的冲击载荷较低，但往往承受更高的工作温度，工作条件苛刻，所以压力机锻造模具一般采用热强性较高、合金含量较高的热作模具钢，如4Cr5MoSiV和4Cr5MoSiV1钢。

2. 热挤压模的选材

很多有色金属和钢的型材、管材和异型材是采用热挤压工艺成形的。热挤压模具是在高温、高压、磨损和热疲劳等恶劣条件下服役的。热挤压模具主要由挤压筒、冲头、凹模和芯棒（用于挤压管材）等主要部件组成。热挤压模具所受的冲击载荷比热锻模小，对冲击韧性与淬透性的要求不如热锻模高，但它们工作时，加载速度较慢，与炽热金属接触的时间比热锻模长，型腔受热温度较高，通常可达500～800℃，因反复加热、冷却而引起的热疲劳损坏现象也更为严重。因此，要求热挤压模具材料具有较高的耐热疲劳性和热稳定性，并且还要求其具有较高的热强性。

几种热挤压凹模的硬度要求见表7—3—3。推荐使用的热挤压模具用材料见表7—3—4。

表7—3—3　几种热挤压凹模的硬度要求

挤压材料	钢、钛或镍合金	铜或铜合金	铝、镁合金
挤压材料的加热温度（℃）	>1 000	650～1 000	350～500
模具硬度（HRC）	43～47	36～45	46～50

表7—3—4　常用的热挤压模具用材料

模具工作零件	挤压材料	推荐模具材料
凹模	轻金属及其合金	4Cr5MoSiV1、3Cr2W8V、4Cr3Mo3W2V、4Cr5MoSiV
	铜及其合金	3Cr2W8V、4Cr3Mo3W2V、5Mn15Cr8Ni5Mo3V2、5Cr4Mo2W2SiV、4Cr14Ni14W2Mo
冲头	轻金属及其合金、铜及其合金	5CrNiMo、4CrMnSiMoV、4Cr5MoSiV、4Cr5MoSiV1、3Cr2W8V
冲头头部	轻金属及其合金、铜及其合金、钢	4Cr5MoSiV1、3Cr2W8V、Cr14Ni25Co2V
管材挤压芯棒	轻金属及其合金、铜及其合金、钢	3Cr2W8V、4Cr3Mo3W2V
管材穿孔芯棒	轻金属及其合金、铜及其合金、钢	4Cr5MoSiV1、3Cr2W8V、4Cr3Mo3W2V

当进行轻合金挤压时，尤其是对于那些容易引起开裂、带尖角的形状复杂的模具，宜选用韧性较好的热作模具钢，如 4Cr5MoSiV、4Cr5MoSiV1 钢。用于挤压钢、铜和铜合金的模具，由于工作温度相对高些，因此，除了选用 4Cr5MoSiV、4Cr5MoSiV1 钢外，还可以选用高温强度较好的热作模具钢，如 3Cr2W8V 钢。5Cr4W5Mo2V 钢是新型的热作模具钢，该钢具有较高的热硬性、高温强度和耐磨性，可进行一般的热处理或化学热处理，可代替 3Cr2W8V 钢制造某些热挤压模具，使用寿命较长。

提示

常用的热挤压模具用钢有 4Cr5MoSiV、4Cr5MoSiV1、3Cr2W8V、4Cr5W2VSi 钢等。

挤压模具的寿命与所挤压材料、挤压比密切相关，当加工变形拉力大的金属材料或在高挤压比的情况下，凹模和芯棒的使用寿命大为缩短。另外，模具的润滑条件和冷却条件对模具寿命也有很大的影响。

3. 压铸模的选材

近年来，压铸成形已广泛用于汽车拖拉机、仪器仪表、航空航海、电机制造、日用五金等行业。压铸模具在服役条件下不断承受高速、高压喷射、金属的冲刷腐蚀和加热作用，从总体上看，压铸模具用钢的使用性能要求与热挤压模具用钢相近，即以要求好的耐磨性、高的回火稳定性与抗热疲劳性为主，所以通常所选用的材料大体上与热挤压模具用材料相同。例如，常采用 4Cr5MoSiV1 和 3Cr2W8V 钢等。对熔点较低的 Zn 合金压铸模具，可选用 4Cr5MoSiV1、4Cr5W2VSi 钢等；对 Al 和 Mg 合金压铸模具，可选用 4Cr5MoSiV1、3Cr3Mo3W2V 钢等。对 Cu 合金压铸模具，由于工作温度较高，可采用 3Cr3Mo3W2V、3Cr2W8V 钢。3Cr3Mo3W2V 钢具有较高的热强性、抗热疲劳性能，又具有良好的耐磨性和抗回火稳定性等。3Cr3Mo3W2V 钢的韧性和抗热疲劳性能优于 3Cr2W8V 钢，其使用寿命也高于 3Cr2W8V 钢。压铸模具用材料选择见表 7—3—5。

表 7—3—5 常用的压铸模具用材料

压铸工件材料	推荐模具材料
锌及其合金	4CrMnSiMoV、4Cr5MoSiV1、4Cr5W2VSi
铝、镁及其合金	4Cr5W2VSi、4Cr5MoSiV1、4Cr5MoSiV、3Cr2W8V、5Cr4W5Mo2V、3Cr3Mo3W2V
铜及其合金	3Cr2W8V、3Cr3Mo3W2V

二、典型热作模具的热处理

根据热作模具的工作条件、失效形式和性能要求，选择符合要求的模具材料之后，必须制定合理的热处理工艺，才能保证模具的使用要求。模具的成形加工和热处理工序安排对模具的质量有很大影响，在制定与实施热处理工艺时，必须予以考虑。

1. 锤锻模的热处理

为了保证锤锻模获得足够的强度和韧性，最终热处理为淬火后中温或高温回火。

（1）锻造与退火

因为锤锻模的尺寸较大，且大型轧制材料又具有各向异性，为了使其性能尽可能的均匀并获得所需要的形状，必须进行锻造。锻造后模块内存在较大的内应力和组织不均匀性，故必须进行完全退火或等温退火。

由于锤锻模用钢大多数含有 Ni 和 Cr 等元素，锻后易形成白点，因此，锻后均应进行防白点处理。对于形状复杂、机械加工量很大的模块，在粗加工后应进行中间去应力退火，退火加热温度通常为600～650℃，保温时间为2～3 h，炉冷即可。

（2）淬火

淬火加热可在盐浴炉、箱式炉和可控气氛或真空炉中进行。但用箱式炉加热时，为了防止模具表面氧化和脱碳，应将模面向下放入装有保护剂（铸铁屑和木炭等）的铁盘中，然后用黄泥或耐火泥密封，燕尾部分也采用保护剂和黄泥封盖加以保护。大型或复杂的锤锻模淬火加热时，一般需经1～2次预热，以保证加热均匀，箱式电阻炉加热系数为（2～3）min/mm，盐浴炉加热系数为1 min/mm。淬火冷却时，为防止变形和开裂，必须先预冷至780～800℃，然后淬入30～80℃的油中冷却，当模具本身的温度冷至150～200℃时出油，并及时回火。

（3）回火

锤锻模的回火包括模腔和燕尾两部分的回火。若回火温度太低，易导致韧性不足，模腔易产生裂纹；回火温度太高，强度、硬度和耐磨性降低，模面易被压坏或加速磨损。具体的回火温度应根据材料和模具的硬度要求而定。可采用二次回火，第二次回火温度比第一次低10℃，回火时间也可相应缩短些。

燕尾是指锤锻模固定在锤头的部位，直接与锤头接触，其硬度应低于锤头和模具型腔的硬度。燕尾可采用单独加热回火或自行回火的方法。单独加热回火是在保证模腔达到硬度要求后，将燕尾向下置于专用电炉、煤炉或盐浴炉中，对燕尾部分单独进行回火加热，具体回火温度应根据材料和模具燕尾的硬度要求而定。自行回火是将淬火加热后的锤锻模整体淬入油中一段时间，冷却到一定温度后，把燕尾提出油面停留一段时间，此时模具心部温度仍较高，燕尾已淬火的部分被心部的热量加热而回火。如此反复操作3～5次即可。

2. 热挤压模的热处理

（1）锻造工艺

热挤压模用钢多为高合金钢，所以模坯需经良好的锻造，尤其是含钼元素的热作模具钢，要注意锻造加热温度和保温时间的控制，以免因严重脱碳而导致模具早期失效。

（2）预备热处理

1）退火与正火。热挤压模的锻后退火常采用等温球化退火，以消除应力，降低硬度，便于切削加工，同时改善模具钢的组织，为随后的淬火工序提供良好的显微组织。另外，为消除链状或网状碳化物，在进行球化退火之前还需对模具进行正火等预处理。

2）双重热处理。即将锻后的模具毛坯加热到某一高温，使过剩碳化物充分固溶，然后快速冷却到室温，再进行高温回火，既为降低硬度，便于切削加工，又可防止最终热处理时晶粒粗大。高温固溶温度、高温回火温度可根据不同材料而定。

（3）淬火与回火

淬火温度的选择主要考虑奥氏体晶粒尺寸的大小和冲击韧性的好坏，淬火保温时间系数（盐浴炉）一般取（0.5～1）min/mm，尺寸越小，系数越大。由于热挤压模用材料多为高合金钢，淬透性较好，采用油冷和空冷即可，对要求变形小的也可以采用等温淬火的方式。

淬火后的模具应尽快进行回火，特别是形状复杂的模具。选择回火温度的原则是：在不影响模具抗脆断能力的前提下，应尽可能提高模具的硬度，在回火加热和冷却时都应缓慢进行。回火一般应进行两次，回火时间可按 3 min/mm 计算，但应不低于2 h，第二次回火温度可比第一次低 10～20℃。

3. 压铸模的热处理

（1）稳定化处理（去应力退火）

压铸模型腔复杂，在粗加工和半精加工时会产生较大的内应力，为减少淬火变形，在粗加工后应进行去应力退火：加热至 650～680℃，保温 3～5 h。保温结束后，型腔简单的模具可直接出炉空冷，而形状复杂的模具需炉冷至 400℃后出炉空冷。经电火花加工的模具型腔，其表面会产生具有脆性的变质层，形成拉应力，易产生裂纹，可采用研磨或抛光的方法消除变质层，同时进行去应力退火。

（2）预处理

压铸模的预处理一般采用球化退火或调质处理，其目的是在最终热处理前获得均匀的组织和弥散分布的碳化物，以改善钢的强韧性。

（3）淬火及回火

1）预热。压铸模用材料多为高合金钢，导热性差，热处理加热必须缓慢进行，常采取预热措施。预热次数取决于钢的成分和对模具变形的要求。较低温度（400～650℃）的预热一般在空气炉中进行，预热时间可按 1 min/mm 计算；较高温度的预热应采用盐浴炉，预热时间仍按 1 min/mm 计算。

2）淬火加热。对于典型压铸模用材料来说，高的淬火加热温度有利于提高热稳定性和抗软化能力，减轻热疲劳倾向，但会使韧性和塑性下降，导致严重开裂。因此，压铸模要求有较好的韧性时，往往采用低温淬火；要求具有较高的高温强度时，则采用高温淬火。为获得良好的高温性能，压铸模的淬火保温时间都比较长，在盐浴炉中加热保温系数一般取（0.8～1.0）min/mm。

3）淬火冷却。对压铸模用材料，油淬冷却速度快，可获得良好的性能，但变形及开裂倾向大。所以，对于形状简单、变形要求不高的压铸模采用油冷；而形状复杂、变形要求高的压铸模采用分级淬火。为防止变形和开裂，无论采用哪种冷却方式，都不允许冷却到室温，一般应冷却到150～180℃，均热一定时间（可按0.6 min/mm计算）后立即回火。

4）回火。压铸模必须充分回火，一般回火三次。第一次回火温度选在二次硬化的温度范围；第二次回火温度的选择要使模具达到所要求的硬度；第三次回火温度要比第二次低10～20℃。回火后均采用油冷或空冷，回火时间不少于2 h。

（4）表面强化处理

为防止熔融金属黏模、侵蚀，提高压铸模成形部分的抗腐蚀性和耐磨性，压铸模常采用表面强化处理，如渗氮、氮碳共渗、渗铬、渗铝、渗硼、多元共渗等。

第八章 塑料模具材料

塑料模具是指与塑料成形机配套，对塑料进行加工以形成完整构型和精确尺寸的模具。按照成形方法的不同，典型的塑料模具主要有注射成形模具、压塑成形模具、挤出成形模具、吹塑成形模具等。随着高性能塑料的开发和生产规模的不断扩大，塑料制品的种类日益增多，并向精密化、大型化和复杂化发展，使塑料模具的工作条件更加复杂和苛刻，对塑料模具材料的需求量越来越大，对材料的质量和性能要求也越来越高。因此，了解其服役条件、失效特点和性能要求，合理地选择塑料模具材料和热处理工艺，对保证模具质量、延长模具使用寿命和降低模具生产成本具有重要作用。

第一节　塑料模具材料和性能要求

塑料模具工作时要承受合模压力、成形压力、摩擦力和开模拉力等较大机械力的作用。塑料高达200～400℃的成形温度，使模具的工作温度通常为150～250℃，当熔融的塑料在型腔内流动时，还会产生摩擦和冲刷进而造成模腔磨损。部分塑料（如聚氯乙烯、氟塑料或阻燃塑料等）在加热后的熔融状态下会分解出腐蚀性气体，对模具的型腔也会有较强的腐蚀作用。因此，要求塑料模具材料应具有足够的强度和韧性、较高的耐磨性、良好的耐热性和耐腐蚀性、良好的导热性。

一、常用塑料模具类型

1. 塑料注射成形模具

塑料注射（塑）成形模具是热塑性塑料件产品生产中应用最为普遍的一种成形模具，其对应的加工设备是塑料注射成形机，塑料首先在注射机加热料筒内受热熔融，然后在注射机的螺杆或柱塞推动下，经注射机喷嘴和模具的浇注系统进入模具型腔，塑料冷却硬化成形，脱模得到制品。其结构通常由成形部件、浇注系统、导向部件、推出机构、调温系统、排气系统、支承部件等组成。注射成形加工方式通常只适用于热塑性塑料的制品生产，用注射成形工艺生产的塑料制品十分广泛，从生活日用品到各类复杂的机械、电器、交通工具零件等都是用注射模具成形的，它是塑料制品生产中应用最广的一种加工方法。

2. 塑料压塑成形模具

塑料压塑成形模具包括压缩成形和压注成形两种结构模具类型。它们是主要用来成形热固性塑料的一类模具，其所对应的设备是压力成形机。压缩成形方法根据塑料特性，将模具加热至成形温度（一般为 103 ~ 108℃），然后将计量好的压塑粉放入模具型腔和加料室，闭合模具，塑料在高热、高压作用下呈软化黏流，经一定时间后固化定型，成为所需制品形状。压注成形与压缩成形不同的是它有单独的加料室，成形前模具先闭合，塑料在加料室内完成预热呈黏流态，在压力作用下调整挤入模具型腔，硬化成形。压缩模具也用来成形某些特殊的热塑性塑料，例如，难以熔融的热塑性塑料（如聚四氟乙烯）毛坯（冷压成形），光学性能很高的树脂镜片，轻微发泡的硝酸纤维素汽车方向盘等。其主要由型腔、加料腔、导向机构、推出部件、加热系统等组成。压注模具广泛用于封装电器元件方面。压塑模具制造所用材质与注射模具基本相同。

3. 塑料挤出成形模具

塑料挤出成形模具是用来成形生产连续形状塑料产品的一类模具，又叫挤出成形机头，广泛用于管材、棒材、单丝、板材、薄膜、电线电缆包覆层、异型材等的加工。与其对应的生产设备是塑料挤出机，其原理是：固态塑料在加热和挤出机的螺杆旋转加压条件下进一步熔融、塑化，通过特定形状的口模而制成截面与口模形状相同的连续塑料制品。挤出成形通常只适用于热塑性塑料制品的生产，其在结构上与注塑模具和压塑模具有明显区别。

4. 塑料吹塑成形模具

塑料吹塑成形模具是用来成形塑料容器类中空制品（如饮料瓶、日化用品等各种包装容器）的一种模具，结构较为简单。吹塑成形的形式按工艺原理分类主要有挤出吹塑中空成形、注射吹塑中空成形、注射延伸吹塑中空成形（俗称“注拉吹”）、多层吹塑中空成形、片材吹塑中空成形等。中空制品吹塑成形所对应的设备通常称为塑料吹塑成形机，吹塑成形只适用于热塑性塑料制品的生产。

二、塑料模具常见的失效形式

模具的失效是指模具丧失了正常的工作能力，导致所生产出产品不合格的现象。塑料模具常见的失效形式有表面磨损、表面腐蚀、塑性变形、开裂等。

1. 表面磨损

塑料模具在工作中受到塑料流动和填充的压应力及摩擦力的作用，造成模具型腔面和运动构件间的磨损超差，使其尺寸和形状发生改变，表面拉毛引起表面粗糙度值增高，严重降低了精度和表面质量。当塑料制品表面要求很高时，模具型腔表面轻微的损伤也足以导致模具的失效。

2. 表面腐蚀

有些塑料在成形过程中会分解出氯化氢，氟化氢和二氧化硫等化学气体，导致模具型腔表面腐蚀，同时又使磨损加速。

3. 塑性变形

塑料模具工作时，由于模具材料的硬度偏低、抗压和抗弯强度不足或超过工作载荷，出现表面变形、下陷、堆塌、弯曲等现象而导致失效。

4. 开裂

塑料模具的结构及形状复杂，存在许多棱角、薄壁等部位，如模具的结构设计不合理，容易引起应力集中而发生开裂。此外，材料的选用、热处理工艺、模具的安装和使用也都是影响开裂的因素。

提示

塑料模具的使用寿命取决于模具的工作条件和失效形式。不同类型的模具在不同的工作条件下，其失效形式也不相同，所以对模具性能的要求也不相同。因此，了解塑料模具的工作条件和失效形式非常重要。

三、塑料模具材料的使用性能要求

为了满足塑料模具的工作条件和要求，防止发生早期失效，延长模具的使用寿命，塑料模具材料必须具有以下使用性能。

1. 硬度、耐磨性和耐蚀性

塑料模具材料在硬度、耐磨性和耐腐蚀性上的要求主要取决于塑料的性质和塑料制品的表面质量要求。

硬度是模具材料的主要性能指标，为了使模具在应力作用下能够正常工作，可通过选择合适的模具材料，并进行适当的热处理，使塑料模具获得所需的硬度。

耐磨性是塑料模具的基本性能指标之一。由于塑料模具在工作中会受到塑料填充物和其流动产生的压应力及摩擦力的影响，所以塑料模具材料必须具有较高的耐磨性，使其在正常工作条件下能保持尺寸和形状稳定不变，并保证其具有足够的使用寿命。成形硬性塑料或含有玻璃纤维的增强塑料的塑料模具对模具材料的耐磨性要求则更高。

当塑料成形过程中有腐蚀性物质析出时，要求模具材料具有较好的耐蚀性。热固性塑料中一般含有固体填料，时常会释放腐蚀性化学气体等物质，因此要求模具材料应具有较高的耐蚀性。

当塑料制品表面质量要求很高时，模具型腔表面轻微的损伤就足以导致模具的失效，这对模具材料的耐蚀性和耐磨性提出了更高的要求。

2. 强度、韧性和疲劳强度

塑料模具材料的这些性能主要取决于模具的工作压力、工作频率和冲击载荷等服役条件以及模具本身的尺寸和模具型腔的复杂程度。

塑料注射成形的压力通常为30~200 MPa，闭模压力一般为注射压力的1.5~2倍，有时达4倍左右。为使塑料模具在使用过程中不发生变形，模具材料应具有一定的强度和强度与硬度之间良好的配合。

韧性和疲劳强度是保证模具在工作过程中不发生过早开裂的重要性能指标。移动式压缩模或注塑模经常受到冲击或碰撞，尤其是尺寸较大、形状复杂的塑料模具，其应力状态复杂且应力集中较大，要求材料有较高的韧性。而注塑模的工作频率较高，要求材料具有较高的疲劳强度。

3. 耐热性

随着高速成形机械的出现，塑料制品的生产速度越来越快，决定了塑料模具势必在20~350℃的温度范围内工作。若塑料流动性不好，在高速成形时，模具型腔的局部区域温度在较短时间内会超过400℃。当模具的工作温度较高时，模具型腔的局部表面在压力和高温的共同作用下，可能产生回火软化和塑性变形，或由于模具型腔表面的回火转变产生拉应力，加之交变热载荷的作用使其产生热疲劳裂纹。因此，要求模具材料应该具有良好的耐热性，使塑料模具材料在高温工作条件下，基体组织不发生变化，强度不降低，以防模具的变形甚至开裂。

4. 尺寸稳定性

为保证塑料制品的成形精度，塑料模具在长期工作过程中的尺寸稳定性至关重要。为此，塑料模具除应具有足够的刚度外，还应具有较低的热膨胀系数和稳定的组织。

5. 导热性

高速注射成形塑料制品要求模具材料应具有良好的导热性，以使塑料制品尽快在模具中冷却成形。

四、塑料模具材料的工艺性能要求

为了使模具易于制造，达到加工要求，模具材料必须具有一定的冷、热加工工艺性能。

1. 切削加工性和表面抛光性

塑料模具材料应具有良好的切削加工性和表面抛光性。特别是塑料制品形状复杂、表面质量要求很高或有精细花纹图案时，模具材料应便于切削、抛光，且有良好的光刻蚀性能。

部分塑料模具需要进行预硬处理，即切削成形前预先进行热处理，使模具材料达到35~45HRC的硬度要求，切削成形后不再进行热处理，以保证塑料模具的尺寸精度和表面粗糙度。这就要求模具材料在有较高硬度的状态下，仍具有良好的切削加工性。模具材料的成分、组织、力学性能和加工硬化特性等都会影响其切削加工性。一般情况下，硬度对材料的切削加工性影响最大，硬度过高或过低都会使切削加工性变差，尤其是经过淬火加低温回火的高硬度模具钢，切削加工十分困难。塑料模具材料的表面抛光性和光刻蚀性对材料的冶金质量要求很高，如非金属夹杂物少、组织均匀细致、硬度较高且均匀。

2. 塑性加工性

塑料模具的塑性加工主要分为冷塑性变形加工和超塑性变形加工。对于型腔尺寸不大的多腔模具，可以采用塑性加工方法成形。目前，在塑料模具加工中比较常用的塑性加工方法是冷挤压成形，即在材料再结晶温度以下进行挤压成形。在设计此类模具时需选用变形加工性好的材料，即材料塑性好、变形抗力低、硬度低于135HBW。因此，材料在冷挤压成形之前通常要进行旨在降低硬度、细化晶粒和消除应力的退火处理，如球化退火。

塑料成形模具的加工制造费用较高，一般占总成本的75%左右，而材料费用和热处理费用各占10%左右。因此，比较重要的塑料模具，在保证使用性能的前提下，应优先选用工艺性能好的材料。

超塑性是指金属材料通过超塑性处理所表现出的超常规的塑性变形能力。例如，钢获得超塑性以后，其伸长率在一定的变形条件下甚至可达到200%。利用金属的超塑性热成形模具是近年来一种模具制造的新工艺，具有制作成本低和生产周期短等特点。大致工艺步骤如下：先将材料通过轧制、反复淬火、热机械处理以及固溶处理、时效处理，然后在超塑性变形温度下缓慢将材料挤压成模具。

3. 电加工性

电火花、线切割是目前塑料模具加工中常用的两种电加工方法，可用来制造几何形状比较复杂的模具型腔。但要注意，经过此类加工的模具表面，会因放电烧蚀而产生一个不正常的硬化层，对塑料成形和模具的使用寿命有不利影响。

4. 热处理工艺性

塑料模具的高精度要求模具材料的热处理工艺简单且变形小。模具工件对热处理工艺性的要求包括脱碳敏感性、淬火应力与淬火开裂倾向、淬透性、淬硬性和热处理变形等。这些性能对塑料模具的力学性能与塑料制品的成形质量影响很大。

5. 表面处理工艺性

对于耐磨、耐蚀的塑料模具，要求材料能够采取表面处理工艺，改善其表面的相应性能，并且不会对模具的整体性能带来不利影响。

提示

对塑料模具型腔表面的处理包括镀铬、渗碳、渗氮、碳氮共渗等表面处理工艺。对模具型腔进行强化处理也可以提高塑料模具的使用寿命。

6. 表面刻蚀性和镜面加工性

根据塑料制品的使用要求，或为掩饰制品表面某些不可避免的成形缺陷，模具型腔表面有时需要雕刻花纹、图案、文字等。因此，对这类塑料模具的选材，一定要使其具有良好的表面刻蚀性能，通常包括刻蚀加工方便、容易，刻蚀后不发生变形和裂纹两个方面。

塑料模具材料的镜面加工性能也是一个重要的性能指标。透明塑料制品在许多领域应用广泛。由于此类制品透明度要求不断提高，所以对其模具成形面的镜面加工性能要求也随之提高，尤其是透明塑料仪表面板和各类光学镜片的成形模具。影响模具材料镜面加工性能的主要因素包括：

（1）钢中存在的三氧化二铝和硅酸盐等硬质非金属夹杂物以及碳化物的数量、尺寸和分布。这些第二相硬质点的数量越多，其镜面加工性能越差。非金属夹杂物的危害比碳化物还大。

（2）基体硬度。通常模具钢的基体硬度越高，其镜面加工性能越好，因为硬度不高将使抛光产生磨痕。

（3）组织均匀性。模具钢的组织均匀性越好，镜面加工性能越好。

7. 焊接性

塑料模具由于结构设计的更改和使用中磨损或开裂的修复，常常要对其进行补焊或堆焊作业。因此，需要其具有一定的焊接性能。虽然模具钢的含碳量一般相对较高，但在其中选择塑料模具材料时，也必须对其提出一定的焊接性能要求，即在预热、缓冷等条件的支持下，完成补焊或堆焊工序。

总之，塑料模具对材料的性能要求要考虑到从模具加工到使用的诸多方面，对塑料模具选材时所做出的性能要求，要综合分析其使用性能和工艺性能，避免片面性。

第二节　塑料模具钢的性能和热处理工艺

由于不同的塑料制品对模具材料有不同的性能要求，很多国家已经形成了专用的塑料模具钢系列。目前，模具材料仍然以钢材为主，但根据塑料的成形工艺条件，也可采用低熔点合金、低压铸合金、铍铜合金等其他材料。

我国过去无专用的塑料模具钢，一般塑料模具用正火的 45 和 40Cr 钢经调质后制造，因而模具硬度低、耐磨性差，表面粗糙度值高，加工出来的塑料产品外观质量较差，而且模具使用寿命短；精密塑料模具和硬度高塑料模具采用 CrWMn、Cr12MoV 等冷作模具钢制造，不仅机械加工性能差，而且难以加工复杂的型腔，更无法解决热处理变形问题。

因此，国内对塑料模具用钢进行了研制，并获得了一定的进展。我国已有了自己的塑料模具钢系列，纳入国家标准的有两种，即 3Cr2Mo 和 3Cr2MnNiMo，国家标准

GB/T 1299—2014 又新增了 19 个塑料模具钢牌号，目前塑料模具钢已达 21 个钢种。

一、塑料模具钢的化学成分

塑料模具钢材料的应用很广泛，涉及了从结构钢到工具钢，从碳素钢到合金钢的许多钢种。不同类型的模具钢材料，在化学成分、性能和热处理工艺上各具特点。具体塑料模具钢的牌号、主要化学成分见表 8—2—1。

二、典型塑料模具钢的特性和常用热处理工艺

1. 预硬化型塑料模具钢（3Cr2Mo 钢）的特性和热处理工艺

所谓预硬化型塑料模具钢就是供应时已预先进行了热处理，并使之达到模具使用硬度的钢。这类钢在硬度 30～40HRC 的状态下可以直接进行成形车削、钻孔、铣削、雕刻、精锉等加工，精加工后可直接交付使用，这就完全避免了热处理变形的影响，从而保证了模具的制造精度。

我国近年研制的 3Cr2Mo 钢大多数以中碳钢为基础，加入适量的铬、锰、镍、钼、钒等合金元素制成。为了解决在较高硬度下切削加工难度大的问题，通过向钢中加入硫、钙、铅、硒等元素来改善切削加工性能，从而制得易切削预硬型钢。有些预硬型钢可以在模具加工成形后进行渗氮处理，在不降低基体使用硬度的前提下使模具的表面硬度和耐磨性显著提高。

（1）特性

预硬化型塑料模具钢 3Cr2Mo 是最早纳入国家标准的专用塑料模具钢。相当于 ASTM A681 中的 P20 钢，其综合性能好，淬透性高，较大的截面钢材也可获得均匀的硬度，并且同时具有很好的抛光性能，模具表面光洁度高。

提示

8Cr2MnWMoVS 钢是硫系预硬化型易切削塑料模具钢，具有较高的强韧性、良好的切削加工性能、镜面抛光性能和表面处理性能，可进行渗氮、渗硼、镀铬、镀镍等表面处理。适宜制作各种类型的塑料模、胶木模、陶土瓷料模和印刷板的冲孔模。由于淬火硬度高、耐磨性好、综合力学性能好、热处理变形小、也可用于制作精密的冷冲模具等。

5CrNiMnMoVSCa 钢是硫、钙复合系预硬化型易切削塑料模具钢，钢中加入 S 元素可以改善钢的切削加工工艺性能，加入 Ca 元素主要改善硫化物的组织形态，进而改善钢的力学性能，降低钢的各向异性。预硬处理后具有优良的综合力学性能、耐磨性能、等向性能、切削加工性能和镜面抛光性能，表面光洁度高。适宜制作各种类型的精密注塑模具、压塑模具和橡胶模具。

表 8—2—1 塑料模具钢的牌号和主要化学成分（摘自 GB/T 1299—2014）

序号	牌号	化学成分（质量分数）（%）								
		w_C	w_{Si}	w_{Mn}	w_{Cr}	w_{Mo}	w_{Ni}	w_V	w_{Al}	其他
1	SM45	0.42～0.48	0.17～0.37	0.50～0.80	—	—	—	—	—	—
2	SM50	0.47～0.53	0.17～0.37	0.50～0.80	—	—	—	—	—	—
3	SM55	0.52～0.58	0.17～0.37	0.50～0.80	—	—	—	—	—	—
4	3Cr2Mo	0.28～0.40	0.20～0.80	0.60～1.00	1.40～2.00	0.30～0.55	—	—	—	—
5	3Cr2MnNiMo	0.32～0.40	0.20～0.40	1.10～1.50	1.70～2.00	0.25～0.40	0.85～1.15	—	—	—
6	4Cr2Mn1MoS	0.35～0.45	0.30～0.50	1.40～1.60	1.80～2.00	0.15～0.25	—	—	—	—
7	8Cr2MnWMoVS	0.75～0.85	≤0.40	1.30～1.70	2.30～2.60	0.50～0.80	—	0.10～0.25	—	w_W =0.70～1.10
8	5CrNiMnMoVSCa	0.50～0.60	≤0.45	0.80～1.20	0.80～1.20	0.30～0.60	0.80～1.20	0.15～0.30	—	w_{Ca} =0.002～0.008
9	2CrNiMoMnV	0.24～0.30	≤0.30	1.40～1.60	1.25～1.45	0.45～0.60	0.80～1.20	0.10～0.20	—	—
10	2CrNi3MoAl	0.20～0.30	0.20～0.50	0.50～0.80	1.20～1.80	0.20～0.40	3.00～4.00	—	1.00～1.60	—
11	1Ni3MnCuMoAl	0.10～0.20	≤0.45	1.40～2.00	—	0.20～0.50	2.90～3.40	—	0.70～1.20	w_{Cu} =0.80～1.20

续表

序号	牌号	化学成分（质量分数）（%）								
		w_C	w_{Si}	w_{Mn}	w_{Cr}	w_{Mo}	w_{Ni}	w_V	w_{Al}	其他
12	06Ni6CrMoVTiAl	≤0. 06	≤0. 50	≤0. 50	1. 30 ~ 1. 60	0. 90 ~ 1. 20	5. 50 ~ 6. 50	0. 08 ~ 0. 16	0. 50 ~ 0. 90	w_{Ti} = 0. 90 ~ 1. 30
13	00Ni18Co8Mo5TiAl	≤0. 03	≤0. 10	≤0. 15	≤0. 60	4. 50 ~ 5. 00	17. 5 ~ 18. 5	—	0. 05 ~ 0. 15	w_{Ti} = 0. 80 ~ 1. 10
14	2Cr13	0. 16 ~ 0. 25	≤1. 00	≤1. 00	12. 00 ~ 14. 00	—	≤0. 60	—	—	—
15	4Cr13	0. 36 ~ 0. 45	≤0. 60	≤0. 80	12. 00 ~ 14. 00	—	≤0. 60	—	—	—
16	4Cr13NiVSi	0. 36 ~ 0. 45	0. 90 ~ 1. 20	0. 40 ~ 0. 70	13. 00 ~ 14. 00	—	0. 15 ~ 0. 30	0. 25 ~ 0. 35	—	—
17	2Cr17Ni2	0. 12 ~ 0. 22	≤1. 00	≤1. 50	15. 00 ~ 17. 00	—	1. 50 ~ 2. 50	—	—	—
18	3Cr17Mo	0. 33 ~ 0. 45	≤1. 00	≤1. 50	15. 50 ~ 17. 50	0. 80 ~ 1. 30	≤1. 00	—	—	—
19	3Cr17NiMoV	0. 32 ~ 0. 40	0. 30 ~ 0. 60	0. 60 ~ 0. 80	16. 00 ~ 18. 00	1. 00 ~ 1. 30	0. 60 ~ 1. 00	0. 15 ~ 0. 35	—	—
20	9Cr18	0. 90 ~ 1. 00	≤0. 80	≤0. 80	17. 00 ~ 19. 00	—	≤0. 60	—	—	—
21	9Cr18MoV	0. 85 ~ 0. 95	≤0. 80	≤0. 80	17. 00 ~ 19. 00	1. 00 ~ 1. 30	≤0. 60	0. 07 ~ 0. 12	—	—

（2）工艺性能

1）临界点。Ac_1 = 770℃；Ac_3 = 825℃；Ar_1 = 640℃；Ar_3 = 760℃；Ms = 300℃；Mf = 120℃。

2）锻造工艺。加热温度为 1 100 ~ 1 150℃，始锻温度为 1 050 ~ 1 100℃，终锻温度≥850℃，锻后空冷。

3）退火工艺。加热温度为 840 ~ 860℃，保温 2 ~ 4 h，等温温度为 710 ~ 730℃，保温4 ~ 6 h，炉冷至500℃，出炉空冷。

4）淬火和回火工艺。淬火加热温度为 850 ~ 880℃，油冷，540 ~ 580℃ 回火。预硬处理后硬度为 30 ~ 35HRC。

5）化学热处理。具有较好的淬透性和一定的韧性，可以进行渗碳，渗碳淬火后表面硬度可达 65HRC，具有较高的热硬度和耐磨性。

（3）应用范围

3Cr2Mo 钢适用于制作中、小型塑料模具，如电视、大型收录机的外壳和洗衣机面板盖等塑料成形模具。

2. 碳钢型塑料模具钢（SM45 钢）的特性和热处理工艺

（1）特性

SM45 钢属非合金塑料模具钢，与优质碳素结构钢 45 相比，其钢中的硫、磷元素含量低，钢材的纯净度好。由于该钢淬透性差，制造较大尺寸的塑料模具一般用热轧、热锻或正火状态，模具的硬度低，耐磨性较差。制造小型塑料模具时，用调质处理可获较高的硬度和较好的强韧性。钢中含碳量较高，水淬容易出现裂纹，一般采用油淬。该钢的优点是价格便宜，切削加工性能好，淬火后具有较高的硬度，调质处理后具有良好的强韧性和一定的耐磨性。

（2）工艺性能

1）预备热处理

退火工艺：加热温度为 830 ~ 850℃，炉冷。

正火工艺：加热温度为 840 ~ 880℃，空冷。

2）最终热处理

淬火工艺：加热温度为 820 ~ 860℃，水冷。

回火工艺：采用高温回火。加热温度为 500 ~ 560℃，空冷，处理后硬度为 229 ~ 308HBW。

（3）应用范围

与优质碳素结构钢相比，钢中有害杂质元素硫、磷含量低，纯净度好，含碳量波动范围小，力学性能稳定，适宜制作中、小型，低档次的塑料模具。

提示

碳钢型塑料模具钢 SM50 属非合金塑料模具钢，切削加工性能好，适宜制作形状简单的小型塑料模具或精度要求不高、使用寿命不需要很长的塑料模具等，但其焊接性能、冷变形性能差。

碳钢型塑料模具钢SM55属非合金塑料模具钢，切削加工性能中等，适宜制作形状简单的小型塑料模具或精度要求不高、使用寿命较短的塑料模具。

3. 时效硬化型塑料模具钢（06Ni6CrMoVTiAl钢）的特性和热处理工艺

（1）特性

06Ni6CrMoVTiAl钢属于低镍马氏体时效硬化型塑料模具钢，简称06Ni钢。该钢的突出优点是热处理变形小，抛光性能好，固溶硬度低，切削加工性能好，具有良好的综合力学性能和渗氮、焊接性能。因为合金元素含量低，所以，其价格比18Ni类钢低得多。经固溶处理（也可在粗加工后进行）后，硬度为25～28HRC。在机械加工成所需要的模具形状和经钳工修整及抛光后，再进行时效处理。使硬度明显增加，模具变形小，可直接使用，保证模具有高的精度和使用寿命。

（2）工艺性能

1）临界点。Ac_1 = 705℃；Ac_3 = 836℃；Ar_1 = 425℃；Ar_3 = 525℃；Ms = 512℃；Mf = 395℃。

2）锻造工艺。始锻加热温度为1 100～1 150℃，终锻温度≥850℃，锻后空冷。

3）软化退火工艺。可采用680℃高温回火处理达到软化目的。

4）固溶处理工艺。固溶是时效硬化钢必要的工序，通过固溶既可达到软化的目的，又可以保证钢在最终时效时具有硬化效应。固溶处理可以利用锻轧后快速实现冷却，也可以把钢加热到固溶温度之后通过油冷或空冷实现。

固溶处理后采用的冷却方式不同，对固溶和时效硬度影响很大。如820℃固溶处理后，空冷硬度为26～28HRC，油冷硬度为24～25HRC，水冷硬度为22～23HRC。固溶处理后冷速越快，硬度越低，但时效后硬度却越高。

06Ni钢的时效硬度比18Ni类钢固溶硬度（28～32HRC）低，故而切削加工性能优于18Ni类钢。

5）推荐的固溶处理工艺。固溶温度为800～880℃，保温1～2 h，油冷。

6）时效工艺。时效温度为500～540℃，时效时间为4～8 h，硬度为42～45HRC。

（3）应用范围

06Ni6CrMoVTiAl钢已分别应用在化工、仪表、轻工、电器、航空航天和国防工业等部门，适用于制作形状复杂、高精度和透明塑料的模具。用以制作磁带盒、照相机、电传打字机等工件的塑料模具，均收到很好的效果。该钢制作的录音机磁带盒塑料模具寿命可达200万次以上，压制的产品质量可与进口模具压制的产品质量相媲美。

4. 耐腐蚀型塑料模具钢（4Cr13 钢）的特性和热处理工艺

（1）特性

耐腐蚀型塑料模具钢 4Cr13，属于 Cr13 型马氏体不锈钢，力学性能较好，经热处理（淬火及回火）后，具有优良的耐腐蚀性能、抛光性能、较高的强度和耐磨性。

（2）工艺性能

1）预备热处理。退火工艺：加热温度为 750 ~ 800℃，炉冷。

2）最终热处理。

淬火工艺：加热温度为 1 050 ~ 1 100℃，油冷。

回火工艺：加热温度为 200 ~ 300℃，空冷，硬度高于 50HRC。

（3）应用范围

在腐蚀性介质中工作时，具有一定的抗腐蚀能力。适宜制作承受高负荷并在腐蚀介质作用下的塑料模具和透明塑料制品模具，如氟塑料或聚乙烯成形模等。

三、其他塑料模具钢的特性和应用

为了适应塑料成形加工业发展的需要，国家标准 GB/T 1299—2014 共纳入了 21 个塑料模具用钢牌号。除上述较典型的塑料模具钢外，其他塑料模具用钢的主要特性、热处理规范和应用见表 8—2—2。

表 8—2—2　其他塑料模具用钢的热处理工艺规范、主要特性和应用

牌号	淬火		硬度（HRC）	主要特性和应用
	淬火温度（℃）	冷却方法		
3Cr2MnNiMo	830 ~ 870	油冷或空冷	≥48	预硬型钢，综合力学性能好，淬透性好，大截面钢材在调质处理后具有较均匀的硬度分布，有很好的抛光性能
4Cr2Mn1MoS	830 ~ 870	油冷	≥51	易切削预硬化钢，其使用性能与 3Cr2MnNiMo 相似，但具有更优良的机械加工性能
2CrNiMoMnV	850 ~ 930	油冷或空冷	≥48	预硬化型镜面塑料模具钢，是 3Cr2MnNiMo 钢的改进型，其淬透性好、硬度均匀，并具有良好的抛光性能、电火花加工性能和蚀花（皮纹加工）性能，适用于渗氮处理，适宜制作大、中型镜面塑料模具

续表

牌号	淬火		硬度(HRC)	主要特性和应用
	淬火温度(℃)	冷却方法		
2CrNi3MoAl	—	—	—	时效硬化钢。由于固溶处理工序是在切削加工制成模具之前进行的，从而避免了模具的淬火变形，因而模具的热处理变形小，综合力学性能好，适宜制作复杂、精密的塑料模具
1Ni3MnCuMoAl	—	—	—	镍铜铝系时效硬化型钢，其淬透性好，热处理变形小，镜面加工性能好，适宜制作高镜面的塑料模具、高外观质量的家用电器塑料模具
00Ni18Co8Mo5TiAl	805～825℃固溶，空冷，460～530℃时效，空冷			沉淀硬化型超高强度钢，简称18Ni（250）钢，具有高强韧性，低硬化指数，良好成形性和焊接性。适宜制作铝合金挤压模和铸件模、精密模具和冷冲模具等
2Cr13	1 000～1 050	油冷	≥45	耐腐蚀型钢，属于Cr13型不锈钢，机械加工性能较好，经热处理后具有优良的耐腐蚀性能、较好的强韧性，适宜制作承受高负荷并在腐蚀介质作用下的塑料模具和透明塑料制品模具等
4Cr13NiVSi	1 000～1 030	油冷	≥50	耐腐蚀预硬化型钢，属于Cr13型不锈钢，淬回火硬度高，有超镜面加工性，可预硬至31～35HRC，镜面加工性好。适宜制作要求具有高精度、高耐磨、高耐腐蚀性的塑料模具；也用于制作透明塑料制品模具
2Cr17Ni2	1 000～1 050	油冷	≥49	耐腐蚀预硬化型钢，具有好的抛光性能；在玻璃模具的应用中具有好的抗氧化性。适宜制作耐腐蚀塑料模具，并且不必采用Cr、Ni涂层

续表

牌号	淬火		硬度（HRC）	主要特性和应用
	淬火温度（℃）	冷却方法		
3Cr17Mo	1 000～1 040	油冷	≥46	耐腐蚀预硬化型钢，属于Cr17型不锈钢，耐腐蚀性能好，耐磨性能高，退火料淬火—回火后硬度可达46～48HRC，常用于高防腐蚀及需要镜面抛光的塑料模具，特别适合制造PVC产品模具
3Cr17NiMoV	1 030～1 070	油冷	≥50	耐腐蚀预硬化型钢，属于Cr17型不锈钢，具有优良的强韧性和较高的耐蚀性，适宜制作各种要求高硬度、高耐磨、又要求耐蚀的塑料模具和压制透明的塑料制品模具
9Cr18	1 000～1 050	油冷	≥55	耐腐蚀、耐磨型钢，属于高碳马氏体钢，淬火后具有很高的硬度和耐磨性，较Cr17型马氏体钢的耐蚀性能有所改善，在大气、水及某些酸类和盐类的水溶液中有优良的不锈耐蚀性。适宜制作要求耐蚀、高强度和耐磨损的零部件，如轴、杆类、弹簧、紧固件等
9Cr18MoV	1 050～1 075	油冷	≥55	耐腐蚀、耐磨型钢，属于高碳铬不锈钢，基本性能和用途与9Cr18钢相似，但热强性和抗回火性能更好。适宜制作承受摩擦并在腐蚀介质中工作的零件，如量具、不锈钢切片机械刃具和剪切工具、手术刀片、高耐磨设备零件等

提示

为满足我国塑料模具材料的使用，国家标准GB/T 1299—2014增加了19个塑料模具用钢牌号，即SM45、SM50、SM55、4Cr2Mn1MoS、8Cr2MnWMoVS、5CrNiMnMoVSCa、2CrNiMoMnV、06Ni6CrMoVTiAl、2CrNi3MoAl、1Ni3MnCuMoAl、00Ni18Co8Mo5TiAl、2Cr13、4Cr13、4Cr13NiVSi、2Cr17Ni2、3Cr17Mo、3Cr17NiMoV、9Cr18、9Cr18MoV。

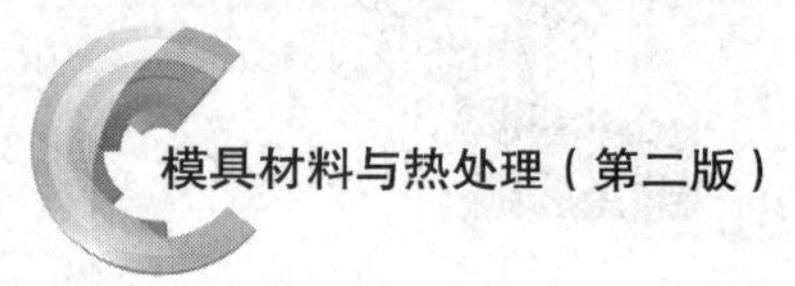

第三节　塑料模具材料的选用

塑料模具材料的选用是模具制造过程中的重要环节。塑料模具材料的种类繁多，选择时应根据一定的原则进行，大致有按加工方式选材、按服役条件选材、按制品质量选材、按制品批量选材等几个方面。

提示

满足使用性能和工艺性能的要求，在模具材料选择中是相对重要的因素，因此，首先必须根据模具的具体服役条件和制造工艺需求，针对各类塑料模具材料的使用和工艺特性，对模具材料做出符合性能要求的合理选择。同时，还要从实用性和经济性两方面进行综合考虑，降低塑料制品生产的成本，创造出较好的经济效益。

一、塑料模具材料的选用原则

塑料模具材料的种类繁多，性能、特点、用途和热处理工艺等差异很大，正确、合理地选择材料是模具制造过程中的重要环节。选用塑料模具材料时，必须遵循以下原则：

1. 满足模具使用性能的要求

根据塑料模具的工作条件、失效形式、精度要求等，选材应能达到强度、硬度、塑性和耐腐蚀性等各项使用性能指标，保证满足生产需求。

2. 材料来源方便， 材质可靠

要选用冶金质量好，性能稳定，品种、规格少而集中，供应渠道方便，质量有保证的优质钢材。

3. 工艺性能好

要选用切削性能好、便于加工制造、能节省加工时间、容易抛光、镜面性好、能保证精度、工作寿命长的钢材。

4. 合理的经济性

在保证质量和性能的前提下，应尽量选用价格低廉的钢种，以降低生产成本，创造出较好的经济效益。

二、典型塑料模具材料的选用

1. 根据模具的工作条件和塑料制品的质量要求选用

（1）对于模具型腔表面要求高硬度和高耐磨性、心部具有较好韧性的塑料模具，可选用渗碳型塑料模具钢。其中，对尺寸较小且型腔形状不太复杂的塑料注射模，可选用淬透性较差的渗碳型塑料模具钢，如 20 钢和 20Cr 钢等。这些钢在退火状态下硬度低，为 85 ~ 135HBW，塑性很好，变形抗力小，可采用冷挤压成形，大大地减少切削加工余量。对于尺寸较大且型腔形状复杂的塑料模具，可选用淬透性较好的渗碳型塑料模具钢，如 12CrNi3A、12CrNi4A、20CrMnTi 钢等。这些钢经渗碳、淬火及回火后，型腔表面获得高硬度和耐磨性，而模具心部又具有较高的强度和较好的韧性。

（2）对于型腔复杂且精度要求高的注射模具，为了防止模具加工成形后因淬火处理引起变形和开裂，可选用预硬型塑料模具钢，如 40Cr、3Cr2Mo（P20）、4Cr5MoSiV1、5CrNiMnMoSCa、8Cr2MnWMoVS 钢等。这类钢在供货状态已预硬处理或在机械加工之前进行预硬调质处理，模具加工成形后不再进行热处理而直接使用，有效地防止热处理产生的变形，保证了模具的精度和使用要求。

（3）对于聚氯乙烯、氟塑料和阻燃 ABS 塑料制品，在成形过程中会分解出腐蚀性气体，对模具产生一定的腐蚀作用，因此，模具中的成形件必须具有防腐蚀的性能，可选用耐蚀型塑料模具钢，如 9Cr18、Cr18MoV、Cr14Mo4V、4Cr13、1Cr17Ni2 和 0Cr16Ni4Cu3Nb（PCR）钢等。

（4）对于制造透明塑料制品的模具，要求型腔表面粗糙度值低，有良好的镜面抛光性能和高的耐磨性。例如，生产汽车灯罩、仪表盘、家用电器外壳等塑料零件的模具和各种高精度热塑性塑料光学镜片的注射模具，应选用时效硬化型塑料模具钢。常用的有 1Ni3Mn2CuAlMo（PMS）、06Ni6CrMoVTiAl（06Ni）、0Cr16Ni4Cu3Nb 和 18Ni 类钢等，也可选用预硬型塑料模具钢，如 3Cr2Mo、5CrNiMnMoVSCa（5NiSCa）、8Cr2MnWMoVS（8Cr2S）钢等。

（5）对于以玻璃纤维作为增强材料的塑料制品的注塑模和压铸模，要求有高硬度、高耐磨性、高抗压强度、较好的韧性和良好的抛光性。为防止模具型腔表面被过早磨损，或因模具受高压而发生局部变形，可选用淬硬型塑料模具钢，如 T8A、T10A、9SiCr、CrWMn、Cr6WV、9Mn2V、GCr15、Cr12、Cr12MoV 钢等，也可选用 06Ni6CrMoVTiAl 钢和 25CrNi3MoAl 钢等时效硬化型塑料模具钢。

2. 根据塑料制品的生产批量选用

塑料模具材料的选用与塑料制品的生产批量大小有关。生产批量小，对模具使用寿命和耐磨性要求不高，为降低模具的制造成本，不必选用性能优良的模具材料，只选用较普通的模具钢即可满足使用要求。生产批量大，则应选用性能和质量优良的模具钢。

塑料制品的生产批量与模具材料的选用见表 8—3—1。

表 8—3—1　　塑料制品的生产批量与模具材料的选用

塑料制品的生产批量	所选用模具材料的钢号
10 万 ~ 20 万	SM45、SM55、40Cr
30 万	P20、5NiSCa、8Cr2S
60 万	P20、5NiSCa、SM1

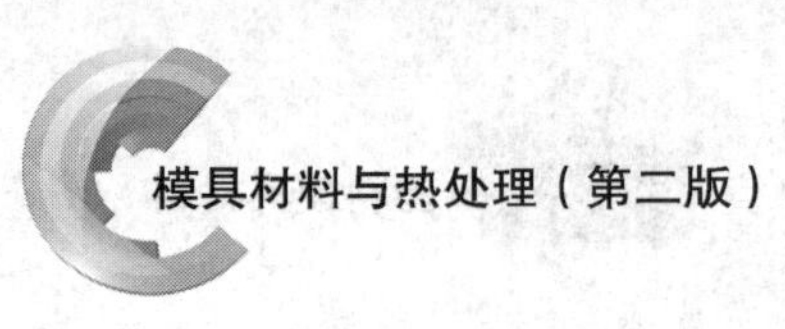

续表

塑料制品的生产批量	所选用模具材料的钢号
80 万	P20、8Cr2S
120 万	SM2、PMS
150 万	PCR、LD2、65Nb
200 万以上	65Nb、06Ni、012Al（氮化）、25CrNiMoAl（氮化）

3. 根据塑料制品的种类选用

在实际生产中塑料制品的种类很多，所使用的塑料原料不相同，对模具的性能要求也不同，因此，应选用不同的塑料模具钢。

各类塑料制品所适用的模具材料见表 8—3—2。

表 8—3—2　各类塑料制品所适用的模具材料

塑料原料类型	典型制品	对模具的要求	适用的模具材料钢号
ABS	电视机壳、音响设备	高强度、耐磨损	SM55、P20、40Cr、8Cr2S
聚丙烯 PP	电扇扇叶、容器		
ABS	汽车仪表盘、化妆品容器	高强度、耐磨损、光刻性	PMS、20CrNi3MoAl
有机玻璃 AS	汽车灯罩、仪表罩	高强度、耐磨损、抛光性	5NiSCa、SM2、PMS、P20
POM、PC	电动工具外壳	高耐磨性	65Nb、8Cr2S、PMS、SM2
酚醛、环氧树脂	齿轮	高耐磨性	65Nb、8Cr2S、06NiTi2Cr
阻燃 ABS	电视机壳、收录机壳	耐腐蚀	PCR
聚氯乙烯 PVC	阀门、水管件	高强度、耐腐蚀	38CrMoAl、PCR
有机玻璃 PS	照相机镜头、放大镜	抛光性、防锈性	PMS、PCR

三、典型塑料模具的热处理特点

1. 预硬钢塑料模具的热处理特点

预硬钢是以预硬状态供货的，模具加工成形后一般不需进行热处理，但有时需进行改锻，改锻后的模坯必须进行热处理，其中包括预备热处理和预硬热处理。

预备热处理通常采用球化退火，目的是消除锻造应力，获得均匀的球状珠光体组织，降低硬度，提高塑性，改善模坯的切削加工性能或冷挤压成形性能。

预硬热处理工艺简单，多数采用调质处理，调质后获得回火索氏体组织。这类钢淬透性良好，淬火时可采用油冷、空冷或硝盐分级淬火。高温回火温度可根据模具工作硬度的要求来选择。

预硬钢一般是中碳低合金钢，含碳量为0.35%～0.65%，并含有一定量的Cr、Mn、Mo、V等合金元素，使钢具有较好的淬透性。

2. 时效硬化钢塑料模具的热处理特点

时效硬化钢的含碳量低，合金元素含量较高，其热处理工艺分两步工序进行。首先是固溶处理，将钢加热到高温，使各种合金元素溶入奥氏体中，然后淬火获得马氏体组织。第二步进行时效处理，利用时效强化使模具获得较高的强度和硬度，达到最后要求的力学性能，并有效地保证模具最终的尺寸和形状精度。

固溶处理的加热一般在盐浴炉或箱式电阻炉中进行，加热温度和保温时间根据模具的材料和厚度来选择。淬火时采用油冷，淬透性好的钢也可空冷。对于一些简单的模坯，锻造时如能准确控制终锻温度，也可锻后直接进行固溶处理。

为防止模腔表面氧化，时效处理最好在真空炉中进行，例如，在箱式电阻炉中进行，炉内应通入保护气体，或用铸铁屑、木炭粒（石墨粉）装箱密封，在保护条件下加热来进行时效处理。

3. 耐蚀钢塑料模具的热处理特点

耐蚀钢塑料模具不仅具有较好的抗腐蚀性能，还需要有一定的硬度、强度和耐磨性等使用性能的要求，这类钢大多属于马氏体型不锈钢和沉淀硬化型不锈钢。热处理各个工艺过程的目的是：退火用以改善切削加工性；淬火用以提高模具的硬度和耐磨性；回火用以改善力学性能，消除淬火应力。

常用的耐蚀钢种有中碳或高碳高铬马氏体不锈钢、马氏体时效不锈耐酸钢和沉淀硬化不锈钢等。

第九章 其他模具材料

模具的用途很广，各种模具的工作条件差别很大，所以制造模具的材料范围很广，从一般的碳素结构钢、碳素工具钢、合金结构钢、合金工具钢、弹簧钢、高速工具钢、不锈耐热钢，到适应特殊模具需要的硬质合金、钢结硬质合金、高温合金、难熔合金、马氏体时效钢、粉末高速钢、粉末高合金模具钢和铜合金、铝合金、锌合金、增强塑料等。本章讨论的重点是硬质合金和特殊用途模具用钢。

第一节 硬质合金

硬质合金是指由难熔金属的硬质化合物和黏结金属通过粉末冶金工艺制成的一种合金材料。硬质合金具有硬度高、耐磨、强度和韧性较好、耐热、耐腐蚀等一系列优良性能，特别是它的高硬度和耐磨性，即使在500℃的温度下也基本保持不变，在1 000℃时仍有很高硬度。被誉为工业的“牙齿”，就材料性能而言，硬质合金是一种介于陶瓷与高速钢之间的高性能结构材料。

一、硬质合金的分类

硬质合金自20世纪20年代末期问世以来，伴随着工业的迅速发展已逐步形成了一套较完备的体系。为了有利于今后硬质合金新技术的开发和使用领域的拓展，按使用领域将国家标准划分为三个部分，即切削工具用硬质合金、地质矿山工具用硬质合金和耐磨零件用硬质合金。

二、切削工具用硬质合金

由于硬质合金的硬度比陶瓷、立方氮化硼和金刚石稍低，但比普通碳钢、高速钢等要高得多，其韧性比高速钢略低，但比陶瓷、立方氮化硼和金刚石高得多。因此，这就决定了硬质合金在刀具行业上不可代替的独特地位。目前，在金属切削领域中，硬质合金刀具占整个金属切削刀具的45%～50%。

目前我国现行国家标准为《硬质合金牌号　第1部分：切削工具用硬质合金牌号》（GB/T 18376.1—2008）。该国标规定，切削工具用硬质合金牌号按使用领域的不同分成P、M、K、N、S、H六类，具体使用领域见表9—1—1。各个类别为满足不同的使用要求，以及根据切削工具用硬质合金材料的耐磨性和韧性的不同，分成若干个组，用01、10、20等两位数字表示组号，其牌号和推荐作业条件见表9—1—2。

表9—1—1　切削工具用硬质合金分类和使用领域（摘自GB/T 18376.1—2008）

类别	使用领域
P	长切屑材料的加工，如钢、铸钢、长切屑可锻铸铁等的加工
M	通用合金，用于不锈钢、铸钢、锰钢、可锻铸铁、合金钢、合金铸铁等的加工
K	短切屑材料的加工，如铸铁、冷硬铸铁、短切屑可锻铸铁、灰铸铁等的加工
N	有色金属、非金属材料的加工，如铝、镁、塑料、木材等的加工
S	耐热和优质合金材料的加工，如耐热钢，含镍、钴、钛的各类合金材料的加工
H	硬材料的加工，如淬硬钢、冷硬铸铁等材料的加工

表9—1—2　切削工具用硬质合金牌号及推荐作业条件（摘自GB/T 18376.1—2008）

组别	作业条件		性能提高方向	
	被加工材料	适应的加工条件	切削性能	合金性能
P01	钢、铸钢	高切削速度，小切屑截面，无振动条件下精车、精镗	↑切削速度 进给量↓	↑耐磨性 韧性↓
P10	钢、铸钢	高切削速度，中、小切屑截面条件下的车削、仿形车削、车螺纹和铣削		
P20	钢、铸钢、长切削可锻铸铁	中等切削速度，中等切屑截面条件下的车削、仿形车削和铣削、小切屑截面的刨削		
P30	钢、铸钢、长切削可锻铸铁	中或低等切削速度，中等或大切屑截面条件下的车削、铣削、刨削和不利条件下的加工		
P40	钢、含砂眼和气孔的铸钢件	低切削速度，大切屑角、大切屑截面以及不利条件下的车削、刨削、车槽和自动机床上加工		

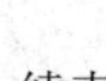
续表

组别	作业条件		性能提高方向	
	被加工材料	适应的加工条件	切削性能	合金性能
M01	不锈钢、铁素体钢、铸钢	高切削速度，小载荷，无振动条件下的精车、精镗		
M10	不锈钢、铸钢、锰钢、合金钢、合金铸铁、可锻铸铁	中等或高等切削速度，中、小切屑截面条件下的车削		
M20	不锈钢、铸钢、锰钢、合金钢、合金铸铁、可锻铸铁	中等切削速度，中等切屑截面条件下的车削、铣削	↑切削速度 进给量↓	↑耐磨性 韧性↓
M30	不锈钢、铸钢、锰钢、合金钢、合金铸铁、可锻铸铁	中等或高等切削速度，中等或大切屑截面条件下的车削、铣削、刨削		
M40	不锈钢、铸钢、锰钢、合金钢、合金铸铁、可锻铸铁	车削、切断、强力铣削		
K01	铸铁、冷硬铸铁、短切屑可锻铸铁	车削、精车、镗削、铣削、刮削		
K10	布氏硬度高于220HBW的铸铁、短切屑的可锻铸铁	车削、铣削、镗削、刮削、拉削		
K20	布氏硬度低于220HBW的灰铸铁、短切屑的可锻铸铁	用于中等切削速度下，轻载荷粗加工，半精加工的车削、铣削、镗削等	↑切削速度 进给量↓	↑耐磨性 韧性↓
K30	铸铁、短切屑的可锻铸铁	用于不利条件下，可能采用大切削角的车削、铣削、刨削、车槽加工，对刀片的韧性有一定的要求		
K40	铸铁、短切屑的可锻铸铁	用于不利条件下的粗加工，采用较低的切削速度，大的进给量		

续表

<table>
<tr><th rowspan="2">组别</th><th colspan="2">作业条件</th><th colspan="2">性能提高方向</th></tr>
<tr><th>被加工材料</th><th>适应的加工条件</th><th>切削性能</th><th>合金性能</th></tr>
<tr><td>N01</td><td rowspan="2">有色金属、塑料、木材、玻璃</td><td>高切削速度下，有色金属铝、铜、镁及塑料、木材等材料的精加工</td><td rowspan="4">↑切削速度—
—进给量↓</td><td rowspan="4">↑耐磨性—
—韧性↓</td></tr>
<tr><td>N10</td><td>较高切削速度下，有色金属铝、铜、镁及塑料、木材等材料的精加工或半精加工</td></tr>
<tr><td>N20</td><td rowspan="2">有色金属、塑料</td><td>中等切削速度下，有色金属铝、铜、镁及塑料等的半精加工或粗加工</td></tr>
<tr><td>N30</td><td>中等切削速度下，有色金属铝、铜、镁及塑料等的粗加工</td></tr>
<tr><td>S01</td><td rowspan="4">耐热和优质合金：含镍、钴、钛的各类合金材料</td><td>中等切削速度下，耐热钢和钛合金的精加工</td><td rowspan="4">↑切削速度—
—进给量↓</td><td rowspan="4">↑耐磨性—
—韧性↓</td></tr>
<tr><td>S10</td><td>低切削速度下，耐热钢和钛合金的半精加工或粗加工</td></tr>
<tr><td>S20</td><td>较低切削速度下，耐热钢和钛合金的半精加工或粗加工</td></tr>
<tr><td>S30</td><td>较低切削速度下，耐热钢和钛合金的断续切削，适用于半精加工或粗加工</td></tr>
<tr><td>H01</td><td rowspan="4">淬硬钢、冷硬铸铁</td><td>低切削速度下，淬硬钢、冷硬铸铁的连续轻载精加工</td><td rowspan="4">↑切削速度—
—进给量↓</td><td rowspan="4">↑耐磨性—
—韧性↓</td></tr>
<tr><td>H10</td><td>低切削速度下，淬硬钢、冷硬铸铁的连续轻载精加工、半精加工</td></tr>
<tr><td>H20</td><td>较低切削速度下，淬硬钢、冷硬铸铁的连续轻载半精加工、粗加工</td></tr>
<tr><td>H30</td><td>较低切削速度下，淬硬钢、冷硬铸铁的半精加工、粗加工</td></tr>
</table>

三、地质矿山工具用硬质合金

我国地质矿山工具用硬质合金约占硬质合金生产总量的25%，主要用于冲击凿岩用钎头，地质勘探用钻头、矿山油田用潜孔钻、牙轮钻和截煤机截齿、建材工业冲击钻等。

目前国家标准为《硬质合金牌号　第2部分：地质矿山工具用硬质合金牌号》（GB/T 18376.2—2014）。该标准中规定，地质矿山工具用硬质合金牌号由特征代号G、分类代号和分组代号组成。其中分类代号用大写字母表示，其含义见表9—1—3；分组代号用05、10、20、30等两位数字表示。

表9—1—3　地质矿山工具用硬质合金分类代号的含义（摘自GB/T 18376.2—2014）

分类代号	含义	分类代号	含义
A	凿岩钎片用硬质合金	E	复合片基体用硬质合金
B	地质勘探用硬质合金	F	铲雪片用硬质合金
C	煤炭采掘用硬质合金	W	挖掘齿用硬质合金
D	矿山、油田钻头用硬质合金	Z	其他类

四、耐磨零件用硬质合金

自20世纪20年代末期硬质合金问世后，首先应用于拉丝模上，代替昂贵的金刚石获得成功。此后，伴随市场的推动和硬质合金性能的不断改良、提高，以及加工装备的发展完善，硬质合金材料在模具行业的应用领域逐步扩大，先后步入冲裁模、冷镦模、冷挤压模和热作模等几乎全部模具主体领域。

1. 耐磨零件用硬质合金的分类和表示规则

目前我国现行国家标准为《硬质合金牌号　第3部分：耐磨零件用硬质合金牌号》（GB/T 18376.3—2001）。该标准规定，耐磨零件用硬质合金牌号用LS、LT、LQ、LV四种类别号分别表示金属线、棒、管拉制用硬质合金，冲压模具用硬质合金，高温高压构件用硬质合金和线材轧制辊环用硬质合金，并在其后缀以两位数字组10、20、30等构成组别号，根据需要可在两个组别号之间插入一个中间代号，以中间数字15、25、35等表示，若需再细分时，则在分组代号后加一位阿拉伯数字1、2…或英文字母作细分号，并用小数点“.”隔开，以区别组中不同牌号。

2. 耐磨零件用硬质合金的基本组成和性能要求

耐磨零件用硬质合金，多数采用WC—Co系二元相合金，少数也添加其他碳化物和黏结剂。即在碳化钨中加入适量钴元素，用粉末冶金方法压制、烧结而成，其基本组成和性能要求见表9—1—4。

表 9—1—4　　耐磨零件用硬质合金的基本组成和性能要求（摘自 GB/T 18376.3—2015）

分类分组代号		基本组成（参考值）			力学性能	
		Co（Ni、Mo）（%）	WC	其他	硬度（HRA）	抗弯强度（MPa）
LS	10	3～6	余	微量	≥90	≥1 300
	20	5～9	余	微量	≥89	≥1 600
	30	7～12	余	微量	≥88	≥1 800
	40	11～17	余	微量	≥87	≥2 000
LT	10	13～18	余	微量	≥85	≥2 000
	20	17～25	余	微量	≥82.5	≥2 100
	30	23～30	余	微量	≥79	≥2 200
LQ	10	5～7	余	微量	≥89	≥1 800
	20	6～9	余	微量	≥88	≥2 000
	30	8～15	余	微量	≥86.5	≥2 100
LV	10	14～18	余	微量	≥85	≥2 100
	20	17～22	余	微量	≥82.5	≥2 200
	30	20～26	余	微量	≥81	≥2 250
	40	25～30	余	微量	≥79	≥2 300

3. 耐磨零件用硬质合金的应用

由于硬质合金具有较高的硬度、良好的热强性、耐磨性等优越性能，因此，在工业上得到广泛应用。尤其近几年，随着硬质合金加工和使用技术的不断发展，在模具方面已取得了理想效果，特别是在恶劣作业条件下的模具，硬质合金已成为取代钢材的最佳选择。耐磨零件用硬质合金的推荐作业条件见表 9—1—5。

表 9—1—5　　耐磨零件用硬质合金的推荐作业条件（摘自 GB/T 18376.3—2015）

分类分组代号		作业条件推荐
LS	10	适用于金属线材直径小于 6 mm 的拉制用模具、密封环等
	20	适用于金属线材直径小于 20 mm，管材直径小于 10 mm 的拉制用模具、密封环等
	30	适用于金属线材直径小于 50 mm，管材直径小于 35 mm 的拉制用模具
	40	适用于大应力、大压缩力的拉制用模具

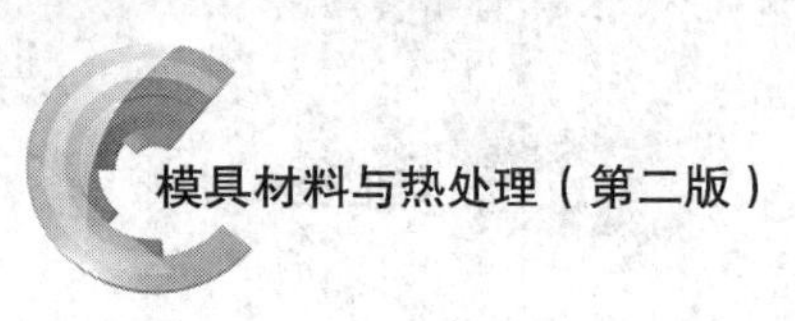

续表

分类分组代号		作业条件推荐
LT	10	M9 以下小规格标准紧固件冲压用模具
	20	M12 以下中、小规格标准紧固件冲压用模具
	30	M20 以下大、中规格标准紧固件、钢球冲压用模具
LQ	10	人工合成金刚石用顶锤
	20	人工合成金刚石用顶锤
	30	人工合成金刚石用顶锤、压缸
LV	10	适用于高速线材高水平轧制精轧机组用辊环
	20	适用于高速线材较高水平轧制精轧机组用辊环
	30	适用于高速线材一般水平轧制精轧机组用辊环
	40	适用于高速线材预精轧机组用辊环

第二节　特殊用途模具用钢

一、特殊用途模具用钢的化学成分

国内外对模具材料一般根据其用途分为冷作模具用钢、热作模具用钢和塑料成形模具用钢三大类。但随着工业技术的不断向前发展，对在特殊工况条件下工作的模具提出了更高、更苛刻的要求。为满足恶劣工况下的使用寿命，国内外都在积极研发更具有针对性的特殊用途模具用钢。目前我国已纳入国家标准（GB/T 1299—2014）的特殊用途模具用钢有 5 个钢种，具体牌号和主要化学成分见表 9—2—1。

表 9—2—1　　特殊用途模具钢的牌号和主要化学成分（摘自 GB/T 1299—2014）

序号	牌号	化学成分（质量分数）（%）									
		w_C	w_{Si}	w_{Mn}	w_{Cr}	w_{Mo}	w_{Ni}	w_V	w_{Al}	w_{Nb}	其他
1	7Mn15Cr2Al3V2WMo	0.65 ~ 0.75	≤0.80	14.50 ~ 16.50	2.00 ~ 2.50	0.50 ~ 0.80	—	1.50 ~ 2.00	2.30 ~ 3.30	—	w_W：0.50 ~ 0.80
2	2Cr25Ni20Si2	≤0.25	1.50 ~ 2.50	≤1.50	24.00 ~ 27.00	—	18.00 ~ 21.00	—	—	—	—

续表

<table>
<tr><th rowspan="2">序号</th><th rowspan="2">牌号</th><th colspan="10">化学成分（质量分数）（%）</th></tr>
<tr><th>w_C</th><th>w_{Si}</th><th>w_{Mn}</th><th>w_{Cr}</th><th>w_{Mo}</th><th>w_{Ni}</th><th>w_V</th><th>w_{Al}</th><th>w_{Nb}</th><th>其他</th></tr>
<tr><td>3</td><td>0Cr17Ni4Cu4Nb</td><td>≤0.07</td><td>≤1.00</td><td>≤1.00</td><td>15.00～17.00</td><td>—</td><td>3.00～5.00</td><td>—</td><td>—</td><td>w_{Nb}：0.15～0.45</td><td>w_{Cu}：3.00～5.00</td></tr>
<tr><td>4</td><td>Ni25Cr15Ti2MoMn</td><td>≤0.08</td><td>≤1.00</td><td>≤2.00</td><td>13.50～17.00</td><td>1.00～1.50</td><td>22.00～26.00</td><td>0.10～0.50</td><td>≤0.40</td><td>—</td><td>w_{Ti}：1.80～2.50
w_B：0.001～0.010</td></tr>
<tr><td>5</td><td>Ni53Cr19Mo3TiNb</td><td>≤0.08</td><td>≤0.35</td><td>≤0.35</td><td>17.00～21.00</td><td>2.80～3.30</td><td>50.00～55.00</td><td>—</td><td>0.20～0.80</td><td>w_{Nb+Ti}：4.75～5.50</td><td>w_{Ti}：0.65～1.15
w_B≤0.006
w_{Co}≤1.00</td></tr>
</table>

二、特殊用途模具用钢的特性和应用

1. 高强度奥氏体型无磁模具钢（7Mn15Cr2Al3V2WMo钢）的特性和应用

（1）特性

7Mn15Cr2Al3V2WMo钢是一种高Mo—V系无磁钢。该钢在各种状态下都能保持稳定的奥氏体，具有非常低的磁导系数，高的硬度、强度，较好的耐磨性。由于高锰钢的冷作硬化现象，切削加工比较困难。采用高温退火工艺，可以改变碳化物颗粒的尺寸、形状与分布状态，从而明显地改善钢的切削性能。采用气体软氮化工艺，进一步提高钢的表面硬度，增加耐磨性，显著提高零件的使用寿命。

（2）工艺性能

1）锻造工艺。7Mn15Cr2Al3V2WMo钢的导热性较差，锻造时装炉温度不宜过高，需缓慢升温，保温时间要求足够长，以保证钢中碳化物充分固溶，锻后硬度为33～35HRC，具体锻造工艺规范见表9—2—2。

表9—2—2　7Mn15Cr2Al3V2WMo模具钢的锻造工艺规范

材料类型	加热温度（℃）	加温时间（h）	始锻温度（℃）	终锻温度（℃）	锻后冷却方式
钢锭	1 150～1 170	≥8	1 100～1 120	≥950	空冷
钢坯	1 140～1 160	≥8	1 080～1 100	≥900	空冷

2）退火工艺。7Mn15Cr2Al3V2WMo 钢采用高温退火，其工艺如图 9—2—1 所示，退火后硬度为 28 ~ 30HRC，组织为细晶粒奥氏体和均匀分布的颗粒状碳化物。

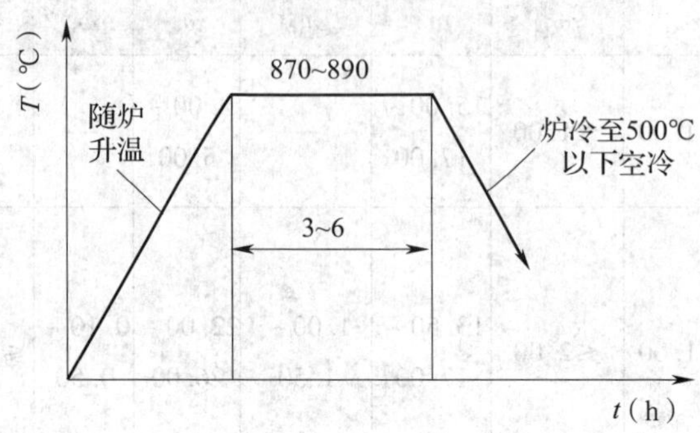

图 9—2—1　7Mn15Cr2Al3V2WMo 模具钢退火工艺

3）固溶处理。固溶温度为 1 170 ~ 1 190℃，保温时间为盐浴炉 15 ~ 20 min/mm，空气炉 30 min/mm，冷却介质为水，固溶硬度为 20 ~ 22HRC。加热时 Cr、Mn、Si、Mo、W、Al 金属元素和少量的 V 元素溶入奥氏体中，未溶 V 元素的碳化物能细化晶粒，提高强韧性与耐磨性，冷却后金相组织为奥氏体和未溶一次碳化物。

4）时效处理。7Mn15Cr2Al3V2WMo 钢进行时效处理时，不同的时效时间和温度所获得的硬度有所不同。例如，时效温度为 650℃，时效时间为 2 h 时，硬度为 32HRC；时效时间为 20 h 时，硬度为 48HRC。若时效温度为 700℃，时效时间为 2 h 时，硬度为 48.5HRC；时效时间 20 h 时，硬度为 45.5HRC。

5）氮碳共渗。为了提高模具表面的疲劳强度、硬度、耐磨性和耐蚀性，可以采用气体氮碳共渗处理。渗氮温度 560 ~ 570℃，渗氮时间 4 ~ 6 h，渗氮层深度为 0.03 ~ 0.04 mm，渗氮层硬度为 950 ~ 1 100HV。

（3）应用范围

该钢适于制造无磁模具、无磁轴承和其他要求在强磁场中不产生磁感应的结构零件。此外，由于此钢还具有高的高温强度和硬度，也可以用来制造在 700 ~ 800℃ 以下使用的热作模具，如铜合金热挤压模、粉末烧结模等。

2. 奥氏体型耐热模具钢（2Cr25Ni20Si2 钢）的特性和应用

（1）特性

2Cr25Ni20Si2 钢属于奥氏体型耐热钢，具有较好的耐腐蚀性能。最高使用温度可达 1 200℃，连续使用最高温度为 1 150℃，间歇使用最高温度为 1 050 ~ 1 100℃。

（2）工艺性能

固溶处理：固溶温度为 1 040 ~ 1 150℃，冷却方式为水冷或空冷。

（3）应用范围

该钢主要用于制造加热炉的各种构件，也用于制造玻璃模具等。

提示

玻璃模具材料性能

1. 良好的耐热性和抗氧化性。
2. 材质致密，硬度适当，加工性能好。
3. 热膨胀系数小，变形小。
4. 良好的导热性能和抗热疲劳性能。

3. 马氏体沉淀硬化模具钢（0Cr17Ni4Cu4Nb 钢）的特性和应用

（1）特性

0Cr17Ni4Cu4Nb 钢是一种马氏体沉淀硬化模具钢。此钢除马氏体转变易强化外，也能通过时效处理达到进一步强化的目的。因含碳量较低，其抗腐蚀性和可焊性都比一般马氏体不锈钢好，且具有耐酸性能好、切削性能好、热处理工艺简单等特性。但在400℃以上长期使用时有脆化倾向。

（2）工艺性能

1）锻造工艺。0Cr17Ni4Cu4Nb 钢的锻造温度范围较窄，当 w_{Cu} ≤3.5% 或 ≥4.5% 时，锻造易开裂，因此，加热时必须烧透，锻造时要轻锤快打，小变形量，然后重锤加大变形量。一般加热温度为 1 180 ~ 1 200℃，始锻温度为 1 100 ~ 1 150℃，终锻温度为 1 000℃，锻造后空冷或砂冷。

2）退火工艺。0Cr17Ni4Cu4Nb 钢采用高温退火，加热温度为 820 ~ 840℃，保温，待炉冷至 500℃以下出炉空冷，硬度为 28 ~ 30HRC，目的是软化组织，降低硬度。

3）固溶处理。固溶温度为 1 020 ~ 1 060℃，保温，空冷，固溶硬度为 30 ~ 34HRC。加热时 Cr、Ni、Cu、Nb 元素溶入奥氏体中，冷却后得到马氏体组织，为时效析出做好组织准备。

4）时效处理。0Cr17Ni4Cu4Nb 钢进行时效处理时，不同的时效温度所获得性能有所不同。其时效温度范围为 370 ~ 630℃。试验表明，当在 480℃进行时效处理时，富铜相（ε—Cu）、NbC 等碳化物充分析出，具有最大的强化效果，钢的强度最高。不同时效温度后的硬度见表 9—2—3。

表 9—2—3　　0Cr17Ni4Cu4Nb 模具钢在不同时效温度后的硬度

固溶处理		时效处理			硬度（HRC）
加热温度（℃）	冷却方式	加热温度（℃）	保温时间（h）	冷却方式	
1 040	空冷	480	4	空冷	≥40
		500			≥38
		550			≥35
		580			≥31
		620			≥28

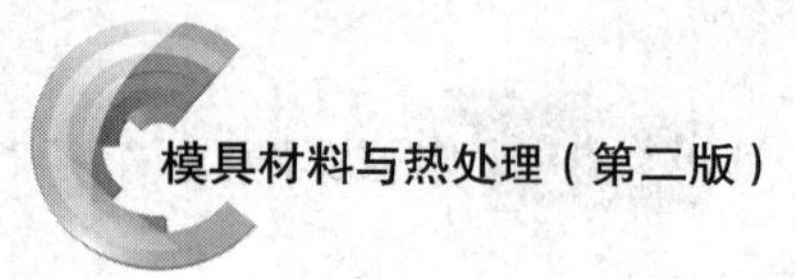

5）气体渗氮。渗氮温度为510～520℃，渗氮时间为48 h，排气30 min，NH_3流量为0.4 m^3/h，炉压为294～490 Pa，渗氮层深度为0.17 mm，渗氮层硬度为966HV。

（3）应用范围

适宜制造工作温度在400℃以下，要求耐酸蚀性、高强度的部件，也适宜制造在腐蚀介质作用下要求高性能、高精密的塑料模具。

4. 时效强化型高温合金（Ni25Cr15Ti2MoMn）的特性和应用

（1）特性

Ni25Cr15Ti2MoMn是Fe—25Ni—15Cr基时效强化型高温合金，加入钼、钛、铝、钒和微量硼元素综合强化，特点是高温耐磨性好，高温抗变形能力强，高温抗氧化性能优良，无缺口敏感性，热疲劳性能优良。

（2）工艺性能

1）固溶处理。固溶温度为950～980℃，保温1 h，水冷或空冷，固溶硬度≥364HBW。

2）时效处理。时效温度为（720±10）℃，保温8 h，在炉内以50℃/h的冷却速度缓冷至（620±10）℃，并保温8 h，然后空冷。

（3）应用范围

适用于制造在650℃以下长期工作的高温承力部件和热作模具，如铜排模，热挤压模和内筒等。

5. 镍基高温合金（Ni53Cr19Mo3TiNb）的特性和应用

（1）特性

该合金高温强度高，高温稳定性好，抗氧化性好，冷热疲劳性能和冲击韧性优异。

（2）工艺性能

1）固溶处理。固溶温度为980～1 000℃，保温时间≥1 h，水冷、油冷或空冷。

2）时效处理。时效温度为710～730℃，保温时间≥16 h，空冷，硬度为248～341HBW。

（3）应用范围

适用于制作600℃以上使用的热锻模、冲头、热挤压模、压铸模等。

第十章 模具表面强化技术

实践证明，模具的失效多发生于工作面或源于次表面，这与模具表面的力学性能有密切关系。由于模具服役条件极其复杂和恶劣，其表面性能与内部性能之间往往存在着一定矛盾。如为了取得高的淬火硬度、耐磨性等，就得牺牲一定的韧性指标；若要保证必要的冲击韧性，就不得不降低硬度、强度和耐磨性，这就是造成模具早期失效的重要原因。解决这些矛盾最有效的办法就是用传统热处理方法对模具基体进行强韧化并辅之以表面强化处理。这不仅能够使二者兼得，而且还能赋予模具表面更优异的其他性能，使各项力学性能指标获得最大限度的优化，形成最合理的匹配，从而满足不同服役条件下各种模具的不同要求，使模具材料潜力得以最充分的发挥。

模具表面强化处理是指用机械、物理或化学方法对模具工作表面进行改变性能或覆层等处理，使模具在保证高强韧性的基础上，不仅具有更高的强度、硬度、耐磨性，同时获得优异的抗疲劳、抗咬合、耐腐蚀等性能的处理方法。

第一节　气相沉积技术

气相沉积技术是利用气相中发生的物理、化学过程，在工件表面形成功能性或装饰性的金属、非金属或化合物涂层。气相沉积技术按照成膜机理，可分为化学气相沉积、物理气相沉积和等离子体气相沉积。

一、气相沉积层的性能特点

目前，气相沉积技术已广泛应用于模具的表面强化处理，也就是在模具表面覆盖一层厚度为0.5～10 μm的过渡族元素（Ti、V、Cr、W、Zr、Mo、Ta、Nb、Hf）与C、N、O、B元素组成的化合物。其中，主要应用的沉积层为TiC、TiN、Ti（C、N）等，这些沉积层具有以下性能特点：

1．具有很高的硬度（TiC：3 100～4 100HV，TiN：2 450HV），低摩擦因数和自润滑性能。

2．具有高熔点（TiC：3 160℃，TiN：2 950℃），化学稳定性好，具有很好的抗黏着磨损能力，使用中发生冷焊和咬合的倾向小。

3．具有较强的抗腐蚀能力，在盐酸、硫酸、氯化钠水溶液中有良好的耐腐蚀性。

4．在高温下有较高的抗氧化能力。

二、物理气相沉积

物理气相沉积（Phisical Vapor Deposition，简称 PVD）是指通过蒸发、再凝结元素或化合物，在基体表面上形成覆盖层的工艺。通常在高真空条件下进行。物理气相沉积的方法有真空镀、真空溅射和离子镀三种，目前应用较广的是离子镀。

1. 物理气相沉积的特点

物理气相沉积的主要特点是处理温度较低，沉积速度较快，无公害，容易获得超硬层。但设备造价高，操作维护技术要求也较高。

物理气相沉积时，工件的沉积加热温度一般不超过 600℃，模具钢沉积后通常无须进行热处理，因此，其应用比化学气相沉积广泛。尤其用于精密模具表面的强化处理，显示出良好的应用效果，例如，经过 PVD 处理获得的 TiN 层可使塑料模的使用寿命延长 3～8 倍。

2. 物理气相沉积的基本原理

物理气相沉积技术的基本原理可分为以下三个工艺步骤：

（1）镀料的气化。即使镀料蒸发、升华或被溅射，也就是通过镀料的气化源。

（2）镀料原子、分子或离子的迁移。由气化源供出的原子、分子或离子经过碰撞后，产生多种反应。

（3）镀料原子、分子或离子在基体上沉积。

3. 真空蒸镀

真空蒸镀是在真空条件下，利用加热装置将镀料加热并蒸发，使大量的原子、分子气化并离开液体镀料或固体镀料表面（升华），凝聚在工件表面形成沉积膜。真空蒸镀的主要特点是成膜过程简单，能精确控制工艺，由于镀膜在真空条件下完成，纯净度高，均匀性好，可进行大规模生产。

真空蒸镀的原理如图 10—1—1 所示，使被沉积的材料置于装有加热系统的坩埚中，待镀工件置于蒸发器前面。当真空度达到 0.13 MPa 时，加热坩埚使沉积材料蒸发，所产生的蒸气以凝聚形式沉积在工件表面，形成一层薄膜镀层。工件装入前应进行充分清洗和预处理，一般在工件背面设置一个加热器，使工件保持一定温度，以便膜层与基体之间形成薄的扩散层以及增大附着力。

4. 溅射镀膜

在真空条件下，利用获得动能的粒子轰击靶材料表面，使靶材表面原子获得足够的能量而逃逸的过程称为溅射。被溅射的靶材沉积到基材表面，就称作溅射镀膜。溅射镀膜中的入射离子，一般采用辉光放电获得，在 10^{-2} ~10 Pa 范围内，所以溅射出来的粒子在飞向基体过程中，易和真空室中的气体分子发生碰撞，使运动方向随机，沉积的膜易于均匀。

溅射镀膜原理如图 10—1—2 所示，用沉积材料作阴极靶，并接直流负高压，在真空室内通入压力为 1.33 ~ 13.3 Pa 氩气作为工作气体。在电场的作用下，氩气电离后产生的氩离子轰击阴极靶面，溅射出的原子或分子以一定的速度落在工件表面产生沉积，并使工件受热，溅射时工件的温度可达 500℃左右。

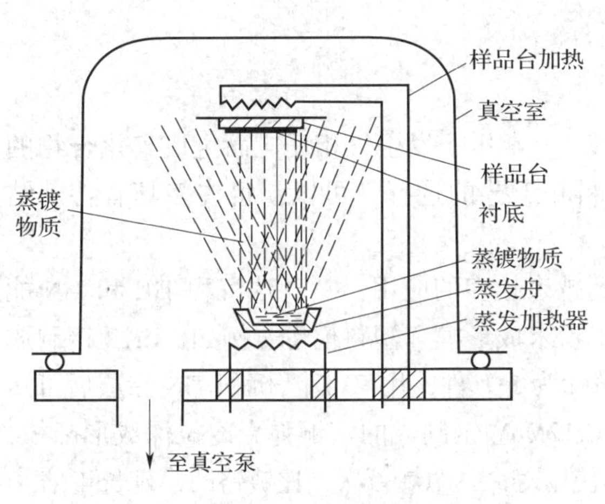

图 10—1—1 真空蒸镀的原理

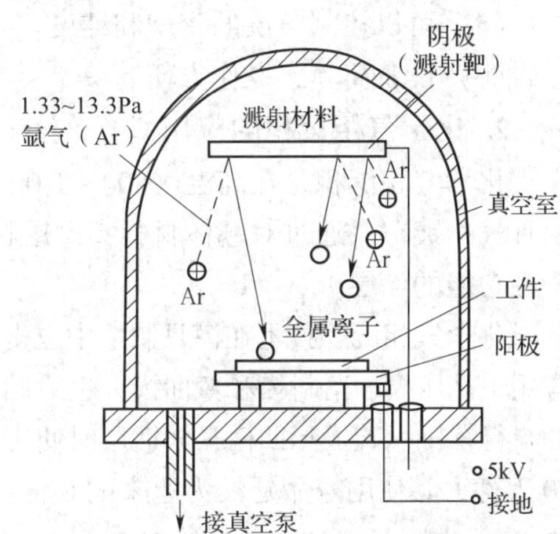

图 10—1—2 溅射镀膜的原理

近年发展起来的规模性磁控溅射镀膜，几乎所有金属、化合物均可作为靶材，在不同材料上得到相应的薄膜镀层，沉积速率较高，工艺重复性好，便于自动化。用 TiN、TiC 等超硬镀层涂覆的模具，具有优良的耐热、耐磨、抗氧化、耐冲击等性能，可以大幅度延长模具的使用寿命。

5. 离子镀膜

离子镀膜是在真空条件下，借助惰性气体（氩气）的辉光放电使金属或合金材料蒸气离子化，在气体离子或蒸发物质离子轰击作用下，把蒸发物质或其反应物蒸镀在工件上。实际上离子镀是真空蒸镀和溅射镀相结合的技术，不仅明显提高了镀层的各种性能，而且大大扩充了镀膜技术应用的范围。离子镀具有镀层结合力强、致密、光滑、均匀性好、可镀材料广泛、整个工艺过程无污染等优点，在模具制造中已获得较多的应用。

三、化学气相沉积

化学气相沉积（Chemical Vapor Deposition，简称 CVD）是指在加热气态下，通过

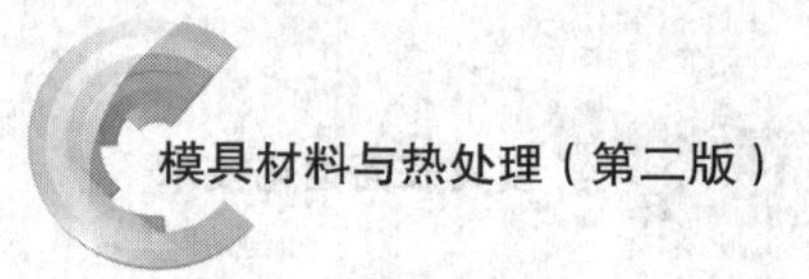

化学反应或蒸汽还原凝结在基体上形成沉积层的工艺。

1. 化学气相沉积的特点

化学气相沉积法之所以得以迅速发展，与它本身的特点是分不开的。与其他沉积方法相比，CVD 技术除了具有设备简单、操作及维护方便、灵活性强的优点外，还具有以下优势：

（1）沉积物众多。它可以沉积金属、碳化物、氮化物、氧化物和硼化物等，这是其他方法无法做到的。

（2）能均匀涂覆几何形状复杂的零件。这是因为化学气相沉积过程有高度的分散性。

（3）涂层和基体结合牢固。

（4）镀层的化学成分可以改变，从而获得梯度沉积物或者得到混合镀层。

（5）可以控制镀层的密度和纯度。

（6）设备简单，操作方便。

2. 化学气相沉积的应用

化学气相沉积是在高温（800～1 000℃）、常压下发生气相反应而生成其化合物的一种气相镀覆。通过对基体材料、涂层材料和工艺的选择，可以获得许多具有特殊结构和功能的涂层。

化学气相沉积技术在模具制造中也得到越来越多的应用，CVD 法沉积 TiC 和 TiN 能应用于挤压模、落料模和弯曲模，也适用于粉末成形模和塑料模等。例如，Cr12 钢制成的自行车轴承碗成形凹模，未镀层时使用寿命为 5 万件，用 CVD 法沉积 TiN 涂层后可达 30 万件，其使用寿命延长为原来的 6 倍；Cr12MoV 钢制成的黄铜弹壳冷拉深成形凸模，用 CVD 法沉积 6～8 μm 厚的 TiC 涂层，其使用寿命达 100 万次，比镀铬凸模延长 4 倍。

第二节　高能束强化技术

采用激光束、离子束、电子束对材料表面进行改性或合金化是近几十年来迅速发展起来的一种新技术，现已成为模具表面强化的主要手段之一。用这些束流对材料表面进行改性的特点包括两个方面：其一，利用脉冲激光器可获得极高的加热和冷却速度，从而赋予材料表面以特殊的性能，目前的激光器已有足够的能量在短时间内加热和熔化大面积的表面区域；其二，利用离子注入技术可把异类原子直接注入表面层中进行表面合金化，引入的原子种类和数量不受任何常规合金化热力学条件的限制。

一、激光束表面强化技术

激光是 20 世纪 60 年代初发现的一种新光源，它的发现是 20 世纪科学技术最大的成就之一。激光技术自问世以来发展非常迅速，20 世纪 70 年代开始用于材料表面强化处理，现已成为高能密束表面强化技术的一种主要手段。激光束表面强化技术可分为激光表面相变硬化和激光表面改性处理两大类，其中激光表面相变硬化包括激光表面淬火和激光表面熔凝；激光表面改性处理包括激光熔覆和激光表面合金化。

1. 激光束表面强化技术的原理

当激光束照射到材料表面时，激光被材料吸收变为热能，表层材料受热升温。由于功率集中在一个很小的表面上，在很短时间内即把材料加热到高温，使材料发生固体相变、熔化甚至蒸发。当激光束被切断或移开后，材料表面冷却速度很快，自然冷却就能实现表面强化。根据激光束与材料表面作用的功率密度，作用时间和作用方式的不同，可实现不同类型的激光表面强化。

2. 激光束表面强化技术的特点

（1）优点

1）激光功率密度大，加热速度快（105 ~ 109℃/s），加热温度高，基体自然冷却速度快（>104℃/s），生产效率高。

2）表面强化层组织细，硬度高，质量好，表面光洁无氧化，具有高的强度、韧性、耐磨性和耐蚀性。

3）热影响区小，工件变形小。

4）可以局部加热，对形状复杂、非对称几何形状的零件和特殊部位均可进行表面强化处理，如盲孔底部、深孔内壁等。

5）整个过程易实现自动控制。

6）无污染，劳动条件好。

（2）缺点

激光表面强化技术也存在一些问题，例如，对反射率高的材料要进行防反射处理，不适宜一次性大面积进行处理，激光本身是转换效率较低的能源，激光设备价格较高等。因此，采用激光表面强化技术时，要选择适当的零件、材料和工艺，充分利用其优点，使之成为高效率、高经济效益的方法。

3. 激光表面相变硬化技术

（1）激光表面淬火

激光表面淬火是指金属材料在固态下经受激光辐照，表面被迅速加热到奥氏体化温度以上，并在激光停止辐射后快速自淬火得到马氏体组织的一种工艺方法。激光表面淬火适用于珠光体灰铸铁、铁素体灰铸铁、球墨铸铁、碳钢、合金钢、马氏体型不锈钢、铝合金等。钢铁材料激光表面淬火比传统热处理的组织更细小，硬度提高15% ~20%，耐磨性明显提高。

激光表面淬火能使硬化层内残留有相当大的压应力，从而提高了材料表面的疲劳强度，利用这一点对模具表面实施激光表面淬火，可大大提高材料的耐磨性和抗疲劳性能。试验表明，45 钢用激光表面淬火后，其疲劳强度可达 120 MPa。如果在模具承受压应力的情况下进行激光表面淬火，淬火后撤除外力，可进一步增大残余压应力，并且大幅度提高模具的抗压、抗拉和抗疲劳强度。

（2）激光表面熔凝

激光表面熔凝又称激光熔化淬火，是以高功率密度的激光束，在极短的时间内与金属相互作用，使金属表面局部区域在瞬间被加热到熔化状态。随后，借助冷态金属基体的吸热和传导作用，使得已熔化的表层金属快速凝固，产生细小的铸态组织，并形成高度过饱和固溶体等亚稳定相乃至非晶态，以提高材料表面耐磨、抗蚀、抗氧化性能等。

由于激光表面熔凝淬火允许金属表面熔化，实际操作时可以使用比激光表面淬火更加高的功率密度和更加慢的扫描速度，因此，激光表面熔凝淬硬层深度比前者更深，一般为1.5～2.5 mm。激光表面熔凝淬火的不足之处在于，激光加工后的表面粗糙度有所降低，其降低的幅度取决于激光加工的工艺参数，而激光表面淬火可以基本保持工件表面粗糙度不变。

提示

激光表面淬火与熔凝淬火的共同特点是，不需要改变材料的成分，主要利用工件材料自身的特性，发生马氏体相变来强化工件表面。进行激光表面淬火与熔凝淬火前，需要预先涂覆一层吸光涂料来增大轧辊表面对激光的吸收率。对于激光表面熔凝处理来说，所使用的涂料还应该起到使激光熔池流平与造渣的作用。因此，涂料的配方对于激光工艺的顺利实施和硬化层组织与性能的影响至关重要。

4. 激光表面改性技术

（1）激光熔覆

激光熔覆也称激光包覆，是指利用一定功率密度的激光束照射被覆金属表层上的外加纯金属或合金，使之完全熔化，而基材金属表层微熔，冷凝后在基材表面形成一个低稀释度的包覆层，以改善工件表面性能的工艺。与传统的喷焊或者堆焊工艺相比，激光熔覆技术具有以下优点：

1）激光束的能量密度高，只要注入较少的能量就可以完成激光熔覆。零件热影响区小，变形小，因此，适合强化或者修复一些对变形要求严格的零件。

2）激光熔覆层稀释率低，且可以精确控制，熔覆层的成分与性能主要取决于熔覆材料的成分。因此，可以采用各种性能优良的材料对基材表面进行改性。特别是可以采用激光熔覆技术修复一些常规堆焊工艺无法实现的工件，如涡轮发动机叶片、轧辊的主轴、电动机主轴等。

3）激光熔覆层组织致密，微观缺陷少，熔覆层与基材为冶金结合，强度高，因此，可以用于一些重载条件下零件的表面强化与修复，如大型轧辊、大型齿轮、大型曲轴等零件的表面强化与修复。

4）激光熔覆层的尺寸大小和位置可以精确控制，设计专门的导光系统，可对深孔、内孔、凹槽、盲孔等部位进行激光处理，采用一些特殊的导光系统如宽带扫描系统，可以使单道激光熔覆层宽度达到 20 ~ 30 mm，每次熔覆的最大厚度可达 3 mm 以上。通过多道搭接可以实现工件表面的大面积和大厚度激光熔覆，满足不同形状、尺寸的轧辊等典型易损件的激光表面强化与修复的要求。

提示

激光熔覆工艺根据材料的添加方式不同，主要分为两种：一种是预置涂层法，用电镀、真空蒸镀、等离子喷涂、火焰喷涂、黏结等方法将要熔覆的金属粉末事先涂覆在基材表面，然后用激光重熔，这种方法可称为激光涂覆；另一种是同步送料法，即在激光照射过程中，将粉末或条状、丝状纯金属或合金连续送入熔池内，其中用气体将粉末以一定角度吹入熔池的方法称为激光喷涂。

（2）激光表面合金化

激光表面合金化是指利用激光束将基体表面熔化，同时加入合金元素，在以基体为溶剂、合金元素为溶质的基础上构成所需的合金层。

激光表面合金化与激光熔覆工艺过程类似，也是通过添加合金元素改变工件表面的成分、组织与性能。但激光表面合金化与激光熔覆工艺的最大差别在于，前者添加的合金元素与基材充分混合，两者一起共同决定表面层的性能；而激光熔覆则主要利用所添加合金粉末的性能，基材对表面合金化层性能的贡献很小。

二、电子束表面强化技术

1. 电子束表面强化技术的加热过程

当高速、收束的电子流轰击被处理的金属表面时，电子能穿过金属表面进入到距表面一定的深度的位置，传给金属原子能量，使金属原子的振动加剧，把电子的动能转化为热能，从而使被处理金属的表层温度迅速升高。这与激光加热有所不同，激光加热时被处理的金属表面吸收光子能量，激光并未穿过金属表面。研究表明，电子束表面强化处理时，电子束照射到金属表面会同金属的原子核和电子发生相互作用。由于电子与原子核的质量相差特别大，两者的碰撞可以看作弹性碰撞。因此，能量传递主要通过电子束与金属表层的电子碰撞而完成的。

2. 电子束表面强化技术的特点

电子束表面强化技术是一种较为先进的表面改性技术，与传统技术相比，它具有以下优点：

（1）适合于局部表面改性。

（2）零件处理时的变形小。

（3）一般不需特别的冷却装置即可获得足够的冷却速度。

（4）不论零件的形状多么复杂，凡是能观察到的区域就可以进行电子束表面强化。

（5）由于电子束的功率参数、作用时间等规范参数可以精确控制，表面层的温度、强化的深度、加热和冷却速度等都可以严格控制。

(6) 电子束表面强化在真空中完成，故可以获得纯净的表面强化层，没有氧化和氮化过程。

(7) 电子束的能量利用率很高，是一种节能型的表面强化手段，这一点明显地优于激光表面强化技术。

三、离子注入技术

离子注入技术是指把某种元素的原子电离成离子，并使其在几十千伏至几百千伏的电压下进行加速，在获得较高速度后射入放在真空靶室中的工件材料表面的一种离子束技术。材料经离子注入后，其表面的物理、化学和力学性能会发生显著的变化，从而优化材料表面性能，或获得某些新的优异性能。离子注入技术的特点如下：

1. 离子注入是一个非平衡过程，注入元素不受扩散系数、固溶度和平衡相图的限制，理论上可将任何元素注入到任何基体材料中去。

2. 离子注入层是由离子束与基体表面发生一系列物理和化学相互作用而形成的一个新表面层，它与基体之间不存在剥落问题。

3. 高能离子强行射入工件表面，导致大量间隙原子、空位和位错产生，故使表面强化，疲劳寿命提高。

4. 离子注入是在高真空和较低的工艺温度下进行的，因此，工件不产生氧化脱碳现象，也没有明显的尺寸变化，故适宜工件的最后表面处理。

5. 它是一种纯净的无公害的表面处理技术。

6. 设备昂贵，成本高，离子注入层较薄。

离子注入主要应用于金属材料改性，是在经过热处理或表面镀膜工艺的金属材料上注入一定剂量和能量的离子到金属材料表面，改变材料表层的化学成分、物理结构和相态，从而改变材料的力学性能、化学性能和物理性能。具体地说，离子注入能改变材料的声学、光学和超导性能，提高材料的工作硬度、耐磨损性、抗腐蚀性和抗氧化性，最终延长材料工作寿命。

第三节　涂、镀覆强化技术

一、热喷涂技术

热喷涂技术是指利用热源将喷涂材料加热至熔化或半熔化状态，并以一定的速度喷射沉积到经过预处理的基体表面而形成涂层的技术。热喷涂技术在普通材料的表面上，制造一个特殊的工作表面，使其实现防腐、耐磨、减摩、抗高温、抗氧化、隔热、绝缘、导电、防微波辐射等一系列性能，使其达到节约材料、节约能源的目的，人们把特殊的工作表面叫涂层，把制造涂层的工作方法叫热喷涂。

1. 热喷涂技术的特点

从热喷涂技术的原理和工艺过程分析，热喷涂技术具有以下特点：

(1) 由于热源的温度范围很宽，因而可喷涂的涂层材料几乎包括所有固态工程材料，如金属、合金、陶瓷、金属陶瓷、塑料和由它们组成的复合物等，因而能赋予基体以各种功能（如耐磨、耐腐蚀、耐高温、抗氧化、绝缘、隔热、生物相容、红外吸收等）的表面。

(2) 喷涂过程中基体表面的受热程度较小而且可以控制，因此，可以在各种材料上进行喷涂，并且对基材的组织和性能几乎没有影响，工件变形也小。

(3) 设备简单，操作灵活，既可对大型构件进行大面积喷涂，也可在指定的局部进行喷涂，既可在工厂室内进行喷涂，也可在室外现场进行施工。

(4) 喷涂操作的程序较少，施工时间较短，效率高，比较经济。随着热喷涂应用要求的提高和领域的扩大，特别是喷涂技术本身的进步，如喷涂设备的日益高能和精良，涂层材料品种的逐渐增多、性能逐渐提高，不但应用领域大为扩展，而且该技术已由早期制备一般的防护涂层发展到制备各种功能涂层。并且在现代工业中逐渐形成像铸、锻、焊、热处理那样独立的材料加工技术，为节约昂贵材料，节约能源，提高产品质量，延长产品使用寿命，降低成本，提高工效的重要工艺手段。

(5) 能有机地把金属材料的强韧性、易加工性等和陶瓷材料的耐高温、耐磨和耐腐蚀等特性结合起来。合理选择涂层材料和适宜的喷涂工艺，可以获得各种功能的表面强化涂层。

2. 热喷涂技术的分类

热喷涂技术的分类方法很多，通常按热源分为溶液喷涂、火焰喷涂、高速火焰喷涂、爆炸喷涂、电弧喷涂、等离子喷涂、激光喷涂等。

(1) 溶液喷涂

喷涂材料被加热到熔化状态并被预热的雾化气体（如压缩空气或其他混合气体）雾化加速并喷到经预处理的基体表面的一种喷涂方法。大多数情况下，喷涂材料是在容器内被加热熔化的。其原理如图 10—3—1 所示。

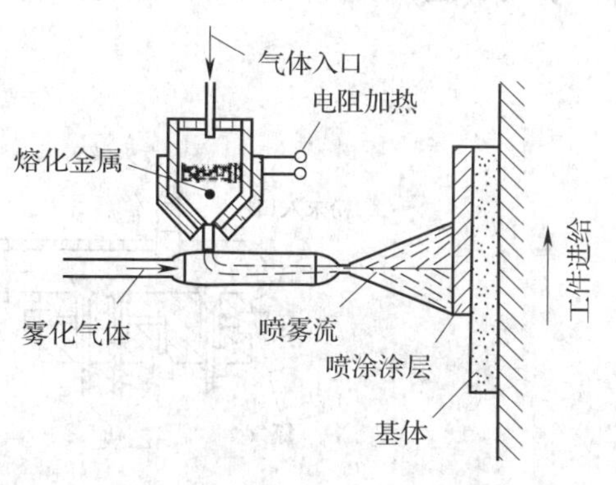

图 10—3—1 溶液喷涂原理

(2) 火焰喷涂

喷涂材料在氧—燃气焰中被加热，然后以雾化状喷向经预处理的基体表面的喷涂方法。初始喷涂材料可呈粉末状、棒状、柔性复合丝状或线状。可以只利用氧—燃气射流，也可以同时使用附加的雾化气体（如压缩空气），将被加热的材料喷向基体表面，如图 10—3—2 所示。

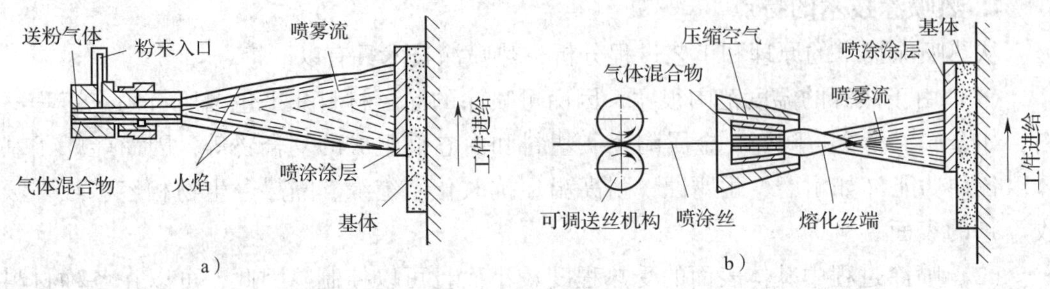

图 10—3—2　火焰喷涂原理

a）粉末火焰喷涂　b）线材火焰喷涂

（3）高速火焰喷涂

高速火焰喷涂时，助燃气体与燃烧气体在燃烧室中连续燃烧，燃烧的火焰在燃烧室内产生高压并通过与燃烧室出口连接的膨胀喷嘴产生高速焰流，喷涂材料送入高速射流中被加热，加速喷射到经预处理的基体表面上形成涂层的方法，如图 10—3—3 所示。

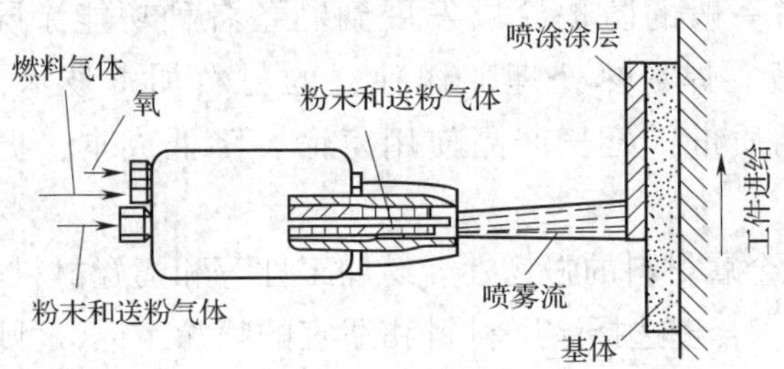

图 10—3—3　高速火焰喷涂原理

（4）爆炸喷涂

爆炸喷涂是将一定量的粉末注入喷枪的燃爆室中，燃爆室中的气体混合物发生时间间隔可控的爆炸燃烧，所产生的高速热气流将粉末粒子加热到塑性或熔化状态并使粉末粒子获得加速，喷射到经预处理的基体表面上形成涂层的方法，如图 10—3—4 所示。

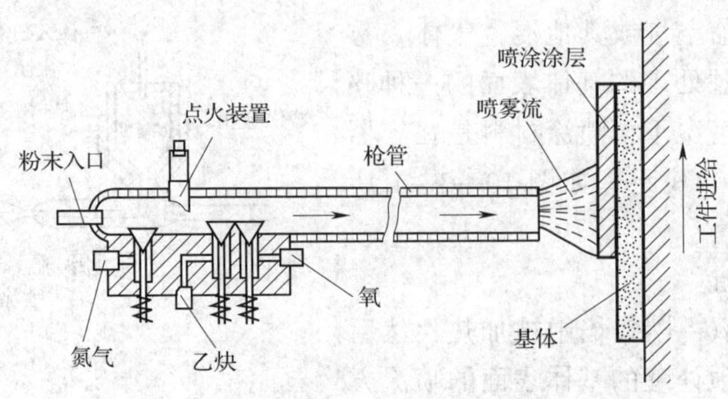

图 10—3—4　爆炸喷涂原理

(5) 电弧喷涂

电弧喷涂是利用两根金属丝（两根金属丝的成分可以相同，也可以不相同）之间产生的电弧熔化丝的顶端，经一束或多束气体射流（一般为压缩空气）雾化将熔化的金属熔滴喷射到经预处理的基体表面上形成涂层的工艺方法，如图 10—3—5 所示。

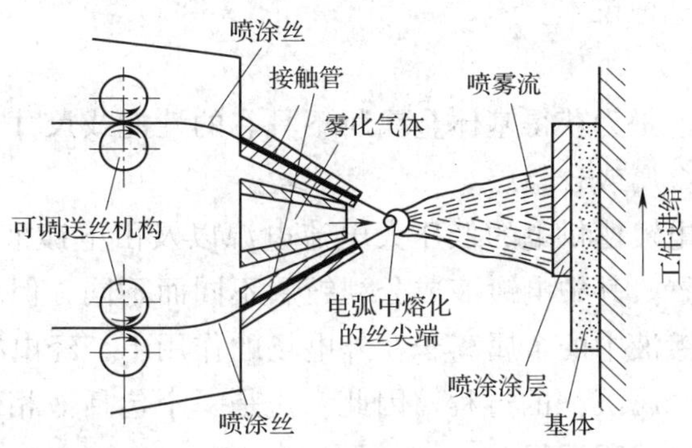

图 10—3—5 电弧喷涂原理

(6) 大气等离子喷涂

大气等离子喷涂简称等离子喷涂，是利用等离子射流将喷涂材料加热到塑性或熔化状态，再将它喷射到经预处理的基体表面上形成涂层的方法，如图 10—3—6 所示。可用送粉气体将粉末从喷嘴内（内送粉）或外（外送粉）送入等离子射流中。

利用电极（阴极）和喷嘴（阳极）之间形成的电弧使等离子体形成气体部分或全部电离，产生等离子气，气体热膨胀从喷嘴喷出高速等离子射流。常用的等离子气体有氩气、氢气、氦气、氮气或它们的混合物。

(7) 激光喷涂

激光喷涂是用适当的送粉管将粉末注入激光束中，利用激光束将粉末熔化，并靠送粉气和重力喷到基体表面上形成涂层的方法。喷涂时可用屏蔽气体保护涂层，如图 10—3—7 所示。

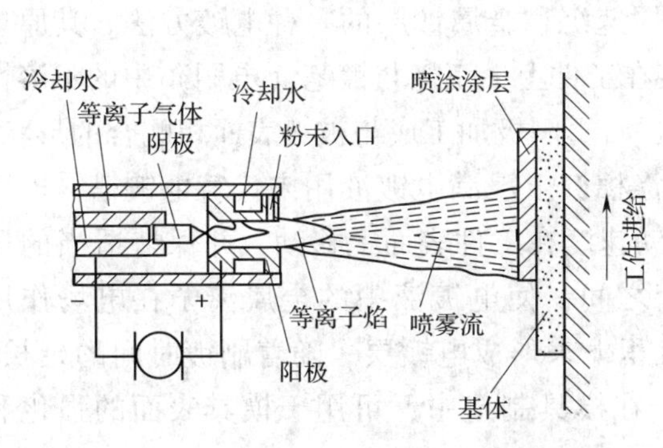

图 10—3—6 大气等离子喷涂原理

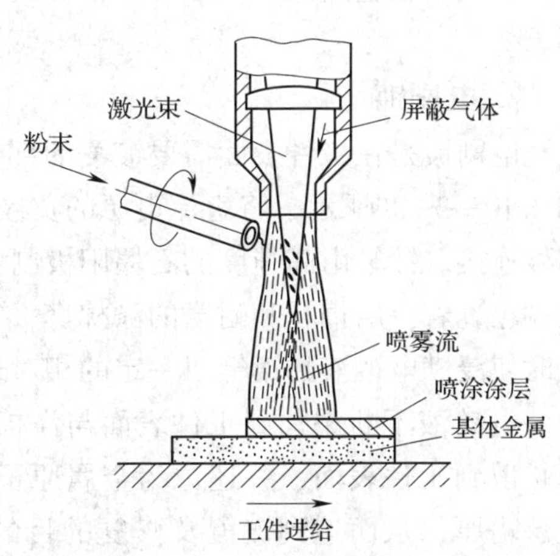

图 10—3—7 激光喷涂原理

二、镀覆强化技术

表面镀覆强化技术是指在模具表面覆盖一层单一金属和非金属元素层或金属化合物层，改变模具表层的化学成分，提高模具的耐腐蚀性、硬度和耐磨性，以达到强化模具表面性能目的的一种技术。

1. 电镀

电镀也称电沉积，是为获得基体金属所不具有的性能或尺寸，通过电解法在基材上沉积结合力良好的金属或合金层。

电镀需要一个向电镀槽供电的低压大电流电源以及由电镀液、待镀零件（阴极）和阳极构成的电解装置。其中电镀液成分视镀层不同而不同，但均含有提供金属离子的主盐。电镀过程是镀液中的金属离子在外电场的作用下，经电极反应还原成金属原子，并在阴极上进行金属沉积的过程。因此，这是一个包括液相传质、电化学反应和电结晶等步骤的金属电沉积过程。

金属的电镀种类很多，按镀层的成分可分为单一金属镀层、合金镀层和复合镀层三类。若按用途则分为防护性镀层、装饰性镀层、功能性镀层等。通常在模具中应用最广的是镀硬铬，其目的是提高模具表面的耐磨性和耐腐蚀性。镀铬层在大气中具有强烈的钝化能力，能长久保持金属光泽，耐腐蚀性好，在多种酸性介质中均不发生化学反应。镀层硬度达 1 000HV，摩擦因数低，因而具有优良的耐磨性。镀铬层还具有较高的耐热性，在空气中加热到 500℃时，其外观和硬度仍无明显变化。

单金属电镀至今已有 170 多年历史，元素周期表上已有 33 种金属可从水溶液中电沉积制取。常用的有电镀锌、镍、铬、铜、锡、铁、钴、镉、铅、金、银等十余种。在阴极上同时沉积出两种或两种以上的元素所形成的镀层为合金镀层。合金镀层具有单一金属镀层不具备的组织结构和性能，如非晶态 Ni—P 合金以及具有特殊装饰外观，特别高的抗蚀性和优良的焊接性、磁性的合金镀层等。复合镀是将固体微粒加入镀液中与金属或合金共沉积，形成一种金属基的表面复合材料的过程，以满足特殊的应用要求。

2. 电刷镀

电刷镀是在工件表面需要镀覆的部位快速沉积金属镀层的一种电镀方法。其原理如图 10—3—8 所示，将直流电源的负极接在工件上，正极与镀笔（电刷）中的不溶性阳极连接。镀笔由高纯度的石墨阳极制成，石墨阳极加工成与被镀表面相配合的形状，前端包裹着一层棉花和耐磨的涤棉套，在涤棉套上浸满电镀液用来代替电镀槽。电刷镀时使浸满电镀液的镀笔以一定的相对运动速度在工件表面上移动，并保持适当的压力。电镀液不断添加到工件表面与涤棉套之间，使电镀液中的金属离子在电场作用下扩散到工件表面，并还原为金属原子沉积下来形成电镀层。随着刷镀时间的延长，镀层增厚，从而达到镀覆及修复的目的。在模具制造中，可用于模具表面的强化和修复。

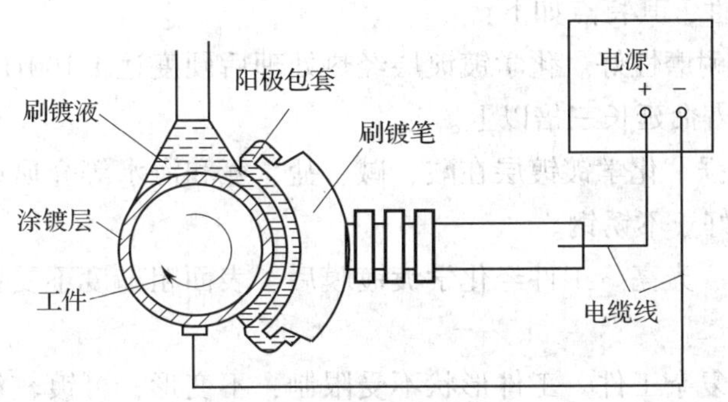

图 10—3—8 电刷镀原理

电刷镀镀层的形成从本质上讲和槽镀相同，都是溶液中的金属离子在负极（工件）上放电结晶的过程。但是与槽镀相比，电刷镀中镀笔和工件有相对运动，因而被镀表面不是整体同时发生金属离子还原结晶，而是被镀表面各点在镀笔与其接触时发生瞬间放电结晶。因此，电刷镀技术在工艺方面有其独特之处，其特点如下：

（1）设备简单，不需要镀槽，便于携带，适用于野外和现场修复。尤其对于大型、精密设备的现场不解体修复更具有实用价值。

（2）工艺简单，操作灵活，不需要镀的部位不需要用很多材料保护。

（3）操作过程中，阴极与阳极有相对运动，故允许使用较高的电流密度，它比槽镀使用的电流密度大几倍到几十倍。

（4）镀液中金属离子含量高，所以镀积速度快（比槽镀快 5 ~ 10 倍）。

（5）溶液种类多，应用范围广。适用于各个行业不同的需要。

（6）溶液性能稳定，使用时不需要化验和调整；无毒，对环境污染小；不燃、不爆，储存、运输方便。

（7）配有专用除油和除锈的电解溶液，所以，表面预处理效果好，镀层质量高，结合强度大。

（8）镀层厚度的均匀性可以控制，既可均匀镀，也可以不均匀镀。

（9）费用低，经济效益大。

3. 化学镀

化学镀是指用化学方法而非电解方法沉积金属覆盖层的工艺。其常用方法有接触镀（在含有被镀金属离子的溶液中将工件与另一金属保持接触，通过形成的内部电流沉积金属覆盖层）和浸镀（由一种金属从溶液中置换出另一种金属来获得金属覆盖层）等。

化学镀可以获得单一金属镀层、合金镀层和复合镀层。与电镀相比，具有设备简单，操作方便，无须使用直流电源，镀层致密、均匀，表面光洁，气孔少，镀层硬度高，与基体结合牢固等优点。目前，化学镀技术已在电子、阀门制造、机械、石油化工、汽车、航空航天等工业中得到广泛的应用。尤其是镍—磷化学镀在模具强化方面，

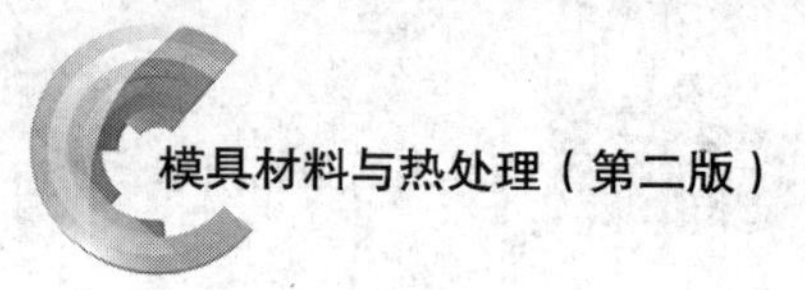

充分显示出了优越性，其特点如下：

（1）硬度高，耐磨性好。化学镀镀层经热处理后硬度达 1 100HV 以上，工具、模具镀膜后一般使用寿命延长三倍以上。

（2）耐腐蚀性强。化学镀镀层在酸、碱、盐、氨和海水等介质中都具有很好的耐蚀性，其耐蚀性远好于不锈钢。

（3）表面光洁、光亮。工件经化学镀镀膜后，表面粗糙度不受影响，无须再加工和抛光。

（4）可镀形状复杂工件。工件形状不受限制，不变形，可镀较深的盲孔和形状复杂的内腔。

（5）镀层均匀、厚度可控。模具尺寸超差时，可通过化学镀恢复。

（6）被镀材料广泛。可在模具钢、不锈钢、铜、铝、塑料、尼龙、玻璃、橡胶、木材等材料上进行化学镀。

实践证明，采用 Ni—P 化学镀后的模具，不仅能提高模具表面的硬度和耐磨性，还能改善模具表面的自润滑性能，提高模具表面的抗擦伤能力、抗咬合能力和耐腐蚀性能。如 45 钢制拉深模，经化学镀 10 μm 厚的 Ni—P 镀层后，产品质量明显提高，使模具的使用寿命延长 10 倍以上。

工模具钢国内外标准牌号对照表［摘自国家标准《工模具钢》（GB/T 1299—2014）］

钢类	序号	本标准的牌号	ASTM A686/ ASTM A681	JIS G4401/JIS G4404	ISO 4957
刃具模具用非合金钢	1—1	T7	—	SK70	C70U
	1—2	T8	—	SK80	C80U
	1—3	T8Mn	W1—8	SK85	—
	1—4	T9	W1—8 1/2	SK90	C90U
	1—5	T10	W1—10	SK105	C105U
	1—6	T11	W1—11	—	—
	1—7	T12	W1—11 1/2	SK120	C120U
	1—8	T13	—	—	—
量具刃具用钢	2—1	9SiCr	—	—	—
	2—2	8MnSi	—	—	—
	2—3	Cr06	—	SKS8	—
	2—4	Cr2	L3	—	—
	2—5	9Cr2	—	—	—
	2—6	W	F1	SKS2	—
耐冲击工具用钢	3—1	4CrW2Si	—	SKS41	—
	3—2	5CrW2Si	S1	—	—
	3—3	6CrW2Si	—	—	—
	3—4	6CrMnSi2Mo1V	S5	—	—
	3—5	5Cr3MnSiMo1V	S7	—	—
	3—6	6CrW2SiV	—	—	60WCrV8

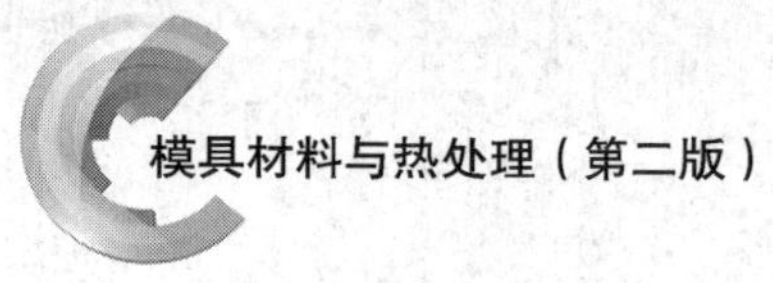

续表

钢类	序号	本标准的牌号	ASTM A686/ ASTM A681	JIS G4401/JIS G4404	ISO 4957
轧辊用钢	4—1	9Cr2V	—	—	—
	4—2	9Cr2Mo	—	—	—
	4—3	9Cr2MoV	—	—	—
	4—4	8Cr3NiMoV	—	—	—
	4—5	9Cr5NiMoV	—	—	—
冷作模具用钢	5—1	9Mn2V	02	—	—
	5—2	9CrWMn	01	SKS3	95MnCr5
	5—3	CrWMn	—	SKS31	—
	5—4	MnCrWV	—	—	95MnWCr5
	5—5	7CrMn2Mo	—	—	70MnMoCr8
	5—6	5Cr8MoVSi	—	—	—
	5—7	7CrSiMnMoV	—	—	—
	5—8	Cr8Mo2VSi	—	—	—
	5—9	Cr4W2MoV	—	—	—
	5—10	6Cr4W3Mo2VNb	—	—	—
	5—11	6W6Mo5Cr4V	—	—	—
	5—12	W6Mo5Cr4V2	—	—	—
	5—13	Cr8	—	—	—
	5—14	Cr12	D3	SKD1	X210Cr12
	5—15	Cr12W	—	SKD2	X210CrW12
	5—16	7Cr7Mo2V2Si	—	—	—
	5—17	Cr5Mo1V	A2	SKD12	X100CrMoV5
	5—18	Cr12MoV	—	—	—
	5—19	Cr12Mo1V1	D2	SKD10	X153CrMoV12
热作模具用钢	6—1	5CrMnMo	—	—	—
	6—2	5CrNiMo	L6	—	—
	6—3	4CrNi4Mo	—	SKT6	45CrNiMo16
	6—4	4Cr2NiMoV	—	—	—

续表

钢类	序号	本标准的牌号	ASTM A686/ASTM A681	JIS G4401/JIS G4404	ISO 4957
热作模具用钢	6—5	5CrNi2MoV	—	SKT4	55NiCrMoV7
	6—6	5Cr2NiMoVSi	—	—	—
	6—7	8Cr3	—	—	—
	6—8	4Cr5W2VSi	—	—	—
	6—9	3Cr2W8V	H21	SKD5	X30WCrV9 - 3
	6—10	4Cr5MoSiV	H11	SKD5	X37CrMoV5 - 1
	6—11	4Cr5MoSiV1	H13	SKD61	X40CrMoV5 - 1
	6—12	4Cr3Mo3SiV	H10	—	—
	6—13	5Cr4Mo3SiMnVAl	—	—	—
	6—14	4CrMnSiMoV	—	—	—
	6—15	5Cr5WMoSi	A8	—	—
	6—16	4Cr5MoWVSi	H12	—	X35CrWMoV5
	6—17	3Cr3Mo3W2V	—	—	—
	6—18	5Cr4W5Mo2V	—	—	—
	6—19	4Cr5Mo2V	—	—	—
	6—20	3Cr3Mo3V	—	SKD7	32CrMoV12 - 28
	6—21	4Cr5Mo3V	—	—	—
	6—22	3Cr3Mo3VCo3	—	—	—
塑料模具钢	7—1	SM45	—	—	C45U
	7—2	SM50	—	—	—
	7—3	SM55	—	—	—
	7—4	3Cr2Mo	P20	—	35CrMo7
	7—5	3Cr2MnNiMo	—	—	40CrMnNiMo8 - 6 - 4
	7—6	4Cr2Mn1MoS	—	—	—
	7—7	8Cr2MnWMoVS	—	—	—
	7—8	5CrNiMnMoVSCa	—	—	—

续表

钢类	序号	本标准的牌号	ASTM A686/ ASTM A681	JIS G4401/JIS G4404	ISO 4957
塑料模具钢	7—9	2CrNiMoMnV	—	—	—
	7—10	2CrNi3MoAl	—	—	—
	7—11	1Ni3MnCuAl	—	—	—
	7—12	06Ni6CrMoVTiAl	—	—	—
	7—13	00Ni18Co8Mo5TiAl	—	—	—
	7—14	2Cr13	—	—	—
	7—15	4Cr13	—	—	—
	7—16	4Cr13NiVSi	—	—	—
	7—17	2Cr17Ni2	—	—	—
	7—18	3Cr17Mo	—	—	X38CrMo16
	7—19	3Cr17NiMoV	—	—	—
	7—20	9Cr18	—	—	—
	7—21	9Cr18MoV	—	—	—
特殊用途模具钢	8—1	7Mn15Cr2Al3V2Mo	—	—	—
	8—2	2Cr25Ni20Si2	—	—	—
	8—3	0Cr17Ni4Cu4Nb	—	—	—
	8—4	Ni25Cr15Ti2MoMn	—	—	—
	8—5	Ni53Cr19Mo3TiNb	—	—	—